条带式 Wongawilli 采煤技术及其应用

Strip Wongawilli Mining Technology and Its Application

谭　毅　郭文兵　著

科　学　出　版　社

北　京

内 容 简 介

本书针对目前“三下”压煤开采技术存在的一些问题，创造性的提出了条带式 Wongawilli 采煤技术，针对条带式 Wongawilli 采煤特点，研究了条带式 Wongawilli 采煤法巷道布置方式、围岩控制技术、开采及支护工艺、设备选型及配套技术、合理采留宽度、安全保障措施、煤柱破坏演化特征、稳定性及控制以及覆岩与地表移动变形等问题，并结合工程实例，预计分析了地表移动、设计了地表观测站，分析了条带式 Wongawilli 采煤技术的合理性与科学性，针对性提出了地表建(构)筑物加固保护措施。

本书可作为采矿工程、测绘工程等专业本科生参考用书，也可供从事煤矿特殊开采、采动损害与保护技术研究的科研人员及矿山企业工程技术人员阅读参考。

图书在版编目(CIP)数据

条带式Wongawilli采煤技术及其应用=Strip Wongawilli Mining Technology and Its Application / 谭毅，郭文兵著.—北京：科学出版社，2017.11

ISBN 978-7-03-054995-2

Ⅰ. ①条… Ⅱ. ①谭… ②郭… Ⅲ. ①条带开采—采煤方法—研究 Ⅳ. ①TD823.6

中国版本图书馆CIP数据核字(2017)第261696号

责任编辑：李 雪 韩丹岫 / 责任校对：桂伟利
责任印制：张 伟 / 封面设计：正典设计

科 学 出 版 社 出版
北京东黄城根北街 16 号
邮政编码：100717
http://www.sciencep.com

北京建宏印刷有限公司 印刷
科学出版社发行 各地新华书店经销
*
2017 年 11 月第 一 版 开本：720 × 1000 1/16
2018 年 1 月第二次印刷 印张：18
字数：350 000

定价：119.00 元

(如有印装质量问题，我社负责调换)

前　言

近年来，随着大量的煤炭资源从地下采出，开采所引起的地表沉陷不仅破坏了矿区生态环境，而且对地表建(构)筑物造成严重损害，也影响到矿区乃至社会的稳定和可持续发展，是亟待解决的社会和环境问题。我国煤炭资源分布广泛，“三下”压煤量大，特别是一些老矿区，可采煤炭资源逐渐枯竭，如何提高矿井生产服务年限，保证企业继续运转，确保“三下”压煤资源的回收等问题得到了企业及社会的广泛关注，采动损害与保护、资源与环境协调开采问题的矛盾也日益突出。

建(构)筑物采煤问题的关键是控制地表沉陷。目前控制地表沉陷的方法主要有充填开采、房柱式开采、离层注浆、协调开采、条带开采、Wongawilli采煤等。充填开采是向采空区内充填水砂、矸石或粉煤灰等材料以支撑上覆岩层。由于充填投资较大、充填与采煤工艺相互影响、采煤效率低等原因，目前仅在少数煤矿试验研究。房柱式开采是在煤层内掘进一系列的煤房，煤房间用联络巷相连，形成近似于长条形的煤柱，煤柱可保留用以支撑顶板。离层注浆技术已在多个矿区进行了工程实践，取得了一定的成效，但工程实践表明离层注浆减沉效果并不理想。协调开采是通过合理布置工作面及开采顺序，抵消一部分地表变形、保护地面建筑物的采煤方法，但技术上实施难度较大。条带开采是将要开采的煤层区域划分为比较正规的条带形状，采一条、留一条，使留下煤柱支撑上覆岩层，地表只产生较小的移动和变形，但条带开采具有采出率低、掘进率高、采煤工作面搬家次数频繁、机械化程度和开采效率偏低等缺点。Wongawilli采煤法是在房柱式采煤的基础上形成的高效短壁柱式采煤方法，该法的最大特点是工作面布置灵活，可回收边角煤及综采不便回采的煤炭资源，具有设备投资少、出煤快、设备运转灵活、工作面搬迁灵活、全员效率较高等优势，其资源回收率较长壁综采略低。

条带式Wongawilli新型采煤法是一种高效“三下”采煤技术，其结合了条带采煤巷道布置方式与Wongawilli开采工艺，通过优势互补，采用连续采掘技术实现高产高效，为建(构)筑物下的减沉开采提供了新思路。该技术既发挥了条带与短壁柱式采煤法有效控制地表下沉的优势，又实现了工作面快速搬家，并克服了Wongawilli采煤法过程中通风条件差、不规则煤柱与刀间煤柱系统缺乏长期稳定性的弊端，达到安全高效的回收建(构)筑物下压煤的目的，对实现“三下”压煤资源的安全、高效回收有重要意义。

本书在研究目前控制地表沉陷的方法的基础上，介绍分析了条带式

Wongawilli 采煤法的产生背景及研究意义，主要研究了条带式 Wongawilli 采煤法巷道布置方式、围岩控制技术、开采及支护工艺、设备选型及配套技术、合理采留宽度、安全保障措施、煤柱破坏演化特征、稳定性及控制以及覆岩与地表移动变形等，并结合工程实例预计分析地表移动，设计了地表观测站，验证分析了条带式 Wongawilli 采煤法合理性、科学性，并针对性地提出了地表建(构)筑物加固保护措施。

本书由河南理工大学谭毅、郭文兵共同撰写，全书共 7 章：第 1 章、第 7 章主要由郭文兵撰写，第 3 章、第 4 章、第 6 章主要由谭毅撰写，第 2 章、第 5 章由谭毅、郭文兵共同撰写，全书由谭毅统稿。本书得到了河南省矿产资源绿色高效开采与综合利用重点实验室、国家自然科学基金项目(51374092)的资助，在撰写过程中，河南理工大学博士研究生黄广帅、白二虎为本书提供了部分资料并参与了书稿的整理和编排工作，作者在此向他表示衷心的感谢。

由于作者水平所限，书中难免有不当和不足之处，敬请读者批评指正。

作　者

2017 年 8 月

目　　录

第1章 概　　述

“三下”采煤的关键是控制岩层与地表的移动。目前，广泛认可并采用的控岩降沉采煤法主要有充填采煤法、协调开采、离层注浆、房柱式采煤、条带采煤、Wongawilli 采煤等。条带式 Wongawilli 新型采煤法是一种高效“三下”采煤技术，其结合了条带采煤巷道布置方式与 Wongawilli 开采工艺，通过连续采掘技术实现高产高效，为建(构)筑物下的减沉开采提供了新思路，该技术既发挥了条带与短壁柱式采煤法有效控制地表下沉的优势，又实现了工作面快速搬家，并克服了 Wongawilli 采煤法过程中通风条件差、不规则煤柱与刀间煤柱系统缺乏长期稳定性的弊端，达到安全高效的回收建(构)筑物下压煤的目的。

1.1 “三下”采煤方法

1.1.1 充填开采

传统的充填方法有水砂充填、矸石风力充填、矸石水力充填、矸石自溜充填等，其中水砂充填效果较好。由于充填材料来源缺乏、充填成本高、充填效果差等原因，我国在相当一段时间内没有采用充填方法开采。充填法管理顶板给采矿带来的问题包括：需要充填设备，要有足够的充填材料，生产工艺复杂，产量下降，吨煤成本提高，水砂充填时井下工作条件恶化等，这些都阻碍了充填法的进一步应用。

充填方法和充填密实度不同，则地表下沉系数不同(表 1-1)。采用全部跨落法管理顶板时，地表最大下沉值可达采厚的 60%～90%，一般为 80%左右；采用水砂充填管理顶板时，地表的最大下沉值仅为采厚的 8%～15%。

表 1-1　各种充填方法地表下沉系数

充填方法	下沉系数	备注
水砂充填	0.06～0.20	倾角＞55°
加压水砂充填	0.05～0.08	
风力充填	0.4～0.5	
矸石自溜充填	0.45～0.55	
外来材料的带状充填	0.55～0.70	
混凝土充填	0.02	

与全部垮落法管理顶板相比，充填法管理顶板可有效地减小地表下沉，减轻地下开采对地面建(构)筑物的影响。我国曾在一些矿区应用(表 1-2)，日本、德国、法国、波兰等国家都不同程度地采用了充填法管理顶板。其中，波兰 80%左右的建筑物下采煤都采用充填法。波兰在贝托姆市下采煤时，采用水砂充填长壁采煤法和协调开采等措施，从 1949—1977 年，共采出 11 个分层，总采厚 28.8m，地表最大下沉为 3.6～3.72m，地表最大水平拉伸变形 4.1mm/m，最大水平压缩变形 -2.3mm/m，市区普遍下沉 2～3m。充填材料初期采用含泥量低于 12%的优质砂，近年改为掺入 30%～50%矸石的材料，以降低成本。

表 1-2 我国充填法管理顶板应用情况

矿名	煤层	采煤方法及顶板管理方法	应用目的	应用时间	充填材料	地表下沉系数
抚顺胜利矿	倾斜特厚煤层	V 型倾斜长壁上行水砂充填	建筑物采煤	1964—1972	废油页岩	0.10～0.22
新汶矿务局	缓倾斜厚、中煤层	走向长壁水砂充填	小汶河下采煤	1956—1973	河砂	0.15～0.20
井陉四矿	缓倾斜厚煤层	走向长壁上行水砂充填	绵河下采煤	1969—1972	河砂、卵石	
蛟河矿乌林立井	缓倾斜厚煤层	走向长壁矸石水力充填	水稻田下采煤	1971—1977	矸石	0.21
辽源太信矿三井	缓倾斜中厚煤层	走向长壁风力充填	预防地面水渗漏	1972—1973	山砂	
焦作演马矿	缓倾斜厚煤层	走向长壁风力充填	村庄下采煤	1968—1970	矸石	0.30～0.40
淮南孔集矿	急倾斜中厚煤层	平板型掩护支架矸石自溜充填	滨河下采煤	1970—1979	碎石	
南京青龙矿	急倾斜薄煤层	倾斜短壁矸石自溜充填	建筑物下采煤	1970 年前后	矸石	

进入 21 世纪，我国的矿山充填开采技术取得较大的进展，随着科技进步和充填成本的相对降低，充填开采方法又在各大矿区逐渐推广应用。目前常用的充填方法有：固体充填、膏体材料充填、超高水材料充填等。

1. 固体充填采煤技术

固体充填采煤技术是利用矸石、粉煤灰、黄土、碎石或炉渣等材料作为充填材料充填采空区，控制采空区覆岩岩层移动规律，从而达到解放“三下”压煤、控制地表沉陷的目的。本节主要介绍矸石、粉煤灰、黄土等固体废弃物直接充填采煤技术，包括掘巷充填采煤技术、长壁普采(或炮采)充填采煤技术、长壁综采充填采煤技术等。

1) 掘巷充填采煤技术

掘巷充填采煤技术是以岩巷、半煤岩巷掘进过程产生的矸石或煤流中的矸石等固体作为充填材料，通过在工业广场、条带开采留设的煤柱中布置充填巷，在掘出充填巷后利用矸石充填输送机将矸石充填于充填巷，以通过构筑充填体达到置换出煤炭资源、控制地表沉陷、实现矸石不上井的目的。

(1) 关键设备。

掘巷充填采煤技术实现矸石充填置换煤柱的目标，要有一整套能适应充填巷道的设备，并尽可能地实现机械化，提高充填速度及充填效果。充填设备要和矸石输送装置可靠配套，在充填部退移后，应能使整套装备通过自动调整而始终保持正常工作状态，或在简单地手动调整后，整套装备能够迅速恢复工作。

掘巷充填采煤技术中主要的设备有矸石充填输送机以及机尾驱动式矸石带式输送机，分别如图 1-1、图 1-2 所示。

图 1-1 矸石充填输送机

图 1-2 机尾驱动式矸石带式输送机

(2) 掘巷充填工艺。

充填巷的布置首先要根据充填区域的地质条件，合理地设计充填巷的尺寸、掘进、充填顺序，以及在条带煤柱或工业广场煤柱中的合理布置位置与布置数量，并确定充填巷合理支护技术方案与充填巷加固技术方案。

矸石置换开采的主要流程：岩巷掘进工作面产生的矸石→(装车后经各运输巷道)轨道大巷→充填工程上部车场→矸石仓上口→(由推车机、翻车机运输，经过破碎机把矸石破碎到 300mm 粒径以内)矸石仓叶给料机→(带式运输)充填巷工作面→抛矸机→充填巷工作面充填。充填系统工艺流程如图 1-3 所示。

充填工作面采用单班正规循环作业，每个循环充填进度 1.0m。充填的同时，每小班有专人负责清扫巷道和回撤风筒等工作。充填工作面应边充填边洒水，有利于矸石的堆集和抛矸产生的粉尘量的降低。

目前，掘巷充填采煤技术在我国河北金牛能源股份公司邢东煤矿、淄博矿业集团岱庄煤矿与许厂煤矿得到成功实施。掘巷充填开采技术以保证地表建筑物允

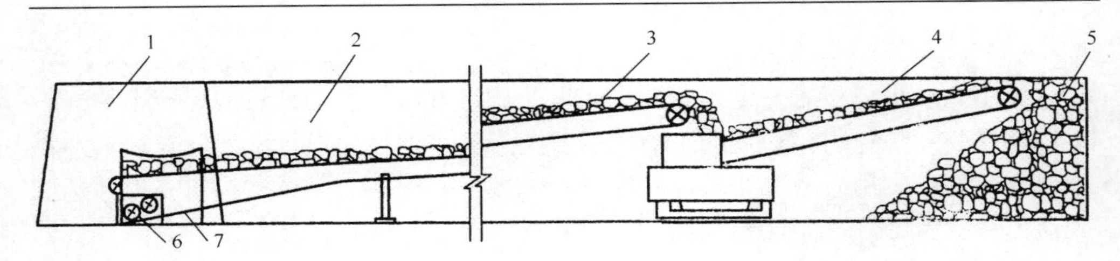

图 1-3　充填系统工艺流程

1-矸石充填配巷；2-矸石充填巷；3-机尾驱动式输送机；4-矸石充填机；5-充填矸石；6-电动机；7-充填配巷带式输送机

许范围内的变形为前提，实现了矸石置换煤炭资源，提高了煤炭资源的采出率，同时可以将井下矸石直接处理变害为利，不但消除了地面矸石山及其坍塌或引爆危及人类的事故隐患，减少了侵占农田和对大气、环境的污染，而且还可以将矸石井下充填作为地下结构支撑体，在解决或降低地表沉降、塌陷问题的基础上，实现了回收部分建筑物下的煤炭资源。

2) 长壁普采(或炮采)充填采煤技术

长壁普采(或炮采)充填采煤技术总体技术思路为：将岩巷和半煤岩巷(煤矸分装)掘进矸石或地面矸石山矸石用矿车运至井下矸石车场，矸石经翻车机卸载后，由装载破碎机破碎，进入矸石仓。通过矸石仓下口，经过带式或刮板输送机将破碎后的矸石运入上下山，而后由带式或刮板输送机转载到采煤工作面的回风平巷，再由工作面采空区刮板输送机运至工作面采空区抛矸带式输送机尾部，由抛矸带式输送机向采空区抛矸充填。

(1) 关键设备。

在长壁普采(或爆破开采)充填采煤技术中，抛矸带式输送机、刮板输送机是充填开采工艺中最关键的设备，抛矸带式输送机主要包括运矸输送带、电动机、支架等，如图 1-4 所示。该抛矸带式输送机的带速可达 5～8m/s，矸石的最大抛出距离可达 4～5m，一次充填宽度可达 4m 以上，用抛矸动能使矸石充分接顶，提高堆矸密度和充填质量。为使抛矸带式输送机具有灵活、使用范围广的性能，对普通带式输送机进行了改造：一是在带式输送机尾处增加一套推力轴承系统，使输送带可左右摆动 90°，更有利于现场使用和转向；二是带式输送机架构设计了调高系统，使抛矸带式输送机的高度可任意调节，适用于各种煤层厚度的工作面使用；三是将抛矸带式输送机驱动由机头滚筒改为机尾滚筒，有效解决了机头处环境差对设备使用带来不便的问题，同时可减少升降皮带时的工作阻力；四是抛矸带式输送机的调高系统采用单体液压支柱调高，可直接利用工作面乳化液泵站供给的液压动力，而不采用外加液压系统的方法，减少了系统设备的占用空间。

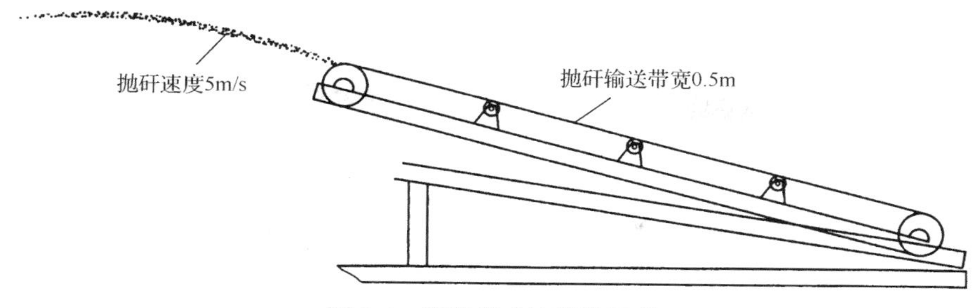

图 1-4 抛矸带式输送机示意

(2)采煤与充填工艺。

长壁普采(或炮采)充填采煤工艺如图 1-5 所示。工作面采用单体液压支柱配合金属铰接顶梁支护，排距为 1m，柱距为 0.8m，工作面推进 7 排支柱后停采，开始做充填准备工作，在第 3 排支柱处沿工作面方向加密支柱，柱距变为 0.4m，再挂竹笆等作为充填挡墙。采空区中间沿工作面方向铺设刮板输送机与抛矸带式

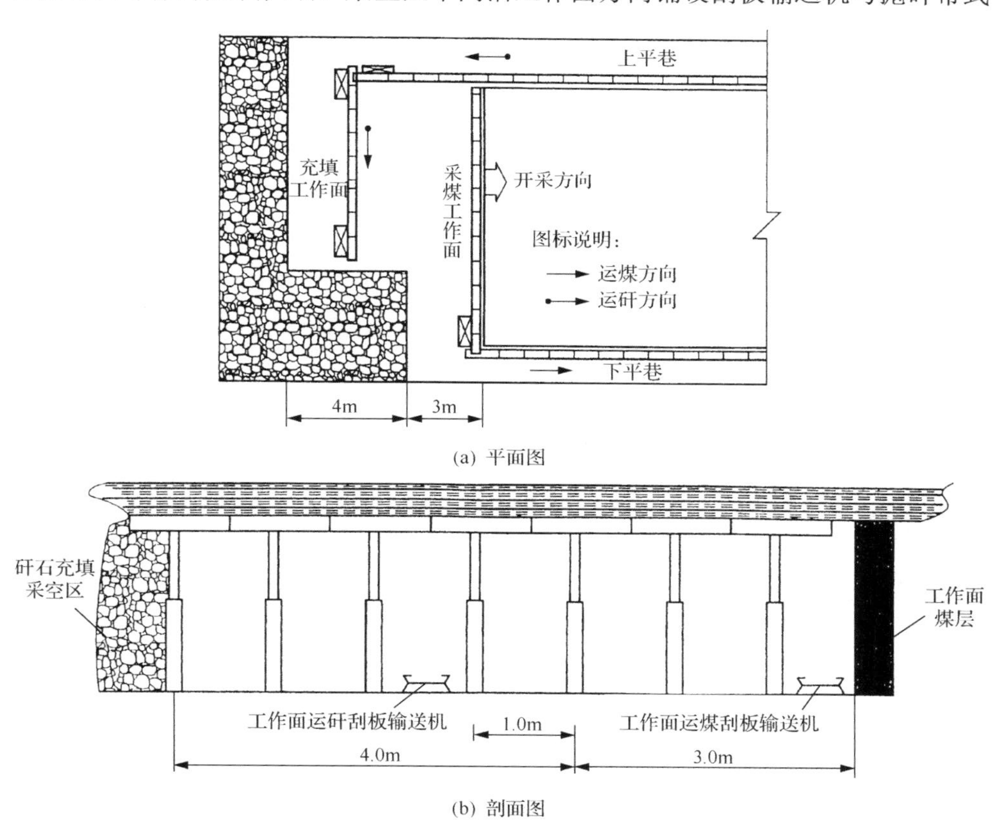

图 1-5 长壁普采(或炮采)充填采煤工艺

输送机，在分段回撤采空区及上循环充填挡墙支柱后，按由下向上的顺序开始充填，随充填接实顶板随回撤支柱，超前 2m 挂挡矸帘，挡矸帘高度为 1.5m。充填结束后，工作面每推进 4m 进行 1 次矸石充填，按充填量确定工作面推进时间。在矸石充填完毕前，工作面推进 4m，以实现间断开采，连续充填。

工作面下平巷运煤，上平巷运矸，工作面前部铺设一部运煤刮板输送机，后部铺设一部刮板输送机与抛矸带式输送机，运煤刮板输送机随工作面推进前移，一部刮板输送机与抛矸带式输送机随充填区域的缩短而缩短。

(3) 应用效果。

我国新汶泉沟煤矿于 2006 年最早开始实验和使用长壁普采(或炮采)充填采煤技术。该技术利用井下矸石充填采空区，充填系统简单，机械化程度较高，装备投资少，充填效果好，保护地面建筑物非常有效。但需要较多矸石，充填地点较远时运送矸石的距离长。实践证明，这种充填工艺实现了将采掘工作面产生的矸石全部充填到工作面采空区，基本上实现了矸石不升井的目的，并回收了煤炭资源，最终实现地面矸石零堆放、“三下”采煤地表沉陷控制的目标，具有显著的经济效益和社会效益。

3) 长壁综采充填采煤技术

长壁综采充填采煤技术总体技术思路：将地面矸石、粉煤灰等单一固体废弃物或者几种充填物以合适的比例混合后，通过井上下大垂深投料系统(防冲击力的缓冲系统、防止堵仓设备、井上下调度监控系统)、井下运输系统运至工作面，再通过充填开采输送机充填到长壁工作面采空区内，由夯实机进行夯实，置换出煤炭资源，从而达到解放“三下”压煤、控制覆岩运动及地表沉陷的目的。长壁综采充填采煤技术系统布置如图 1-6 所示。

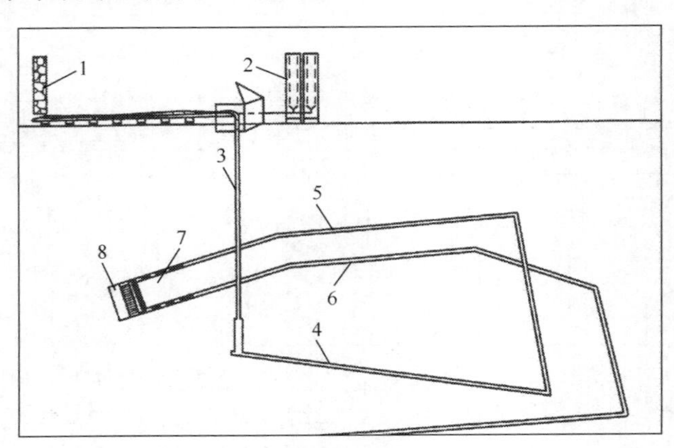

图 1-6　长壁综采充填采煤技术系统布置

1-储料仓 A；2-储料仓 B；3-投料井；4-井下运矸巷道；5-工作面运矸平巷；6-工作面运煤平巷；7-充填采煤工作面；8-充填体

(1)关键设备。

与综采相配套的充填设备主要包括自夯式充填开采液压支架、充填开采输送机等。自夯式充填开采液压支架维护了足够的工作空间，为综采工作面充填提供了基本条件，同时为充填料提供足够的夯实力，使充填料充分接顶且具有一定的强度。充填开采输送机实现充填料安全高效地充填入采空区的目的。

①自夯式充填开采液压支架。

自夯式充填开采液压支架性能要求。自夯式充填开采液压支架是综合机械化充填开采工作面主要装备之一，其目的是为实现充填开采所需要的正常工作和维护的空间。因此，自夯式充填开采液压支架必须满足以下性能要求：

a. 自夯式充填开采液压支架后部必须提供可供充填机构工作所需的空间。设计的充填开采液压支架后部要安装充填开采输送机，为保证充填开采输送机能够正常工作和检修，充填液压支架后部必须提供可供充填开采输送机与夯实机构正常工作时所需的空间，而且充填开采输送机悬挂高度要尽可能增大。

b. 自夯式充填开采液压支架尾梁必须有足够的强度。由于自夯式充填液压支架比普通液压支架增加了尾梁结构，支架的控顶范围增大，顶板对支架特别是对支架尾梁的压力比较大，尾梁下还需要悬挂充填开采输送机。因此，尾梁必须有足够的强度，以满足工作要求。

c. 需要安设可调整充填开采输运机高度的设备。按照设计，自夯式充填开采液压支架的尾梁要与充填开采输送机用单挂链连接。为了方便管理和检修，充填开采液压支架的尾梁要安装有可调整高度的千斤顶，以便于调整支架尾梁高度。

d. 需要在支架尾梁下部设计滑道。按照采煤与充填工艺设计要求，必须在支架尾梁下部设计滑道，使充填开采输送机能够在伸缩机构的作用下在支架尾梁下部滑动，滑道长度为采煤机的一个截深。

e. 需要设计夯实机构将充填料推压夯实。由于充填材料在松散状态下的可压缩量较大，为了保证充填效果，以减少顶板来压时的下沉量，充填液压支架上需要设计一个机构，能将充填料充满并夯实，尤其是尾梁与充填开采输送机之间的空间必须尽量充满，见图 1-7 所示。

由于充填开采工作面的充填开采液压支架后部需安设充填开采输送机、夯实机等充填设备，当支架后部出现故障时，需要人工到后部处理故障，所以支架必须留有一定空间，方便人员到后部处理故障，因此选用四柱支撑掩护式支架。支架控顶范围在 7m 以上，支护高度为 2～5m，采用四连杆机构，其结构原理如图 1-8 所示。

图 1-7　长壁综采充填采煤示意

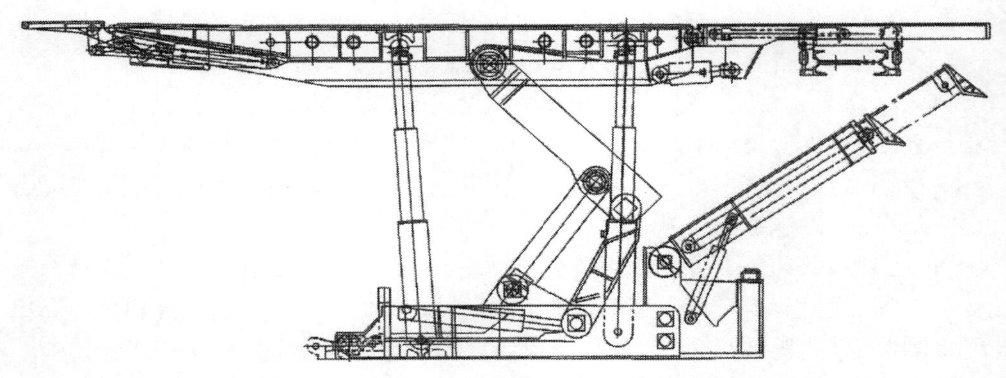

图 1-8　支撑掩护式充填开采液压支架结构原理

②充填开采输送机。

充填开采输送机由刮板输送机改造而成，悬挂于自夯式充填液压支架后部的尾梁下，其目的是为了实现充填料在工作面的运输及卸料，最终达到充填采空区的目的。因此，充填开采输送机的性能要求如下：

a. 满足工作面正常生产时对充填料运输量的需要。为了保证工作面煤炭的开采量，充填开采输送机的运输量必须满足工作面正常生产时对充填料运输量的需要。工作面正常生产时对充填料运输量与煤炭开采量有关，即根据开采煤炭与充填材料的容重比的大小，充填开采输送机的运输量相比煤炭运输量要有一定的富裕。

b. 设计落料量大且均匀的卸料孔形状及其合理间距。卸料孔的形状及其间距设计要充分考虑充填料塌落角、充填高度、充填料输送量，尽可能加大卸料孔间距，以减少孔的数量，简化操作工序，降低工人的劳动强度。

c. 充填开采输送机各部件应连接可靠、重量轻。由于充填开采输送机要悬挂在充填液压支架的尾梁上工作，相对于安设在底板上工作的刮板输送机稳定性差。

因此，充填开采输送机各部件的连接必须安全可靠、容易维修；重量应尽量减轻，以降低支架尾梁的载荷和便于工人安装。

d. 充填开采输送机应有足够的弯曲度。根据充填料充填技术方案，在充填料堆积到一定高度以后，充填开采输送机有一个从低到高逐渐抬高的过程，因此充填开采输送机不仅在水平方向上要有一定的弯曲度以适应移架的要求，而且在垂直方向也要有一定的弯曲度。

e. 充填开采输送机运行的可靠性要高。由于充填开采输送机悬挂在支架尾梁下的空间内，其工作环境比在工作面内要差，容易出现机电事故，由于空间小而使其维修难度大，因而其设备运行的可靠性要高。

此外，充填开采输送机的结构要考虑正常采煤生产工艺(随采煤机移架)的要求，保证输送机能够正常运行。

充填开采输送机的设计，应满足工作面正常生产时对充填料运输量的要求。对刮板输送机进行的主要改造设计包括：在刮板输送机中部槽上设置卸料孔；为有效控制充填料的充填量、速度及范围，在中部槽内增设插板插口，并安设液压缸推拉机械化插板，以控制卸料量；为增加刮板输送机的可调节范围，对刮板输送机槽两头进行改造，使刮板输送机槽连接方式由插接式改为螺栓连接方式，这样不仅增加了连接强度，还增加了充填开采输送机在垂直、水平方向的可弯曲程度；为增加充填垂直高度，确定将充填开采输送机悬挂在充填液压支架尾梁上，采用可调高单挂链悬挂刮板输送机槽。

设计的充填开采输送机卸料孔的形状为方形，卸料孔间距设计为 3m，如图 1-9 所示。

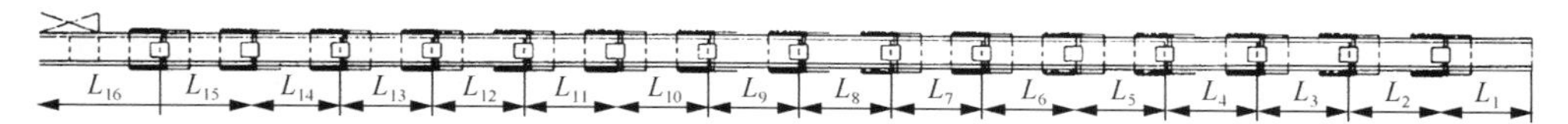

图 1-9　充填开采输送机尺寸与卸料孔形状

L_1～L_{16} 为卸料孔的间距

(2) 采煤与充填工艺。

充填工作在完成一刀采煤工作后进行。首先停止所有采煤工序，将支架移直后，调整好充填支架后部充填开采输送机，依次开动工作面充填开采输送机、自移式充填料转载机、运矸带式输送机等设备，进行采空区充填。

(3) 应用效果。

长壁综采充填采煤技术充填系统相对简单，具有机械化程度高、充填效果好的特点，可处理的矸石、粉煤灰等固体废弃物量大。现场应用可知，此项技术可实现采煤与充填的平行作业，月产煤炭 $(3\sim6)\times10^4$t，月处理矸石等固体废弃物 5×10^4t 左右，可安全高效开采工业广场下、铁路下等煤炭资源，采出率达 80%以上。

2. 膏体材料充填

1) 膏体充填简介

所谓膏体充填就是把煤矿附近的固体废物如煤矸石、粉煤灰、工业炉渣、劣质土、城市固体垃圾或河砂等物，在地面加入胶结物加工制作成不需要脱水处理的牙膏状浆体，采用充填泵或重力加压，通过管道输送到井下工作面，适时充填采空区的采煤方法。胶结物是以普通硅酸盐水泥为基材，与石膏、石灰和多种外加剂等科学配制的复合材料，简称 PL 膏体胶结料，该材料具有速凝、早期强度和后期强度持续增长的特点。

膏体充填的关键是要在井下工作面采空区形成以膏体料浆为主的覆岩支控体系，实时而有效控制地表开采沉陷在建筑物允许值范围内，并保护地下水体不受破坏，从而达到提高煤炭资源采出率、改善矿山安全生产条件的目的。

2) 膏体充填技术特点

与煤矿曾经采用过的普通水砂充填等比较，膏体充填材料具有以下特点：

(1) 浓度高。一般膏体充填材料质量浓度大于 75% ，目前最高浓度达到 88%。而普通水砂充填材料浓度低于 65%。

(2) 流动状态为柱塞结构流。普通水砂充填料浆管道输送过程中呈典型的两相紊流特征，管道横截面上浆体的流速为抛物线分布，从管道中心到管壁，流速逐渐由大减小为 0，而膏体充填料浆在管道中基本是整体平推运动，管道横截面上的浆体基本上以相同的流速流动，称之为柱塞结构流。

(3) 料浆基本不沉淀、不泌水、不离析。膏体充填材料这个特点非常重要，可以降低凝结前的隔离要求，使充填工作面不需要复杂的过滤排水设施，也避免或减少了充填水对工作面的影响，充填密实程度高。而普通水砂充填，除大部分充填水需要过滤排走以外，常常还在排水的同时带出大量的固体颗粒，高者可达 40 %，只在少数情况下低于 15%，产生繁重的沉淀清理工作。

(4) 无临界流速。要求最大颗粒料粒径达到 25～35mm、流速小于 1m/s 仍然能够正常输送，所以膏体充填所用的煤矸石等物料只要破碎加工即可，可降低材料加工费，低速输送还能够减少管道磨损。

(5) 膏体充填体压缩率低。一般水砂充填材料(包括人造砂)压缩率为 10%左右，级配差的甚至达到 20%，水砂充填地表沉陷控制程度相对较差，通常水砂充填地表沉陷系数为 0.1～0.2，许多条件尚需要与条带开采结合，留设条带煤柱才能够达到保护地表建筑物的目的。而膏体充填材料中固体颗粒之间的空隙由胶结料和水充满，压缩率较小，控制地表开采沉陷效果好，“三下一上”压煤有条件得到最大限度的开采出来。

3. 超高水材料充填

1)超高水材料

超高水材料是中国矿业大学研究发明的一种新型材料，由 A、B 两种材料组成。A 料主要以铝土矿、石膏等独立炼制成主料并配以复合超缓凝分散剂(又称外加剂 AA)构成；B 料由石膏、石灰混磨成主料并与少量复合速凝剂(又称外加剂BB)构成。二者以 1∶1 比例配合使用，当水体积在 95%～97%时，超高水材料固结体抗压强度可根据水体积和外加剂配方的不同而进行调节，且能实现初凝时间在 8～90min 之间按需调整，其 28 d 强度可达 0.66～1.50MPa。超高水材料 A、B 两主料单浆液可持续 30～40 h 不凝固，混合以后材料可快速水化并凝固，调整外加剂配方可改变材料性能，固结体初凝强度约为最终强度的 20%，7 h 抗压强度可达到最终强度的 60%～90%，后期强度增长趋势较慢。超高水材料固结体由钙矾石、铝胶和游离水构成，钙矾石是其中的主要物质。通常将水体积大于 95%的材料称为超高水材料，而小于 95%的材料为普通高水材料。超高水材料的水灰比可达 11∶1，而普通高水材料水灰比为 2.5∶1 左右，两者用水量相差甚大。

生产超高水材料的原料在我国非常丰富，且生产工艺简单。超高水材料具有早强快硬、两主料单浆(A 或 B 浆液)流动性好、初凝时间可调等特点，生成的固结体不收缩，体应变小，在三向受力状态下有良好的不可压缩性。超高水材料唯一的不足是抗风化及抗高温(400℃以上)性能较差，即该材料不适于在干燥、开放及高温环境中使用。在井下密闭、潮湿、低温的采空区中，超高水材料是一种非常好的充填材料。

2)超高水材料充填开采方法

将超高水材料浆液输送至工作面后，可通过以下两种方法将其保持在采空区并凝固：①利用超高水材料浆液良好的流动性令其自然流淌与漫溢，直至充满整个采空区；②可通过管路将其导引至预先设置于采空区的封闭空间或袋包内，使其按要求成形固结体。这两种基本方法相互组合又可形成新的充填方法，其适应性更强。目前，超高水材料采空区充填开采技术主要有开放式、袋式、混合式和分段阻隔式 4 种。

开放式充填法是指在仰斜开采条件下，对采空区不进行任何调控，完全利用超高水材料浆液的自流性将采空区充满，凝固后的充填体与垮矸以及围岩形成一个完整的结构体来控制上覆岩层活动。

袋式充填法是将超高水材料浆液通过管路充入预先在采空区设置好的充填袋内，使用凝固后的充填体控制上覆岩层活动。

混合式充填法是将袋式充填和开放式充填相结合，采空区部分采用袋式充填，只要保证顶板短期内不垮即可，工作面推进一定距离后用充填袋将采空区未充填的部分封闭，然后向内充入超高水材料浆液。

分段阻隔式充填法是在工作面推进一定距离后，在工作面后方构筑一条隔离墙，然后将超高水材料浆液充入被隔离的采空区内。

3)超高水材料开放式充填工艺

超高水材料开放式充填工艺主要包括充填泵站和充填点两部分。工作面通常布置为仰斜开采方式，随采随充。具体充填流程为：A、B 材料及辅助配料入仓→清水入罐→设置充填材料配比→启动搅拌配料设备→材料、水入搅拌筒搅拌→浆体进入储浆缓冲池→启动充填泵→管路输送→ 工作面副巷 A、B 浆体混合→进入工作面采空区→ 与采空区冒落矸石胶结凝固。

4)超高水材料充填优缺点

超高水速凝材料充填技术与其他充填技术相比，具有以下优点：①由于超高水材料在使用过程中用水量超高，水体积可占 95%～97%，故所需固体材料少。这样一方面降低了充填成本，另一方面简化了其他充填技术所需的庞大充填系统。一般来说，膏体充填前期投资需要几千万元，而超高水充填所需要的充填系统仅需二百多万元。②工作面随采随充，充填率较高，密实性好，对控制地表的移动和变形效果显著。一般来说，超高水充填效果优于矸石充填。③由于所需固料少，对矿井辅助运输影响基本没有，且井下充填系统简单，工人劳动强度低。

超高水材料充填多采用开放式充填，不足之处在于超高水材料开放式充填是依靠浆液自流的方式进入采空区，故工作面应布置为仰斜开采工作面。充填对倾角有一定的要求，倾角太小，短时间充填能力小，浆液需要滞后工作面支架后方较长距离才能顺利接顶；倾角过大，不利于正常采煤工作。

4. 覆岩离层带注浆充填减沉技术

进行建筑物下采煤，除了在井下采取开采措施和在地表采取建筑物结构保护措施外，还可以采取在地表打钻孔、向地下离层带内注浆的方法，减小采煤引起的地表沉降和变形，从而实现建筑物下安全采煤的目的。

高压注浆充填减沉技术起源于油田的“水力压裂”与“注水”实验。“水力压裂”是地应力测量中的一种方法，后来被石油系统作为油气井增产的一项重要措施。人们利用地面高压泵组，以大大超过地层吸收能力的排量将高粘液体注入井中，随即在井底憋起高压。此压力超过井壁附近地应力的作用及岩石的抗张强度后，在井底附近地层中产生裂缝。继续将带有支撑剂的携砂液注入缝中，此缝向前延伸并在缝中填以支撑剂。这样，停泵后即可在地层中形成足够长的、有一定宽度和高度的填砂裂缝，它具有很高的渗滤能力，使油气顺畅流入井中。“注水”是通过注水井向油层注水补充能量，保持地层压力，以提高采油速度和采收率。

苏联曾有高压注浆减缓地表沉降和变形的专利。波兰1989年在上覆岩层中进行注浆实验，其减沉率为20%～30%。我国最早于1967—1968年在抚顺胜利矿501采区进行了高压注浆实验，注入黄泥浆304m^3，折合固状黄土量为87m^3，注浆压力为2～9MPa。

抚顺矿务局、辽宁工程技术大学于1985年在抚顺矿务局老虎台矿进行了离层注浆实验。实验区上覆岩层由煤层顶板向上依次为油母页岩、绿色页岩、砂页岩、花岗片麻岩及第四纪冲积层；煤层可采厚度36m，倾角26°，平均开采深度602m；采煤方法为倾斜分层、上行开采，仰斜推进，全部水砂充填采煤法；注浆后地表最大下沉系数减少67%，最大下沉速度减少65%。在抚顺矿务局取得经验的技术上，大屯煤电公司徐庄矿（1991年）、开滦矿务局唐山矿（1992年）、新汶矿务局华丰煤矿（1994年）、兖州东滩煤矿（1995年）、兖州济宁二号井（1996年）等单位相继进行了离层注浆充填实验，取得了明显的效果，见表1-3。

表1-3 离层注浆充填实验统计表

实验地点		工作面长×宽/m	采深/m	煤厚/m	煤层倾角/(°)	预计的最大下沉/mm	注浆后实测下沉/mm	注浆后下沉系数	减沉率/%	采煤方法
抚顺	老虎台矿512面	427×120	602	25.7	26	2046	712	0.278	65	倾斜分层水砂充填
	老虎台矿518面	345×82	619	36.6	30	3240	1118	0.276	65	
	老虎台矿511面	415×85	621	27.3	28	2254	843	0.296	63	
大屯	徐庄矿7215面	960×110	529	2.6	20～23	1170	576	0.24	51	走向长臂冒落法
新汶	华丰矿1406面	575×112	686		27	2310	1483		36	分层综采注选矿尾矿水
	华丰矿1407面	1100×292	787	2.2	30				36	
	华丰矿1408面	1100×292	787	2.2	30				36	
开滦	唐山矿3654面	425×135	734	2.8	15					综采冒落
兖州	东滩矿14307(东)面	926×179	560	6.0	1～4					综采放顶煤冒落法
	东滩矿14307(西)面	854×179	545	5.4	2～3	1776	1159	0.32		

1）覆岩离层的形成及其离层传递带

（1）覆岩离层的形成条件。

层状岩体可看成为由梁迭合在一起的组合梁。地下煤炭开采后，岩层将产生弯曲变形。当岩层层间的剪应力超过其抗剪强度时，将出现层间错动。若各岩层的刚度不同时，其挠度变形不协调，岩层出现分离而产生离层。当作用在岩体上的拉应力达到其抗拉强度时，岩体出现断裂。若上位岩层断裂，则离层闭合；若下位岩层断裂，则离层继续扩展。

覆岩产生离层，应满足以下基本条件：

①岩层结构条件。相临岩层间的岩层结构条件为上硬下软，即

$$f_{上}>f_{下} \tag{1-1}$$

式中，$f_{上}$、$f_{下}$ 为岩层的普氏硬度系数。

②力学条件。当岩层间的剪应力超过其抗剪强度时，岩层沿层面出现分离，则有

$$\tau \geqslant c+\sigma \tan \varphi \tag{1-2}$$

式中，σ、τ 为岩层层面上的法向应力和剪应力；c、φ 为岩层层面分粘聚力和内摩擦角。

③垂直位移条件。当岩层间出现离层时，上位岩层的垂直挠度 $W_{上}$ 小于下位岩层的垂直挠度 $W_{下}$，即 $W_{上}<W_{下}$。

(2)覆岩离层传递带。

在采动覆岩中，垮落带上界面到整体弯曲带下界面的岩层都存在离层(图1-10)。从离层注浆工程需要出发，我们仅关心可注浆离层，或“离层传递带”，即不断裂岩层的离层。

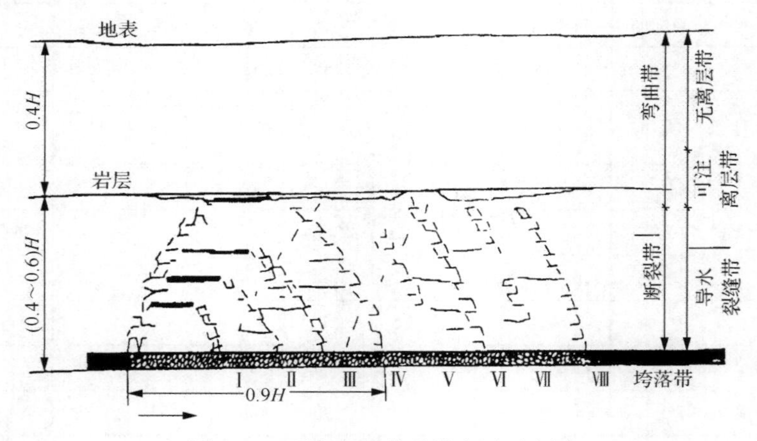

图 1-10 覆岩离层传递带发展示意图

覆岩中离层传递带的形成可分为两个时期。第一个时期是达到极限拱之前。此期间随着工作面的不断推进，覆岩中先前出现的离层空间被新的离层所代替，离层的位置由煤层附近向上发展，离层的传递总是处于拱的顶部。第二个时期是达到极限拱后，随着工作面的推进，离层空间高度不变，而是随拱的前移而向前移动。随着新离层空间的出现，先前的离层闭合，在极限高度上留下了离层空间生成的轨迹(一条抛物线)。

(3)离层发育高度。

在特定的地层结构中，离层发育高度主要与开采长度 D、煤层开采厚度 M 和开采深度 H 有关。相似材料模型实验结果分析标明，离层发育的最大高度 $h_{\max}$ 可近似为：

$$h_{\max} = \begin{cases} 80\sqrt{M}D/H & (D/H<0.5,\ 2\text{m} \leqslant M \leqslant 6\text{m}) \\ 40\sqrt{M} & (D/H \geqslant 0.5,\ 300\text{m} \leqslant H \leqslant 600\text{m}) \end{cases} \tag{1-3}$$

2)离层注浆减沉的机理

在覆岩中往离层内注入充填材料，可形成一个或几个由充填材料组成的支撑体，对上覆岩层起到支托作用，从而形成一个稳定的平衡结构。一般来说，离层注浆充填具有 4 个方面的作用：①充填材料充实部分离层空间，减少了空间向地面的传播；②充填体的支撑作用，减小了上部岩层的弯曲挠度；③挤压下部岩层，使离层空间和裂隙压密；④遇膨胀岩层时，注浆引起岩石扩容。在上述 4 个作用中，支撑作用是主要的。

3)离层注浆充填的优化设计原则

(1)采区地质条件原则。

采区地质条件包括：上覆岩层应存在软、硬交替沉积的组合结构地层；缓倾斜煤系地层易形成离层空间，对实施注浆技术有利；煤层埋藏应有一定的深度，使覆岩移动破坏之断裂带以上有可注浆的离层带。

(2)控制层原则。

在组合型结构的上覆岩层中，垮落带之上存在着多层坚硬岩层时，对位于其上部的全部或部分岩体移动起决定作用的岩层，称为控制层。控制层是由该岩层的厚度、强度及载荷大小确定的。控制层判别的主要依据为其变形和破坏特征，即在控制层断裂时，其上覆全部岩层或部分岩层的下沉变形是相互协调与同步的，前者称为离层注浆的主控制层，后者称为次控制层。换句话说，控制层的断裂将导致导水裂缝带以上的全部或相当部分的岩层产生整体移动。因此，应依据采区的地层柱状及岩性力学参数，优化设计出控制层。即注浆层位应选择在断裂带之上且靠下部的控制层处。

(3)孔位原则。

注浆孔位必须位于离层发育的区域范围内，孔位既要考虑控制层处离层的形成，又要使注浆不延缓。

注浆孔的平面位置布设应考虑：①位于主断面附近，因为在主断面附近离层发育较充分，离层空间大；②位于地表充分采动区域内或最大下沉点附近，这样可使注浆孔仅遭受动态变形的影响，有利于钻孔的维护；③应考虑地下开采地表沉陷的超前影响。

注浆孔之间的间距应为其 2 倍的充填有效影响半径，若无实验数据，可近似取为(0.3～0.4) H_0，H_0 为平均开采深度。

注浆孔的深度 $H_{注}$ 由控制层原则确定，大约为(0.4～0.6) H_0。此外，还可按下式进行近似估算：

$$h+(H_0-H_{导}-h)/2 \leqslant H_{注} \leqslant H_0-(H_{导}+H_{保}) \tag{1-4}$$

式中，h 为表土层厚度；$H_{保}$ 为保护层厚度。

(4) 采矿原则。

覆岩内离层的形成及其高度大小与工作面的宽度有关。当开采尺寸达到注浆临界开采尺寸 D_{LC} 时，可注浆离层形成。D_{LC} 计算公式为：

$$D_{LC}=2H_{导}\cot\varphi \tag{1-5}$$

式中，φ—覆岩的断裂角。

若开采尺寸达到离层开始闭合的临界开采尺寸 D_{UC} 时，注浆层位处岩梁断裂，离层闭合。D_{UC} 计算公式为：

$$D_{UC}=2H_C\cot\varphi+L_C \tag{1-6}$$

式中，L_C—控制层岩梁的跨距；H_C—控制层岩梁距煤层的高度。

覆岩离层注浆的最佳开采尺寸 D_b 应在注浆临界开采尺寸 D_{LC} 与离层开始闭合的临界开采尺寸 D_{UC} 之间，即

$$2H_{导}\cot\varphi \leqslant D_b \leqslant 2H_C\cot\varphi+L_C \tag{1-7}$$

4) 离层注浆充填的工艺

注浆材料一般为水和电厂排出粉煤灰搅拌混合而成的煤灰浆。浆液的比重以 1.1～1.2 为宜；比重大于 1.2 则容易堵塞管路；比重小于 1.1 则减沉控制效果较差。徐州大屯徐庄矿覆岩离层注浆采用的粉煤灰及其浆液的基本情况列于表 1-4 和表 1-5，其离层注浆充填的工艺如图 1-11 所示。

表 1-4　徐庄矿离层注浆粉煤灰基本情况

粉煤灰化学成分	SiO_2	Al_2O_3	CaO	Fe_2O_3	MgO	TiO_2	K_2O	Na_2O	SO_3	其他
所占的比例/%	51.4	29.0	7.2	4.1	1.8	0.8	1.1	0.1	1.6	2.8

表 1-5　徐庄矿离层注浆液基本情况

粒径/mm	>3	3～1	1～0.5	0.5～0.1	0.1～ 0.05	< 0.05
所占比例/%	3.7	2.1	6.0	60.0	10.0	18.2
浆液比重	1.10	1.12	1.14	1.16	1.18	1.20
水/kg	913.0	895.6	878.2	860.8	336.5	374.0
灰/kg	187.0	224.4	261.7	299.2	336.5	374.0
水灰重量比	4.88 : 1	3.99 : 1	3.35 : 1	2.88 : 1	2.51 : 1	2.21 : 1

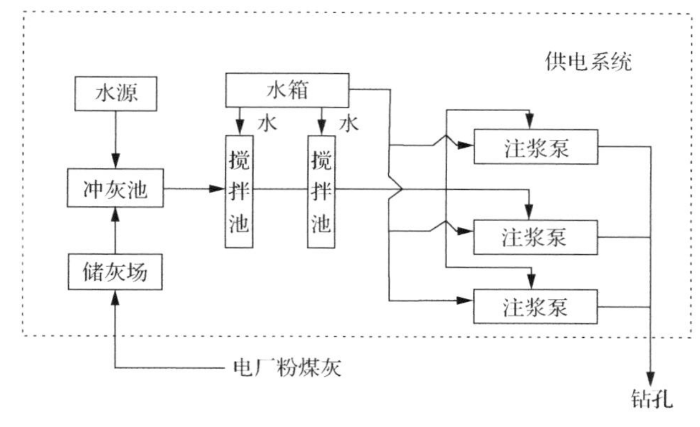

图 1-11　离层注浆充填工艺流程图

以上介绍的是由地表向下打钻、向覆岩离层带内注浆的工艺。如采深较小，也可以由地表向下打钻孔，直接向垮落带和采空区内进行注浆，以减小地表下沉。

1.1.2　协调开采

建筑物下采煤的防护措施主要为两方面：一方面通过合适的开采方法或措施，可以有效地减小或控制采动引起的地表移动变形；另一方面采取建筑物结构保护措施，以提高建筑物承受地表变形的能力。这两方面措施常联合使用，只有在进行综合经济技术比较后，才能确定着重采取哪方面的措施。

目前建筑物下采煤的协调开采方法主要有全柱开采、协调开采、择优开采、连续开采、适当安排工作面与建筑物长轴的关系、干净回采不残留煤柱等。

1. 全柱开采

全柱开采是在建筑物下煤柱的整个范围内，用一个或多个工作面组成的回采线同时推进的开采方法，使建筑物最终位于移动盆地中央，建筑物只承受动态变形影响，最终变形很小。

全柱开采可以最大限度地减少开采对受护建筑物的有害影响。实现全柱开采，要求柱内不出现永久性开采边界，不造成各煤层变形值的累加。为此，必须实现长工作面开采和逐层(或逐分层)间歇开采。

1) 长工作面开采

长工作面开采是利用长工作面形成的地表下沉盆地中央区稳定后变形值很小的特点，使建筑物位于稳定后地表下沉盆地的中央区。这时，要求动态变形值小于建筑物允许变形值(开采引起的动态变形一般为最大变形的 65%左右)，还要求开采后潜水位的变化不影响建筑物的正常使用。

长工作面开采通常适用于煤层厚度较小、采深较大的情况，同时要求工作面连续、匀速推进。

长工作面的布置方式有以下几种形式：①单一长工作面，是在煤柱范围内只布置一个工作面，一般在煤柱面积较小时采用(见图 1-12(a))；②台阶状长工作面，即是在煤柱范围内布置几个互相错开的台阶状工作面。一般是在煤柱面积较大时采用这种方式，工作面超前距离应尽量小些(图 1-12(b))；③对拉工作面，采用两个工作面同时开采，煤炭对拉至两个工作面中间的巷道运出；当煤柱较大时，可以采用四个工作面组成双对拉工作面进行开采。

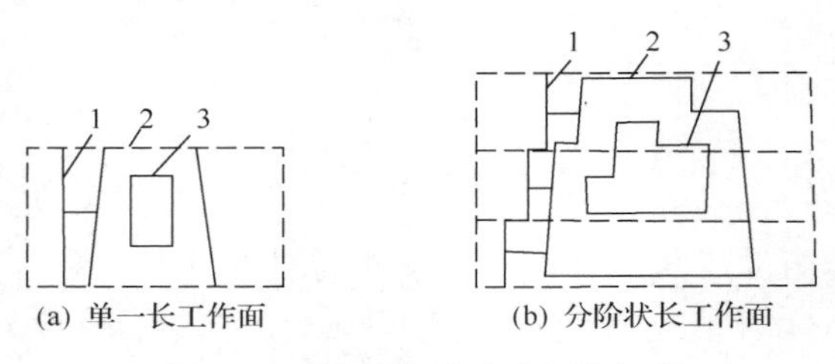

图 1-12　长工作面开采布置方式

1-回采工作面；2-建筑群煤柱边界；3-建筑群边界线

2) 间歇开采

间歇开采是在煤柱内一次只开采一个煤层(或分层)。第二个煤层(或分层)的回采要在第一个煤层(或分层)回采结束、地表移动基本稳定后才能进行，以消除或减少多个煤层开采影响的累加。

2. 协调开采

协调开采就是利用两个或多个相邻采煤工作面，在时间上和空间上保持一定关系向前推进，以部分抵消所导致的地表拉伸和压缩变形的开采方式。协调开采大体上有两种做法。

1) 两个煤层(或分层)的协调开采

上下两个煤层工作面保持一定错距同时开采，使两个工作面开采引起的地表拉伸与压缩变形部分抵消，达到减少建筑物最大动态变形值及其开采影响次数的目的(图 1-13)。

图 1-13(a)厚煤层两个分层工作面互相错开的距离$l_{厚}$，则可由下式计算：

$$l_{厚}=0.8r=0.8H_0/\tan\beta \tag{1-8}$$

式中，r为主要影响半径，m；H_0为平均采深，m。

图 1-13(b)中上下煤层两个工作面互相错开的距离$l_{普}$，可用下式计算：

$$l_{普}=0.4(r_1+r_2)=0.4(H_1+H_2)/\tan\beta \tag{1-9}$$

式中，r_1、H_1为第一个煤层的主要影响半径及采深，m；r_2、H_2为第二个煤层的主要影响半径及采深，m；$\tan\beta$为主要影响角正切。

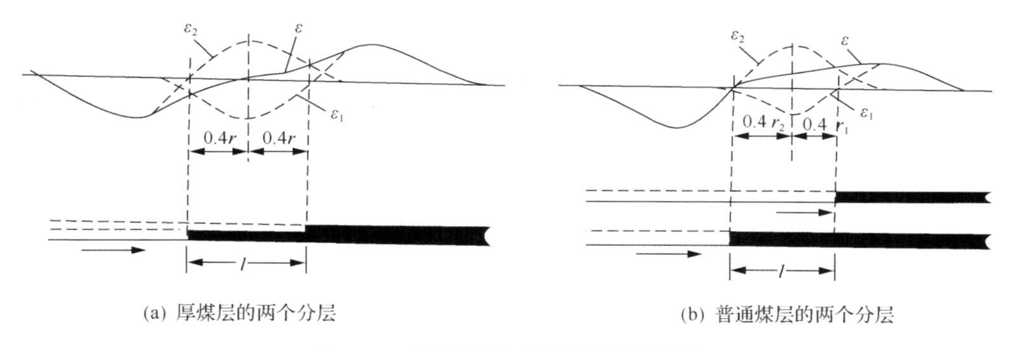

(a) 厚煤层的两个分层　　(b) 普通煤层的两个分层

图 1-13　两个煤层或分层的协调开采

ε-最终下沉曲线；ε1-上层开采下沉曲线；ε2-下层开采时的下沉曲线

2) 同一煤层多工作面协调开采

如图 1-14 所示，采用一个大的工作面或几个工作面同时开采，使建筑物位于移动盆地的平底部位，使建筑物只受动态变形的影响，从而保护建筑物。同时考虑开采过程中地表移动变形的动态影响，故将开采工作面按一定方式布置，减小开采动态变形影响。

3) 对称背向开采方法

在建筑物下开采时，如果建筑物抵抗压缩变形的能力较大，而对倾斜和拉伸变形又十分敏感，则可以采用对称背向开采的方法(图 1-15)。例如，在受保护建筑物正下方布置两个背向开采的工作面。在这种情况下，建筑物一开始就处于下沉盆地中央的压缩变形区内，不承受拉伸变形，不产生倾斜。这种方法一般只是在回采十分重要的单个建筑物煤柱时才采用。

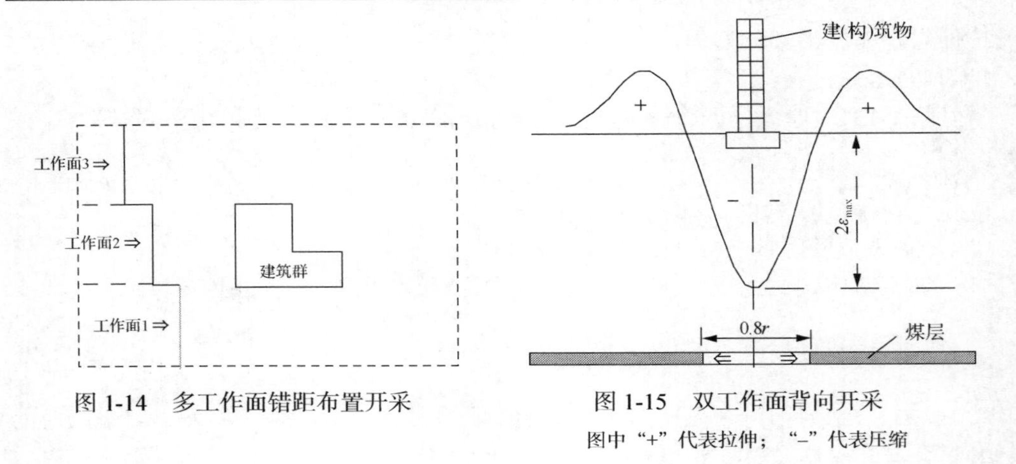

图 1-14　多工作面错距布置开采

图 1-15　双工作面背向开采

图中“+”代表拉伸；“−”代表压缩

3. 择优开采

当煤柱范围内有几个煤层时，不一定严格按照由上而下的顺序开采，可以根据煤层的间距、预计的地表变形值和建筑物的抗变形能力等因素，选择采深较大和采厚较小的煤层首先开采，待取得必要的数据和经验后，继续开采其他煤层。

4. 连续开采

在开采面积大的煤柱时，一般开采连续且不允许过久地停顿，因为每过久地停顿一次，就会形成一个永久性的开采边界，使该区域由只承受动态变形值发展为承受静态变形值。

5. 适当安排工作面与建筑物长轴关系

建筑物抗变形能力与它的平面形状有一定的关系。矩形建筑物长轴方向抗变形能力较小，短轴方向抗变形能力较大，可以利用这一特点来布置工作面。

(1) 当建筑物位于回采区段周边以内时，长壁工作面应垂直于建筑物长轴方向推进(图 1-16(a))。

(2) 当建筑物位于回采区段周边以外时，长壁工作面应平行于建筑物长轴方向推进(图 1-16(b))。

(3) 尽量避免工作面与建筑物长轴相交(图 1-16(c))。

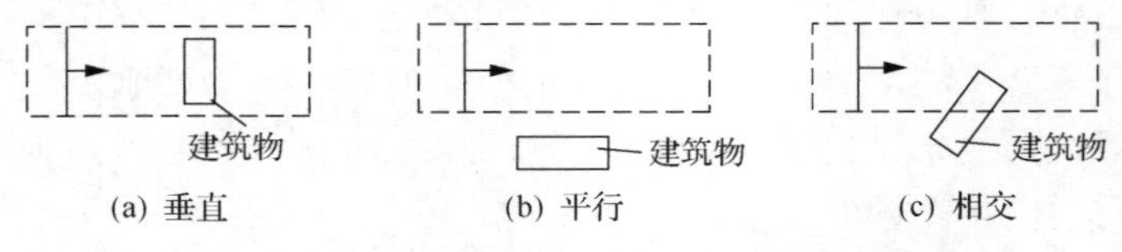

(a) 垂直　　(b) 平行　　(c) 相交

图 1-16　工作面推进方向与建筑物的位置关系

图中“➛”代表推进方向

(4)对于城市工业或住宅建筑群，应以其中主要的或大多数的建筑物、街道、设备的长轴方向为依据来布置长壁工作面(图 1-17)。

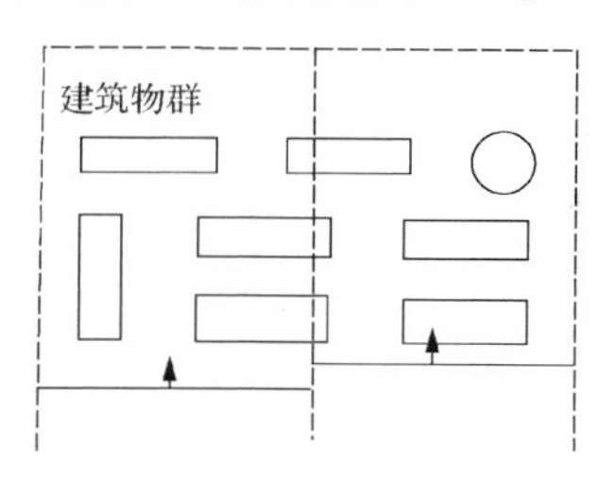

图 1-17　工作面推进方向与建筑群的位置关系

图中“→”代表推进方向

6. 干净回采，不残留煤柱

理论分析及实测资料表明，残留在采空区内的煤柱宽度超过一定尺寸后，其上方地表会出现变形值的累加现象。

由图 1-18 可以看出，当煤柱宽度大于或等于$(4r-2s_0)$时，地表变形不叠加(r为主要影响半径，s_0为拐点偏移距)；当煤柱宽度为$(2r-2s_0)$时，地表会出现变形

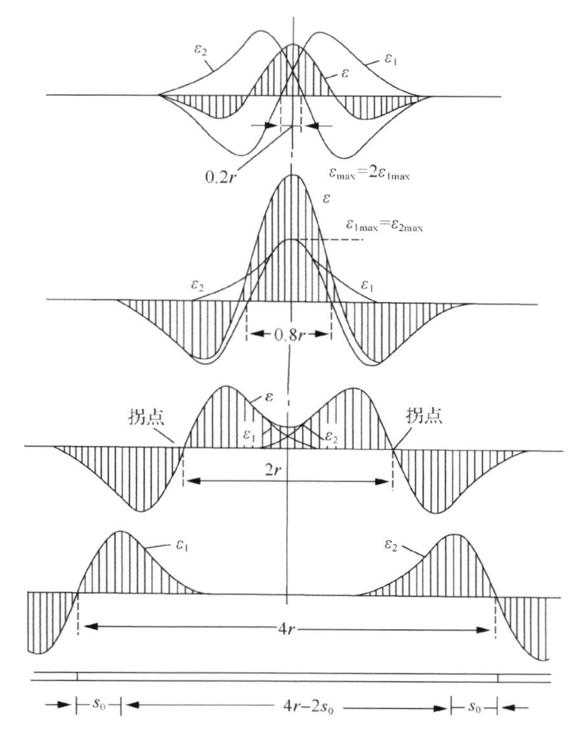

图 1-18　残留煤柱对地表变形的影响

值叠加，但仍为原来的最大值；当煤柱宽度为$(0.8r-2s_0)$时，地表变形值叠加后达到煤柱两边开采引起的变形最大值的两倍；当煤柱宽度继续减小后，地表变形仍发生叠加，但两个峰值不再叠加在一起，当煤柱宽度减小到完全丧失承载能力时，地表变形与无煤柱开采相同。因此，在建筑物下采煤并采用全部垮落法管理顶板时，应尽量干净回采，不残留煤柱，尤其不能残留$(0.8r-2s_0)$宽的煤柱。

以上开采技术措施大都是利用合理布置工作面来达到减小地表变形的目的。这里所说的工作面，均系长壁工作面、全部垮落法管理顶板。

1.1.3 房柱式采煤

柱式体系采煤法一般以短工作面采煤为其主要标志，指采空区顶板利用回采工作面采场周边或两侧的煤柱支撑，采后不随工作面推进及时处理采空区的采煤方法，其中常用的柱式体系采煤法为房柱式采煤法。对于“三下”采煤，可利用房柱式采煤法只采煤房不回收煤柱(图 1-19)，以煤柱支撑上覆岩层，有效地控制覆岩移动，减少地表移动和变形，达到限制岩层和地表沉陷的目的，特别适合于不能搬迁、不便加固维修的密集建筑物下采煤。

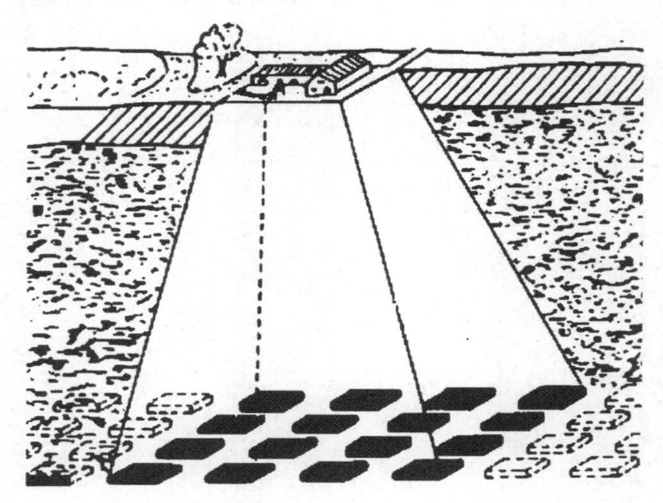

图 1-19 房柱式开采示意

1. 房柱式采煤法

1) 房柱式采煤法简介

房柱式开采是在开采煤层内掘进一系列宽为 5～7m 左右的煤房，煤房间用联络巷相连，形成近似于长条形的煤柱，煤柱宽度由数米至十多米不等。煤柱可根据条件留下不采或在煤房采完后，将煤柱按一定要求部分采出，剩余的煤柱用于支撑顶板。房柱式采煤方法广泛应用于美国、加拿大、澳大利亚、印度和南非等国。美国是世界上采用连续采煤机房柱式开采最早和产量最高的国家，回采率一般为50%～60%，地表下沉系数为0.35～0.68。

煤房的回采工艺有3种方式：①用爆破法落煤，人工装煤、输送机或普通矿车运煤。这是一种最原始的工艺方式，以人工装煤为特征；②机械掏槽和爆破落煤，用移动式装煤机装煤，梭式矿车或带转载机的输送机运煤，以移动式装煤机为特征；③用连续采煤机采煤(完成落煤、装煤工序)，房内运输用带转载机的可伸缩带式输送机或梭式矿车，以连续采煤机为特征。工作面支护由围岩性质和煤房尺寸而定，有普通木柱、大跨度棚子、锚杆支护和无支护等多种形式。有的国家应用铝合金轻型顶梁配合单体液压支柱支护，采后以专用小车回收。

房柱式回采的煤柱尺寸稍大，一般取6～12m，采完煤房后，将煤房两侧的部分或全部煤柱回采出来，顶板任其自行垮落(图1-20)。本法的优点是工作面人员少，生产灵活，用机械开采时，产量多、效率高、坑木消耗少等。缺点是工作面短，切割巷道多，掘进率高，生产系统复杂；回采煤柱时，工艺复杂且不够安全；利用煤柱支撑顶板，煤损大，回采率低；工作面串联通风，效果不好，劳动条件差；由于开切工作多，工作连续性差，劳动生产率和机械使用率都偏低，成本偏高。本法适用于围岩稳定，瓦斯含量不大、煤层不易自燃，开采深度较浅，地压不大的近水平的中厚煤层。

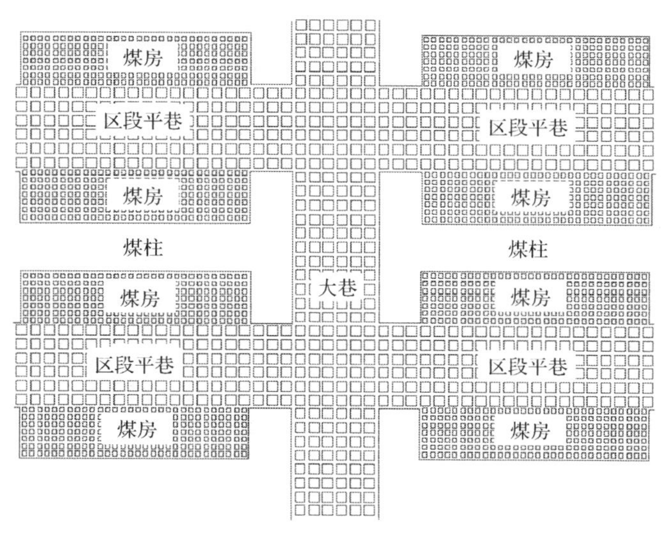

图1-20　房柱式开采典型布置

2)房柱式采煤法的一般回采过程

具体来说，其开采过程及通风方式如下。图1-21(a)是连续采煤机工作面内部，采煤顺序从右到左。采煤机在第三个煤房完成一个采深后，移到第二个煤房开始采煤。锚杆机在第三个煤房内打锚杆。在第二个煤房内，连续采煤机已经开始采煤，第一部梭车在采煤机后面装煤，第二部梭车在已形成的第三个煤房等候。第一部梭车装满车以后，就沿电缆方向后退到给煤机旁，并开始卸煤。同时，第二部梭车移动到连续采煤机后装车。当连续采煤机完成了预定的开采深度以后，移到第一煤房采煤。同时锚杆机移到第二个巷道里在新暴露出的顶板上打锚杆。当连续采煤机在第一煤房完成最后一刀后，移到最右边的煤房里面，开始另一个采煤循环。

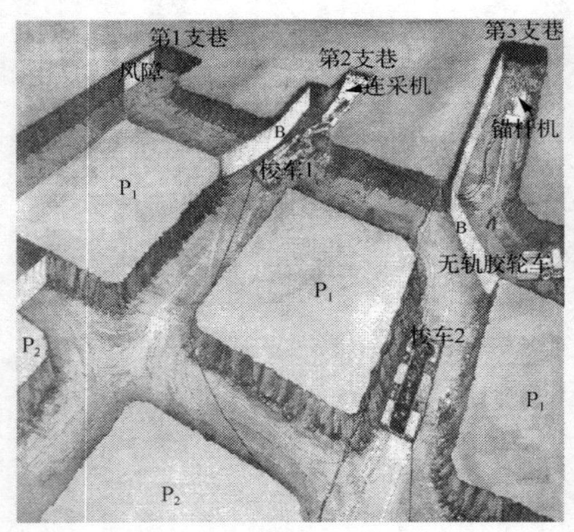

(a) 内部

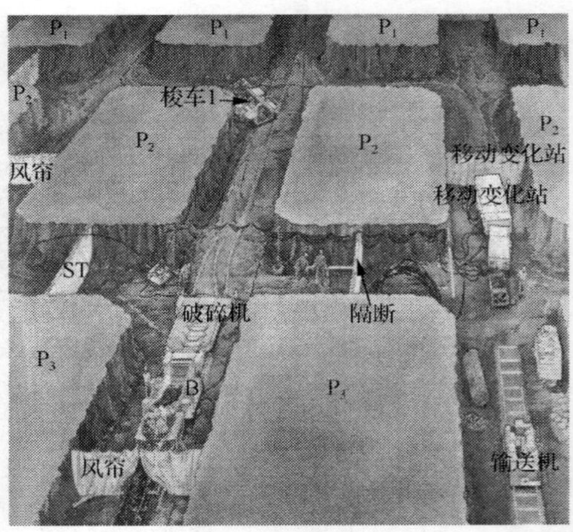

(b) 外部

图 1-21　连续采煤机工作面情况

P_1、P_2、P_3 -房柱编号

3) 房柱式采煤法的通风

在采掘工作面，风障悬挂在顶板到底板之间，用来引导风向，使风流从最后一个开通的联络巷依次经过采煤工作面。从工作面算起，第二个联络巷也是开通的，同样也是用风障导风。在第三个联络巷里设置隔墙，通过风墙使巷道与巷道之间永久性的隔离起来，通风线路简图如图 1-22 所示。

采煤方式存在与煤矿安全规程相抵触的地方，通风方式上存在串联风，新鲜风流经过多个掘进面之后才进入回风巷道。对于一个掘进面来说没有专门的风机供风，对于超过 6m 深的巷道也是不允许的。因此，要将房柱式采煤法既适应《煤矿安全规程》关于通风安全方面的规定，又要起到采房留柱、防止地表沉陷、影响地面建筑物的安全的作用，需要进行进一步的改进。

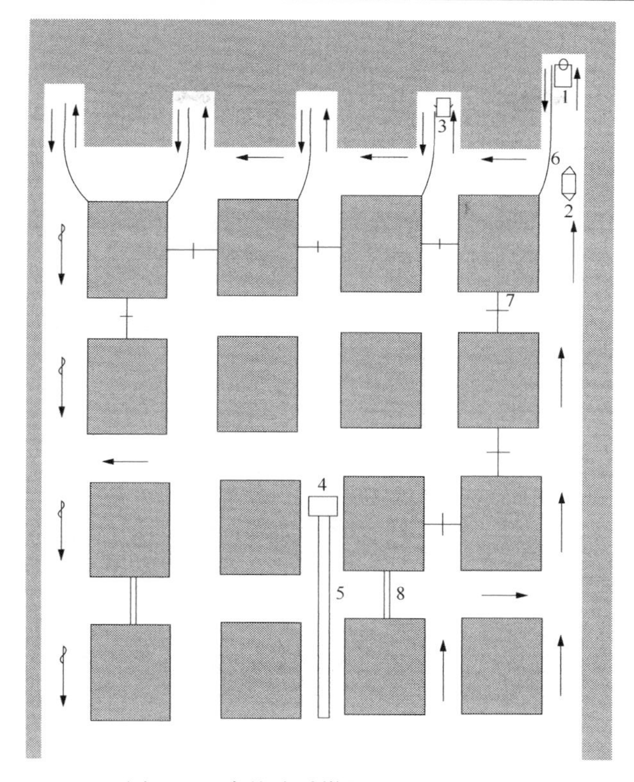

图1-22 房柱式采煤的通风线路简图

1-连采机；2-梭车；3-锚杆机；4-转载机；5-皮带机；6-风障；7-风帘；8-风墙；⇝ 污风；→ 新鲜风

2. 柱式采煤法的主要设备

柱式采煤法工作面配置方式应根据煤层赋存条件及设备适用条件选用。按工作面运输方式一般分为两种：一种是间断式运输方式，工作面配置为连续采煤机、运煤车或梭车、给料破碎机、锚杆机、铲车、履带行走式支架及胶带输送机；另一种为连续式运输方式，工作面配置为连续采煤机、锚杆机、连续运输系统、铲车、履带式行走支架及胶带输送机。柱式采煤法设备主要特点有：

(1) 设备投资少。一般一套短壁综采设备的价格为长壁综采设备的1/6～1/5，而其单产一般为长壁的 1/3～1/2。因此建设一个规模相同的矿井，短壁采煤法的设备投资较低。

(2) 采掘合一，建设期短，出煤快。因短壁采煤法在采煤、掘进过程中使用同一类型的机械设备，采掘基本合一，多巷(房)掘进即为采煤，矿井开拓及准备工作量很小，建井期短，出煤快。

(3) 设备运转灵活，搬迁快。因利用煤柱来维护顶板，采场压力小，支护较简单，这就为设备搬迁创造了有利条件。短壁采煤设备多用履带或胶轮，可自行行走，移动十分方便灵活，提高了搬迁、折、装效率。因此，可以在不规则地带、综采不宜连续推进的条件下采用短壁采煤法。

(4) 巷道压力小，便于维护，出矸量少。短壁采煤法通常为单一煤层开采，开采速度快，加之巷道压力，巷道变形小，用锚杆即可支护顶板，一般不使用昂贵的 U 型钢支护，也不开岩巷，矸石量很小，少量矸石即在井下处理不外运，生产系统简单，地面也无矸石山，有利于环境保护。

3. 柱式开采法的运用

房柱式开采煤柱可根据条件留下不采，剩余的煤柱用于支撑顶板。它不仅具有矿井开拓准备工程量小、出煤块、设备投资少、工作面搬迁灵活等优点，而且巷道压力小、上覆岩体破坏程度低、地表沉陷量小。尤其是采用房柱式连续采矿工艺时，采煤机、装载机、梭车和锚杆机协调作业，具有很高的生产效率。

1) 房柱式开采法在国外运用

美国是世界上采用连续采煤机房柱式开采最早和产量最高的国家，通常采用房柱式开采法来保护地面建筑物。开采实践证明，当采出率为 50%左右时，煤柱能够支撑地表长期稳定不沉陷。英国、美国、南非等国对房柱式开采煤柱的稳定性、尺寸留设方法进行了研究，获得了大量的研究成果，重点研究了煤柱的高宽比对煤柱稳定性的影响。

美国、英国等国采用这种方法在大型钢铁厂及其他重要建筑物下进行了卓有成效的开采。我国部分矿区也在工业及民用建筑、铁路隧道下采用了局部的房柱式开采，均收到了预期的效果。房柱式采煤方法配有连续采煤机、转载机、梭车等成套机械化设备，生产效率也比较高。20 世纪 80 年代末，美国曾对房柱式开采与长壁工作面开采的矿井做过比较，以同是年产 136 万吨为基准，房柱式开采的矿井投资少、投产快，基建吨煤投资加上吨煤生产成本为 20.07 美元/吨，比长壁工作面开采矿井的 21.03 美元/吨稍低。

美国等主要采煤国家和地区广泛采用房柱式开采法的主要原因在于：①适当控制煤柱的回采比例，就可防止地表塌陷，满足建(构)筑物及环境保护的要求，这对村庄下采煤或其他特殊条件下的采煤尤为重要。②矿井开拓准备工程量少，出煤快。因采掘可使用同一类型的机械设备，多巷掘进即为采煤，采掘合一，大大提高了采煤的灵活性、缩短了开拓准备时间。③设备投资少。一般一套房柱式采煤设备的价格为长壁综采设备价格的 1/6～1/5，而单产一般为长壁工作面的 1/3～1/2，因此建设一个规模相同的矿井，其设备投资要低得多。④设备运转灵活，搬迁快。尤其是开采或穿过断层、冲刷带及其他地质异常区域、连续式采煤机工作面快速搬家的优越性更为突出。另外，美国连续式采煤设备的行走部件多用履带或胶轮，可自行行走，移动非常灵活，也提高了搬迁、拆、装效率。⑤巷道压力小，便于维护，出矸量少。因通常采用单一煤层开采，矿房推进速度快，巷道变形小，采用锚杆即可有效支护顶板。层间联络巷少，岩巷开掘少，既减少了井下矸石运输量，又有利于地面环境保护。

2)房柱式开采法在我国的应用

我国房柱法采煤工艺应用相对较少。西山矿务局西曲煤矿为回收高压输电线塔下的压煤，采用连续式采矿设备(LN800 采煤机、IOSC 动用-40B 梭车、TD1-4S 锚杆机)成功地回采了 2.2m 厚的近水平煤层。兖州矿业集团公司南屯煤矿采用美国久益 12CM18-10B 连续采煤机采全厚房柱式开采(煤柱尺寸为 20m×15m，巷道宽度 4.5m)，选用澳大利亚生产的 CHDDR-AC 锚杆机支护煤房对 1304 工作面进行了回采。鸡西矿务局小恒山矿、大同矿务局姜家湾矿也采用过房柱法开采。90 年代以来，神华集团公司的大柳塔矿曾达到过月产 9 万吨。我国神府东胜矿区大柳塔煤矿采用连续采煤机房柱式采煤法，开采不适于布置长壁工作面的边角煤。陕西黄陵矿是我国第一个完全采用连续采煤机房柱式采煤法设计的大型矿井。在山西潞安集团漳村煤矿 1309 工作面保安煤柱，针对国外房柱式开采通风条件差的缺点，结合我国实际，提出了长壁布置条件下的房柱式开采方法，认为长壁布置房柱式采煤法能有效保护地表建筑物的安全正常使用，技术、经济上可行。同时条带式 Wongawilli 采煤技术的研究对合理开采建筑物下煤炭资源，提高煤炭资源回收率，延长老矿的服务年限，促进潞安矿区煤炭企业的可持续发展具有重要意义。

1.1.4 条带采煤

1. 条带开采的基本概念

条带开采是一种部分开采方法，它是将要开采的煤层区域划分为比较正规的条带形状，采一条、留一条，使留下的条带煤柱足以支撑上覆岩层的重量，当整个开采条带全部采出后地表形成单一均匀的下沉盆地，且产生的移动变形较小，从而达到保护地面建筑的目的(图 1-23)。

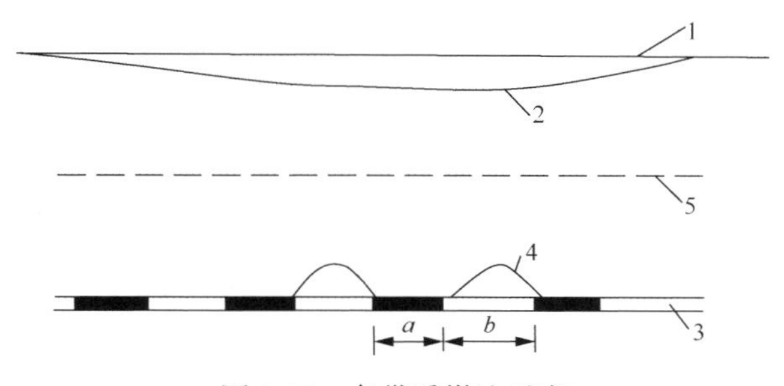

图 1-23 条带采煤法示意

1-地表；2-地表下沉曲线；3-煤层；4-自然平衡拱；5-波浪与非波浪下沉盆地的分界线

在图 1-23 中，采宽 b 和留宽 a 之比 $\frac{b}{a}$ 称为“采留比”；$\rho=\frac{b}{a+b}$ 称为回采率，%；$s=\frac{a}{a+b}$ 称为煤柱损失率，%。

与全部跨落法开采不同，条带开采的资源回收率偏低，一般仅在保护地表建(构)筑物、水体及铁路的情况下才应用，是煤矿“绿色开采技术”体系中的重要技术措施之一，见图 1-24。

绿色开采技术
- 1.水资源保护—保水开采
- 2.地表建筑物保护—充填与条带开采
- 3.瓦斯抽放—煤与瓦斯共采
- 4.矸石的井下处理(煤层巷道支护技术)
- 5.地下气化技术

图 1-24　煤矿“绿色开采技术”体系

1) 条带开采的类型

(1) 按条带布置方式。

根据条带开采的布置方式，条带开采可分为走向条带开采、倾斜条带开采和伪斜条带开采 3 种(图 1-25)。

(a) 走向条带开采

(b) 倾斜条带开采

(c) 伪斜条带开采

图 1-25　条带开采的类型计全，利用多次观测的结果确定不同时期地表和建筑物的移动变形值

①走向条带。

走向条带开采的条带长轴方向沿煤层走向布置，多用于水平或缓倾斜煤层，适用于煤层倾角较小(一般小于 20°)的缓倾斜煤层。当煤层倾角较大时，走向条带稳定性差。它的优点是工作面搬家次数少，工作面推进长度大。

②倾向条带。

倾向条带是条带长轴顺煤层倾向布置方式，多用于倾斜煤层，煤柱的稳定性较好，其适应性强，应用较广泛，缺点是工作面搬家频繁。

③伪斜条带开采。

伪斜条带即条带长轴方向与煤层走向斜交，多用于倾角大于 35° 的煤层。近水平煤层条件下，既可以沿走向划分条带，也可以沿倾向划分条带，条带工作面既可以沿走向推进，也可以沿倾斜推进，在这种条件下条带划分主要考虑如何有利于生产和利用原有生产系统以及减少工作面的搬家次数，以提高生产效率。

(2) 按采空区顶板管理方式。

①冒落条采。

采出条带用垮落法管理顶板的条采称为冒落条采，该方法目前应用较多。

②充填条采。

采出部分用充填法管理顶板时称为充填条采。从最大限度地减小地表移动和变形角度看，充填条采效果较好，因采出部分充填后，可以保护留下的条带，减少或防止其两帮的垮落，使煤柱处于比较理想的三向受力状态，从而大大增强煤柱的稳定性。但这种方法的不足之处是工艺复杂、成本高。

(3) 按条带尺寸变化情况。

①定采留比条采。

在一个采区内采留比固定不变的，叫定采留比条采。它适用于采区采深变化不大、地质条件比较简单的地段。在多煤层、厚煤层分层开采时应采用定采留比，否则保证不了稳定性。定采留比的条带布置要求严格。

②变采留比条采。

在一个采区内采留比不固定，根据需要而变化的，叫变采留比采；在采区地质条件变化较大的地段，变采留比有一定的优越性；变采留比的条带布置比较灵活，适用于采深变化较大的单一煤层。

2) 条带开采的适用条件

多年来，条带开采法一直是我国不搬迁进行建筑物下采煤时采用的主要开采方法。条带开采与一般长壁式采煤法相比，有采出率低、掘进率高、采煤工作面搬家次数多等缺点。但它的突出优点是开后引起的围岩移动量小、地表沉陷小。条带开采法适合于以下条件的采煤：

(1) 地面为密集建筑群、结构复杂建筑物或纪念性建筑物下采煤；

(2) 难以搬迁或无处搬迁的村庄压煤；

(3) 铁路桥梁、隧道或铁路干线下采煤；

(4) 水体下采煤以及受岩溶承压水威胁的煤层开采；

(5) 采后地面积水且排水困难；

(6) 断层较少的区域。

3) 条带开采的地表沉陷规律

(1) 覆岩中形成自然平衡拱。条带开采时，顶板垮落后，其上覆岩中形成自然平衡拱。

(2)地表下沉盆地单一平缓。条带开采只要尺寸选得合适，地表不会出现波浪形下沉盆地，而是出现单一平缓的下沉盆地。其他变形的分布规律与全采(不留条带全部采出)相似。

实测资料及理论计算均表明，在一定深度的界限以上下沉盆地都是平缓的，在此界面以下呈波浪形。如蛟河煤矿，用条带开采第一层煤后(采厚为 1m 多，采深 H_0=85m)，从地表以下 50m 处开始显现波浪，而地表下沉盆地是平缓的。根据力学模型分析与实测，当开采宽度小于 1/3 采深时，地表不会出现波浪形下沉，而呈现单一的下沉盆地。

(3)地表移动与变形值很小。通常情况下，在采出率为 50%左右时，冒落条采的下沉系数约 0.10～0.20，大体上相当于长壁开采的 1/6～1/4。由于条采引起的地表下沉值小，其他的地表移动和变形也小。

条采时主要影响角正切 tanβ 一般较全采时小，一般为 1.0～2.0；水平移动系数也较小，一般为 0.2～0.3。

(4)地表移动持续时间短。观测结果表明，条采时地表移动和变形的活跃期和移动持续时间都比较短。如阜新平安一坑使用条采时，地表移动持续时间约为全采的 40%～50%。

4)条带开采的应用

条带开采能有效地控制上覆岩层和地表沉陷，保护地表建筑物和生态环境。国外如波兰、苏联、英国等欧洲主要采煤国家在 20 世纪 50 年代就开始应用该法开采建筑物，尤其是村镇、城市下压煤，取得了较为丰富的实践经验。国外条带开采的采深一般小于 500m，少数采深较大；开采煤层厚度多为 2m 左右，少数为 4m 以上，个别达到 16m；采出率一般为 40%～60%；除个别因采留宽度太小(小于 10m)使下沉系数偏大以外，地表下沉系数一般小于 0.1，个别采深较大的条带开采下沉系数达到 0.16；顶板管理方法一般为全部冒落法，仅波兰在开采厚度为 5.9m 以上的煤层时采用了水砂充填。采用全部冒落法管理顶板时条带煤柱的宽高比为 2.5～83.7 不等，采用水砂充填法管理顶板时条带煤柱的宽高比为 1.2～5.1。这些国家在实践方面做了不少工作，在条带煤柱设计理论研究方面也有大量研究。

目前，条带开采已成为我国村庄下、城镇建筑物下及不宜搬迁建筑物下等压煤开采的有效途径，利用条带开采解放“三下”压煤，对充分合理利用深部煤炭资源，提高深部资源采出率、减轻采动损害、保护地表建(构)筑物及矿区生态环境具有重要意义。条带开采在“三下”压煤开采中具有广阔的推广应用前景。在条带开采生产实践方面，我国先后在全国 10 余个省、100 余个条带工作面进行了条带开采，取得了丰富研究成果和实际观测资料。我国的条带开采多采用冒落法管理顶板，采深一般小于400m，开采厚度在6m以下，采出率一般在40%～78.6%之间。除少数由于重复采动、煤体强度低、采出率偏大等特殊原因造成下沉系数偏大之外，我国条带开采地表下沉系数一般小于0.2。另外，我国已对包括急倾斜煤层在内的各种倾角的煤层、大采深煤层进行了条带开采实验研究。

我国及部分欧洲国家条带开采的实例分别见表1-6和表1-7。

表1-6 我国条带开采实例

名称		采深/m	采厚/m	采宽/m	留宽/m	宽高比	顶板管理方法	回采率/%	下沉系数
阜新平安矿学校		144	1.4	30～50	20	14.3	全部垮落	64	0.150
吉林蛟河镇下(Ⅳ)		85	1.0	12～20	10	10	全部垮落	62.8	0.030
吉林蛟河镇下(Ⅵ)		138	1.0	18～43	13～17	15	全部垮落	68.9	0.070
鹤壁九矿工矿(上)		164	1.0	30～40	16	16	全部垮落	54	0.164
鹤壁九矿工矿(下)		174	2.4	32～50	17～23	5～6.8	全部垮落	44.8	0.206
大窑沟矿车间下		355	5.7	110	30	5.3	全部垮落	78.6	0.029
峰峰一矿工人村下(上)		119	5.1	25～35	25～48	7.2	全部垮落	52	0.073
峰峰一矿工人村下(下)		221	5.1	38～50	40	7.8	全部垮落	57	0.095
峰峰二矿工广下(Ⅱ煤)		134	1.5	17～18	12～13	8.3	全部垮落	58.3	0.069
峰峰二矿工广下(Ⅳ煤)		130	1.5	17	13	8.7	全部垮落	56.7	0.024
峰峰二矿工广下(Ⅴ北)		154	1.7	15	15	8.8	全部垮落	50	0.277
峰峰二矿工广下(Ⅴ南)		142	1.4	12	18	12.9	全部垮落	40	0.129
峰峰三矿工广下(一、二)		71～96	1.4	12～15	12～15	8.6～11	全部垮落	50	0.087
峰峰三矿工广下(三段)		135	1.4	15	15	10.7	全部垮落	50	0.130
南桐矿隧道下		280	1.45	12	12	8.3	全部垮落	50	0.056
峰峰九龙矿朴子村203		573～596	2.4	120	120	50	全部垮落	50	0.220
峰峰九龙矿朴子村207		648～702	2.4	160	160	66	全部垮落	50	0.220
攀枝花太平矿		57～103	2.5	7～8	6.5～7.5	2.6～3	全部垮落	51.8	0.060
岱庄福利院		340	2～2.4	28～50	22～38	10-17.3	全部垮落	55.4	0.050
岱庄34102		430	1.2	100	60	50	全部垮落	62.5	0.220
梨园焦化厂下	二2	75	2.5	16	20	8	全部垮落	46	0.026
	二1	80	2.0	18	18	9	全部垮落	50	0.027

续表

名称	采深/m	采厚/m	采宽/m	留宽/m	宽高比	顶板管理方法	回采率/%	下沉系数
朝川一矿工厂下	100	4.0	16	18	9	全部垮落	47	0.032
沛县城下(倾角 52°)	330	3.55	20	25	7	全部垮落	44	0.040
安阳积善煤矿(上)	115～196	2.25	31	32	14	全部垮落	49	0.090
淄博双沟煤矿 9 煤	301	1.1	35	30	27	全部垮落	54	0.061
澄合矿区 5#煤	306～326	2.2	38	24	11	全部垮落	61.3	0.140
安阳积善煤矿(下)	115～196	2.25	31	32	14	全部垮落	49	0.120
淄博双沟煤矿 32 煤	172	0.8	30	15	19	全部垮落	66.7	0.456
长广查扉矿村庄下	120	1.45	15	15	10.3	全部垮落	50	
湖州敢山矿学校下	100	1.0	10	16	16	全部垮落	39	
岭东八井水库、铁路下	400	2.0	20	14	7	全部垮落	59	
微山矿村庄下	212	2.0	20	20	10	全部垮落	50	
峰峰二矿村庄下(Ⅳ)	372	1.4				全部垮落	61.5	0.320
安阳王家岭矿	71		24	11		全部垮落	68.6	0.300
淄博洪山矿 1015	102		25	10		全部垮落	71.4	0.100
淄博洪山矿 10235	108		23	12		全部垮落	65.7	0.160
淄博洪山矿 10238	150		25	10		全部垮落	71.4	0.280
淄博洪山矿 10237	130		25	10		全部垮落	71.4	0.270
胜利矿石油一厂下	505	16.6	28	38	2.3	水砂充填	42.4	0.040
胜利矿市区下(三)	705	10.0	60	70	7.0	水砂充填	46.2	0.034
临析五寺庄矿	110	2.0	15	9	4.5	水砂充填	63	0.042
湖州敢山矿村庄下	120	1.0	25	7	7	矸石充填	78	

通过对表 1-6 和表 1-7 的分析可知，条带开采水砂充填的下沉系数为全部垮落开采下沉系数的 4.8%～26.8%，下沉系数变化在 0.024～0.206 之间，地面建筑物损害一般在 I 级以下；条带开采深度变化在 71～705m 之间，全部垮落法条带开采采深在 71～675m；条带开采宽度变化在 10～160m 之间，宽深比为 0.043～0.347，即为采深的 1/23～1/2.9。回采率为 40%～78.6%；开采厚度最大 16.6m(水砂充填)、5.7m(全部垮落)，宽高比为 5.3～16。

表 1-7 部分欧洲国家条带开采实例

名称	采深/m	采厚/m	采宽/m	留宽/m	宽高比	顶板管理方法	回采率/%	下沉系数
(波)某矿	450	8.0	20～30	18	2.3	水砂充填	58	0.036
(波)波布勒克矿	442	10.0	30	30	3.0	水砂充填	50	0.032
(波)和平矿	320	5.9	30	30	5.1	水砂充填	50	0.014
(波)索斯洛维兹矿	250	8.5	30	30	3.5	水砂充填	50	0.009
(波)萨瓦斯基矿	150	16	30	20	1.2	水砂充填	60	
(波)W、W矿	166	2.65	8	8	3.0	全部垮落	50	0.285
(英)Wearmouth矿	549	0.91	73.2	76.2	83.7	全部垮落	49	0.090
(英)某矿	75	1.3	6～7	6～7	4.6～5.4	全部垮落	50	0.275
(英)Wistow矿	320	2.44	45	50	20.5	全部垮落	47.4	0.080
(英)约克郡矿	90	1.3	12.0	13.0	10.0	全部垮落	48.0	0.020
(英)约克郡矿	113	1.4	28.0	35～46	25～33	全部垮落	40.0	0.030
(英)Barbara矿	170	1.2	50	40	33.3	全部垮落	55.6	0.050
(英)北英格兰矿	550	1.0	72	72	72	全部垮落	50.0	0.060
(英)Wollaton矿	220	1.37	45.7	45.7	33.4	全部垮落	50.0	0.060
(英)某矿	686	1.7	72	108	63.5	全部垮落	40.0	0.080
(英)Hucknall矿	176	1.37	43.9	43.9	32.0	全部垮落	50.0	0.050
(英)兰开夏矿	640	1.7	72.0	108.0	63.5	全部垮落	40.0	0.087
(英)兰开夏矿	916	1.8	64.0	90.0	50.0	全部垮落	41.6	0.160
(俄)斯维尔德洛夫矿	360	4.0	10.0	10.0	2.5	全部垮落	50.0	0.088
(俄)滨海煤管局某矿	158	2.5	4.0	4.0	1.6	全部垮落	50.0	0.265
(俄)滨海煤管局三矿	265	2.5	4.0	4.0	1.6	全部垮落	50.0	0.33766
(波)波布勒克矿	150		35	27		全部垮落	56.4	0.050
(波)上西里西亚	450		20～30	20～30		全部垮落	50～60	0.050～0.100

2. 影响保留条带煤柱强度和稳定性因素

1) 条带煤柱的宽高比

室内实验表明，当其他条件相同时，煤柱的抗压强度随其高度的增大而减小。一般情况下，选用充填条带开采时煤柱宽高比大于 2；冒落条带开采时煤柱宽高比大于 5。

2) 安全系数

保留条带煤柱按其形状可分为长煤柱和矩形煤柱。长煤柱是沿走向或倾向所留设的完整煤柱，矩形煤柱是指在长煤柱中开有巷道，将煤柱切割成矩形。按长煤柱计算，煤柱的极限承载能力为

$$F_{长级}=40\gamma H(a-4.92\times m\times H\times 10^{-3}) \tag{1-10}$$

留设煤柱的实际载荷值为

$$N_{长实}=10\times\gamma\left[H\times a+\frac{b}{2}\left(2H-\frac{b}{0.6}\right)\right] \tag{1-11}$$

则煤柱稳定性安全系数：

$$K_{长}=\frac{F_{长极}}{N_{长实}}=\frac{40\gamma H(a-4.92m\cdot H\times 10^{-3})}{10\gamma[H\times a+b/2(2H-b/0.6)]} \tag{1-12}$$

式中，a、b 分别为留宽和采宽，m；γH 为原始载荷，MPa；H 为煤层埋藏深度，m；γ 为岩层容重，kg/m^3。

采用垮落法管理顶板时，如果顶板容易冒落，可以减少煤柱边缘的破坏程度，按三向受力状态公式计算时，应取安全系数 K=1.5～2。

采用充填法管理顶板能大大增强煤柱的稳定性，使煤柱处于比较理想的三向受力状态，从而提高煤柱的抗压强度。按三向受力状态公式进行计算时，取安全系数 K=1，一般是能保证安全的。

3) 回采率或煤柱面积大小

合理的采出率取决于采留条带宽度、采深、采厚、煤层和顶板岩层的力学性质等因素。国内外成功的条采实例表明，采出率一般为 40%～68%，即条带煤柱面积占总开采面积的 32%～60%。采出率太高，条带煤柱会被压垮，地表下沉系数会超过采厚的 30%，甚至发生顶板大面积冒落；采出率太低，经济上不合理。

根据我国村庄下条带开采成功实例，采出率为 40%～45%时，村庄普通砖石结构房屋基本不产生损坏。

4) 采宽和留宽的尺寸

在地质条件相同的情况下，如采出率不变，则选用的采宽和留宽的尺寸越大，求得的煤柱安全系数就越大。应选取最大的留宽和相应的采宽值，使煤柱受力后有效支撑面积较大、稳定性增强并提高安全度。

5) 采深

采用条采法开采时应考虑采深问题，究竟多大的采深为宜，应考虑所采煤层

覆岩裂缝带的最高点至地表有足够的距离，并以地表不出现塌陷坑或明显的波浪形下沉盆地为原则。实测资料表明，最大的采深为916m，较合适的采深为400～500m。

3. 条带开采的开采沉陷预计方法

分析条带开采的实测资料得出，条采的地表移动和变形规律与全采的近似。验算表明，条采时的地表移动和变形值可用概率积分法进行计算，但它的下沉系数、主要影响角正切、水平移动系数比全采的小，活跃期和移动持续时间比全采的短。条采与全采时的概率积分法预计参数之间关系如下：

1) 下沉系数 $q_{条}$

条带开采下沉系数 $q_{条}$ 可依据式(1-13)～(1-15)计算，当冒落条带法开采时($2a \geqslant b$ 和 $b<1/3H$)：

$$q_{条}=\frac{H-30}{5000\times a/b-2000}\times q_{全} \tag{1-13}$$

$$q_{条}/q_{全}=4.52M^{-0.78}\rho^{2.13}\left(\frac{b}{H}\right)^{0.603} \tag{1-14}$$

$$q_{条}/q_{全}=0.2663\mathrm{e}^{-0.5753M}\rho^{2.6887}\ln\frac{bH}{a}+0.0336 \tag{1-15}$$

式中，$q_{条}$、$q_{全}$ 为分别为冒落条采法和冒落全采法的下沉系数；M 为开采煤层法向厚度，m；ρ 为条带开采采出率；b 为条带开采宽度，m；a 为条带留宽，m；H 为条带开采深度，m。

2) 主要影响角正切 $\tan\beta_{条}$

条带法开采的主要影响角正切 $\tan\beta_{条}$ 主要随采深的不同而变化。据我国煤矿条采的实测资料得出的主要影响角正切为：

$$\tan\beta_{条}=(1.076-0.0014H)\tan\beta \tag{1-16}$$

式中，$\tan\beta_{条}$、$\tan\beta_{全}$ 为分别为条采和全采的主要影响角正切；H 为开采深度，m。

3) 拐点偏距 $S_{条}$

条带法开采的拐点偏距 $S_{条}$，随采深和采出率的增加而增大。根据我国煤矿条采的实测资料，当采深 $H_0>75$m 时，拐点偏移距为

$$S_{条} = \frac{1.56bH}{a(0.01H_0 + 30)} \tag{1-17}$$

式中，H_0 为平均开采深度，m；H 为采深，m；实际计算时，根据上下山、走向方向，相应地取 H_2、H_1 和 H_0 值。

4) 水平移动系数 $b_{条}$

条带法开采的水平移动系数 $b_{条}$ 主要随采深的增加而减小，其他因素如采出率、采宽等对水平移动的系数影响很小。根据实测资料得到：

$$b_{条} = (1.29 - 0.0026\text{H})\, b_{全} \tag{1-18}$$

式中，$b_{条}$ 和 $b_{全}$ 分别为全采和条带方开采的水平移动系数。

条带法与全冒法的参数之间的函数关系，还有待进一步研究。

1.1.5　Wongawilli 采煤法

Wongawilli 采煤法是一种新型高效的短壁柱式采煤方法，这种采煤方法首先是在澳大利亚房柱式开采技术的基础上发展起来的，因最先在澳大利亚新南威尔士州的旺格维利实验成功而得名，该种采煤法与传统壁式和房柱式采煤法的主要区别在于工作面巷道布置及工作面内煤体的切割方式不同，其最大特点是工作面布置灵活，可回收边角煤及综采不便回采的煤炭资源，较房柱式采煤法产量大、回收率高、巷道掘进率低。

我国神东矿区、兖州集团等采用连续采煤机房柱式采煤法开采了不适于布置长壁工作面的边角煤；由于技术装备及地质采矿条件的限制，我国总体上应用较少。Wongawilli 采煤法与房柱式采煤法的区别是工作面布置较灵活，基本不受断层等地质构造的影响，搬家速度快，采出率高，利用连续开采配套设备更容易实现高产高效。其巷道布置方式采用最多的有两种形式：单翼后退式巷道布置和双翼对拉巷道布置(图 1-26、图 1-27)。单翼后退式上下巷均为双巷布置，支巷垂直于两巷，每两条支巷间距根据煤柱强度和地表变形值确定，这种巷道布置方式适用于工作面瓦斯涌出量较大的煤层，通风系统简单、可靠，易于管理。双翼对拉布置是在采煤区集中布置两条巷道，即主运输巷和辅助运输巷，构成全负压通风系统，两条巷道间距约为 20m。从两条巷道向两翼分别以 60°夹角掘进支巷和联络巷，每回采完一定数量的支巷留设 20～30m 宽的隔离煤柱。这种布置方式可前进或后退式回采，回采率较高，但无法有效保护地表建筑物，地表沉陷量大。

实践证明，Wongawilli 采煤法可回采普通综采无法回采的煤炭资源，较柱式采煤法有回收率高、产量大的优点，但掘进率较低。

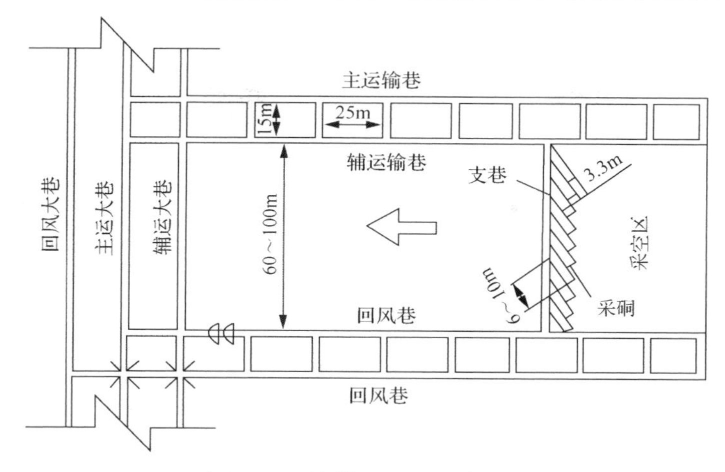

图1-26　单翼后退式巷道布置

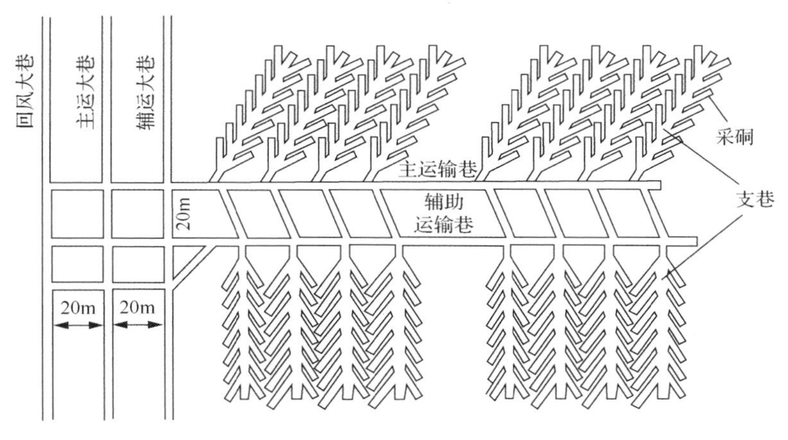

图1-27　双翼对拉式巷道布置

1.2　条带式 Wongawilli 采煤简介

1.2.1　条带式 Wongawilli 采煤法的提出

我国建(构)筑物下压煤量巨大，井下开采引起的地表沉陷可能造成建(构)筑物严重损害，控制岩层与地表的移动是“三下”采煤技术的关键环节，经过几十或上百年的开采，一些矿井除了“三下”压煤资源外已无煤可采。为了提高矿井生产服务年限，保证企业继续运转，确保“三下”压煤资源的回收等问题得到了企业及社会的广泛关注，资源回收与地表建(构)筑物的保护及环境问题的亟待解决。

“三下”采煤的关键是控制岩层与地表的移动，目前，广泛认可并采用的控岩降沉采煤法主要有充填采煤法、协调开采、离层注浆、房柱式采煤、条带采煤、Wongawilli 采煤等。充填开采一般就地取材，采用矿井生产过程中产生的矸石废料充注至采空区内，形成人造支撑体以减少或控制上覆岩层的移动和破坏。房柱式采煤通过联络巷将开采区域划分为若干煤房，同时形成近长条状的煤柱用于支撑顶板。离层注浆技术即是通过对围岩充注膏体以提高围岩稳定性，减少岩层破坏变形，但其注浆工程效果并不理想。协调开采是改变工作面回采顺序、开采方法、推进速度、工作面布置位置等，减少或抵消部分开采影响，实现对地表建筑物的保护。条带开采是采一条、留一条的部分开采方法，因其控制岩层与地表的移动效果显著，在国内外得到了广泛的推广与应用。短壁柱式 Wongawilli 采煤法采用连采机灵活布置，主要对“三下”压煤及边角煤炭资源进行回收。

条带式 Wongawilli 新型采煤法是一种高效“三下”采煤技术，其结合了条带采煤巷道布置方式与 Wongawilli 开采工艺，通过连续采掘技术实现高产高效，为建(构)筑物下的减沉开采提供了新思路。该技术既发挥了条带与短壁柱式采煤法有效控制地表下沉的优势，又实现了工作面快速搬家，并克服了 Wongawilli 采煤法过程中通风条件差、不规则煤柱与刀间煤柱系统缺乏长期稳定性的弊端，达到安全高效的回收建(构)筑物下压煤的目的。

1.2.2 条带式 Wongawilli 采煤的适用条件

条带式 Wongawilli 采煤法结合了条带式与 Wongawilli 采煤法的优点，考虑到机械设备配套情况，在满足条带开采的情况下，其适用条件基本与 Wongawilli 采煤法类似，主要包括以下方面：

(1)煤层强度较大，埋藏较浅的煤层，对于多煤层开采区，煤层层间距离越大对下层的回采越有利；

(2)低瓦斯或不易自燃煤层；

(3)煤层倾角小于 8°的近水平煤层；

(4)建(构)筑物下采煤及不适宜布置长壁综采工作面大型井田不规则区域；

(5)底板较硬不易软化的煤层。

1.3 研究条带式 Wongawilli 采煤法的思路

条带式 Wongawilli 采煤法作为集成了条带式及 Wongawilli 采煤方法优点的新型采煤方法，可借鉴和参考成熟的条带式及 Wongawilli 采煤方法进行研究。国内外对条带开采及 Wongawilli 采煤法均进行了较多研究。国外如波兰、英国等国家在 20 世纪 50 年代就开始应用条带法开采建筑物下压煤，取得了丰富的实践经验。

我国先后在全国10多个省、数百个工作面进行了条带开采实践，取得了丰富的研究成果和观测资料。Wongawilli 采煤法在国外如澳大利亚等及我国部分煤矿也进行了实验研究。主要研究现状如下：

1.3.1 条带开采现状

关于地表沉陷机理和规律研究，先后提出了条带煤柱的压缩与压入说、岩梁假说、波浪消失说等。吴立新等提出的托板理论认为地表最大下沉量是由煤柱压入底板量、煤柱压缩量、岩柱压缩量、承重岩层压缩量和托板挠度所组成；钱鸣高等提出的关键层理论认为，在覆岩中存在一层或数层厚硬岩层，在覆岩移动中起控制作用；胡炳南、杨伦等研究了条带开采地表沉陷的主控因素及地表移动规律。

关于条带煤柱稳定性研究，提出了压力拱理论、有效面积理论、两区约束理论和极限平衡理论等。郭文兵等将条带煤柱破坏失稳视为非线性过程，建立了条带煤柱的突变破坏失稳理论；方新秋、窦林名等对深部条带开采冲击矿压问题进行了研究；王连国、胡炳南等研究分析了条带煤柱的破坏宽度及煤柱稳定性问题；赵国旭等对宽厚煤柱的稳定性进行了研究。

关于条带开采地表沉陷预测研究：条带开采地表沉陷预测主要是建立全采与条带开采地表移动预计参数的经验公式，通过修正预计参数，采用影响函数法或数学方法进行预计。邹友峰提出了条带开采地表沉陷预计的三维层状介质理论；吴立新等给出了基于托板理论的预计方法；郭增长提出了适合极不充分开采的概率密度函数法进行条带开采地表沉陷预计；戴华阳、王金庄给出了非充分开采地表移动预计模型；郭文兵等研究建立了条带开采地表移动参数新的计算方法。

关于条带开采采留宽度优化设计研究：A.H.Wilson 理论给出了煤柱在有无核区承载能力、分担载荷及煤柱屈服带宽度的计算公式，在我国得到了广泛应用；康怀宇，张华兴针对深部压煤提出了宽条带设计理念；郭惟嘉等对厚松散层薄基岩条带开采尺寸进行了研究；张俊英等对多煤层条带开采优化设计进行了研究。此外，将岩层控制的关键层理论、数值模拟等用于条带开采设计。

1.3.2 Wongawilli 采煤现状

关于巷道布置方式：Wongawilli 采煤巷道布置方式采用最多的有两种形式：即单翼后退式巷道布置和双翼对拉巷道布置方式。

关于设备配置和采煤工艺：工作面设备配备依据煤层赋存条件分为两种，一种是间断式运输方式，配置有连续采煤机、运煤车或梭车、给料破碎机、锚杆机、铲车、履带行走式支架等。梁大海分析了使用 EML340 连续采煤机的间断运输工艺系统；李浩荡分析了履带行走式液压支架护顶旺格维利采煤法在大柳塔矿的应用，杜绝了顶板随采随冒和大面积垮落的隐患。另一种为连续式运输方式，配置有连续采煤机、锚杆机、连续运输系统、履带式行走支架及胶带输送机等。连续采煤机和锚杆机平行交叉作业，连续采煤机割煤、落煤及装煤，锚杆钻机打眼和安装锚杆，铲车运送材料、设备以及清理浮煤。

关于煤柱回收及顶板管理：连续采煤机从支巷一端后退式开采煤柱，依次按45°斜切进刀，回收支巷两侧煤柱，两台履带行走液压支架与连续采煤机配合，可采用进刀不留煤皮双翼后退式回收方法，两台履带行走式液压支架在煤房内迈步式向前移动，及时支护连续采煤机后方的悬空顶板。当不配备履带式行走液压支架，煤柱回收采取留设煤皮来支撑顶板，连续采煤机配合锚杆支护，实现高产高效。李瑞群、任满翊等提出了合理顶板-煤柱的“连续梁”模型和“简支梁”模型，得出了煤柱应力的分布规律。栗建平等针对坚硬顶板条件对开采过程中煤体应力变化和煤柱的状态进行了数值计算，为顶板矿山压力控制提供了依据。

1.3.3 条带式 Wongawilli 采煤应用研究

由于条带开采布置与 Wongawilli 高效采煤工艺的结合，形成了新的建(构)筑物下压煤高效开采技术，可以发挥条带开采和 Wongawilli 采煤法各自的优势，扬长避短，优势互补，实现“三下”压煤高效回收。因此，在我国部分煤矿建(构)筑物下压煤开采中得到了一定的应用。郭文兵教授等通过大量研究，结合条带开采及 Wongawilli 采煤方法优缺点，创造性的提出了条带式 Wongawilli 采煤方法，并将此采煤工艺应用到王台煤矿建筑物下采煤设计，首次以“对建(构)筑物下条带式 Wongawilli 采煤技术研究”为题，对条带式 Wongawilli 采煤方法进行了研究，以具体的地质采矿条件，通过数值模拟分析以及地表移动变形预计，对条带式 Wongawilli 采煤方法井下采硐布置等设计参数、工作面布置形式、煤柱的弹塑性区及应力状态进行了研究分析，得出了诸多有益的结论。

神府东胜公司已在大海则矿、哈拉沟矿、上湾矿、康家滩矿、榆家梁矿、补连塔矿、大柳塔矿的边角煤块段进行开采，连续开采设备达到 13 套，实现了高产高效目标。李洪武等采用高效短壁机械化开采技术在潞安集团五阳煤矿实现了村庄下煤层的安全开采；晋城矿区王台矿井采用该方法开采了“三下”压煤和不规则块段及边角煤柱；杨建武、李聪江分别分析了大同矿区、开滦矿区采用旺格维利采煤法的可行性。

条带式 Wongawilli 方法作为一种新的技术方法，虽然目前已开展了覆岩破坏特征、地表沉陷规律及预计参数体系等方面的研究和应用，但仍缺乏对条带式 Wongawilli 采煤方法的系统分析介绍。

1.4 本章小结

本章详细介绍了目前广泛认可并采用的5种控岩降沉采煤法：充填采煤法、协调开采、房柱式采煤、条带采煤和Wongawilli采煤法，分析了各种采煤法的布置形式、优缺点，结合国内外实际情况，介绍条带式Wongawilli采煤的产生背景、优缺点以及适用条件，最后提出了研究条带式Wongawilli采煤法的思路及方法。

第 2 章　条带式 Wongawilli 采煤法巷道布置及工艺

条带式 Wongawilli 采煤法由于采硐、支巷以及条带煤柱相互布置位置不同，一般有 5 种布置方式，并形成由刀间煤柱、不规则煤柱、条带煤柱煤柱组成的条带式 Wongawilli 采煤法独有煤柱系统。本章主要介绍条带式 Wongawilli 采煤法巷道布置形式、采掘工艺、设备及主要参数。

2.1　巷道布置方法及主要参数

2.1.1　巷道布置方法

条带式 Wongawilli 采煤法巷道布置的重点为支巷单双布置、采硐单双翼分布及条带煤柱间隔程度，三者相互组合形成了条带式 Wongawilli 采煤法的五种布置方式。

1) 单巷单翼式

回采区域采用双“U”布置，在内“U”顺槽垂直方向(工作面切眼方向)布置支巷；支巷单侧布置回采采硐；每条支巷和采硐之间采用条带煤柱(支撑煤柱)隔离，如图 2-1 所示。

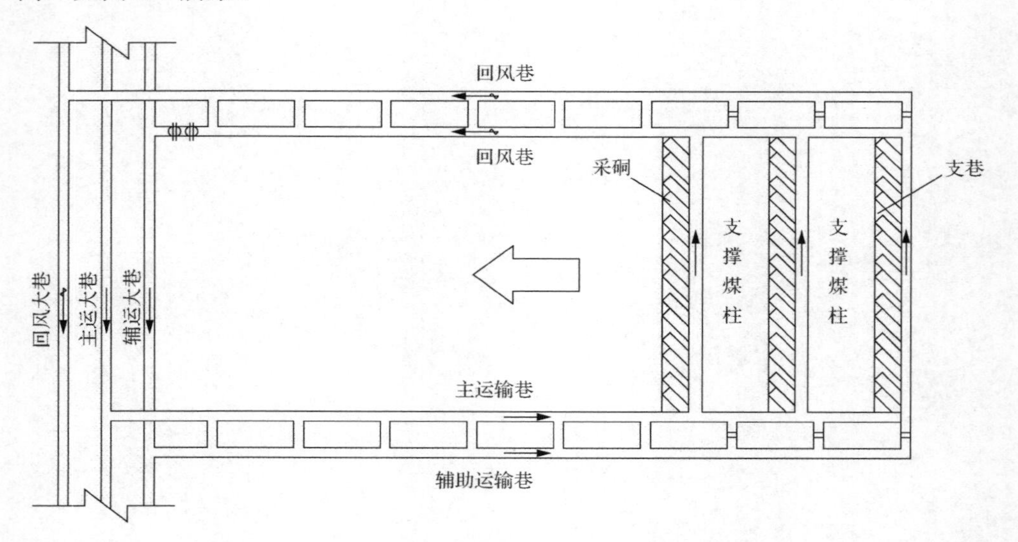

图 2-1　单巷单翼式

2) 双巷单翼式

回采区域采用双“U”布置，在内“U”顺槽垂直方向(工作面切眼方向)布置支巷；支巷宽度、采硐深度与单巷单翼巷道布置相同，支巷单侧布置回采采硐，每两条支巷和采硐之间采用条带煤柱(支撑煤柱)隔离，如图 2-2 所示。

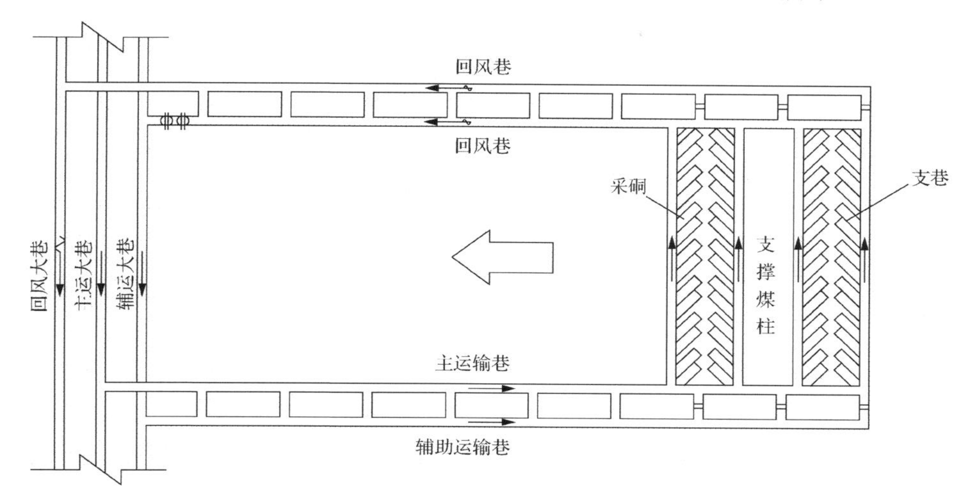

图 2-2　双巷单翼式

3) 单巷双翼式

回采区域采用双“U”布置，在内“U”顺槽垂直方向(工作面切眼方向)布置支巷；支巷宽度、采硐深度与单巷单翼巷道布置相同，支巷双侧布置回采采硐，每条支巷和采硐之间采用条带煤柱(支撑煤柱)隔离，如图 2-3 所示。

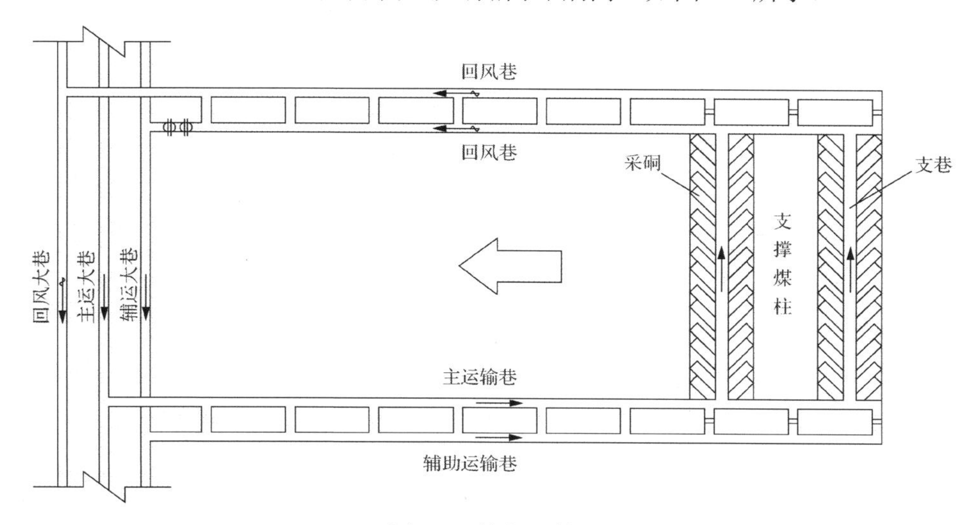

图 2-3　单巷双翼式

4) 双巷单翼与单巷单翼混合式

回采区域采用双“U”布置，在内“U”顺槽垂直方向(工作面切眼方向)布置支巷；支巷宽度、采硐深度与单巷单翼巷道布置相同，一条支巷单侧布置回采采硐，另一条支巷双侧布置回采采硐，每两支巷和采硐之间采用条带煤柱(支撑煤柱)隔离，如图 2-4 所示。

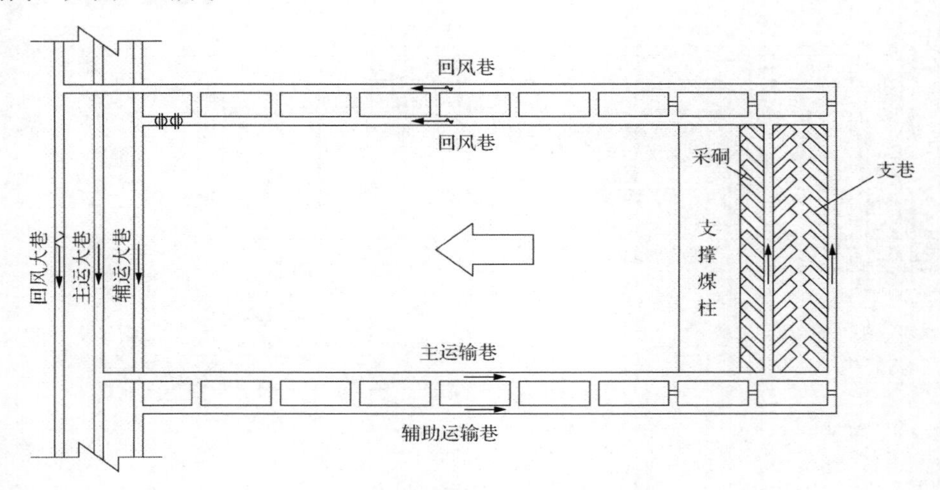

图 2-4　双巷单翼与单巷单翼混合式

5) 双巷双翼式

回采区域采用双“U”布置，在内“U”顺槽垂直方向(工作面切眼方向)布置支巷；支巷宽度、采硐深度与单巷单翼巷道布置相同，两条支巷双侧均布置回采采硐，每两支巷和采硐之间采用条带煤柱(支撑煤柱)隔离，如图 2-5 所示。

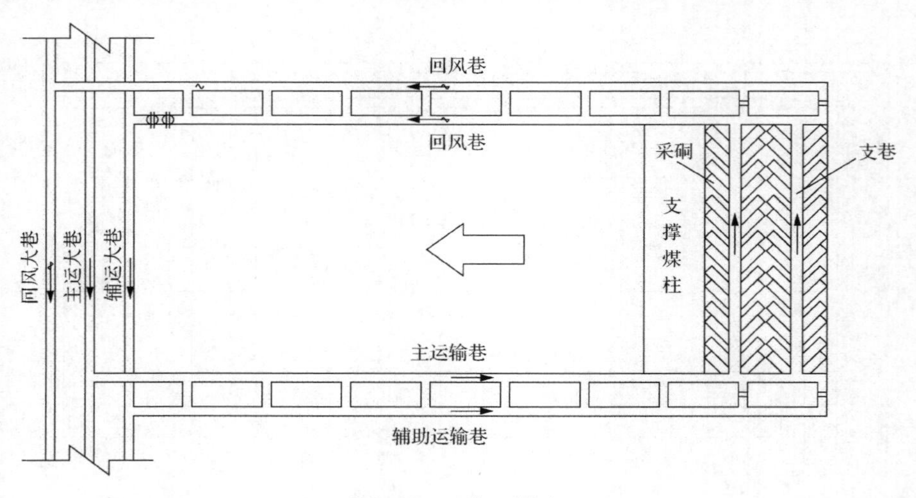

图 2-5　双巷双翼式

其中，5 种巷道布置的支巷宽度一般为 4.5～6m，采硐与支巷的夹角一般为 45°～60°，采硐宽度一般与连采机滚筒宽度一致(宽 3.3m)，考虑到通风和顶板管理因素，采硐深度一般取 8～12m；支撑煤柱根据具体的采矿地质条件确定，一般为 15～25m。

综上可知，条带式 Wongawilli 采煤法 5 种布置方式主要是支巷、采硐、条带煤柱相互位置不同，其优缺点也主要表现在资源的回收率及采后煤柱系统稳定性两个方面：同等条件下，双巷双翼式、双巷单翼与单巷单翼混合式、单巷双翼式、双巷单翼式及单巷单翼式，其资源的回收率逐渐降低，而其采后煤柱系统的稳定性逐渐增加。

条带式 Wongawilli 是一种非充分开采方式，巷道布置的具体参数可以借鉴条带开采的实践经验，采用区间法、压力拱法、下沉系数法确定采宽，相关文献对 Wongawilli 采煤法主要参数的确定进行了研究。根据具体的地质采矿条件及地表建(构)筑物情况保护等级要求，通过现场调研，结合数值模拟分析，得出上覆岩层破坏特征及地表沉陷特征与地质采矿条件(如采深、采厚、煤柱尺寸等)之间的关系，确定合理的工作面布置方式。如采深较大，需要大尺寸的采宽和留宽时，可以增加开采时的支巷数量，如三条及以上支巷进行双翼或单翼开采，这样开采条带宽度就会相应增加，条带煤柱尺寸自然也会增大，以确保条带煤柱的稳定性。

2.1.2　主要参数

成功实施该技术，需要合理确定条带式 Wongawilli 工作面的开采宽度、保留煤柱宽度、围岩控制、Wongawilli 采煤技术方案及工作面布置方式、设备配套、回采工艺等参数。主要包括以下方面。

(1) 合理确定条带式 Wongawilli 工作面的开采宽度。

保证地面不出现波浪形下沉，条带开采宽度 b 应为最小采深 H 的 1/4～1/10；压力拱理论认为，上覆岩层的大部分荷载会向采面两侧的实体煤区转换，所以根据条带开采经验：$b \leqslant 0.75\times3(H/20+6.1)$；下沉系数法：$b=0.104H$。通过以上三种方法，结合所设计煤矿采矿地质条件及条带开采的设计原则，综合分析确定条带式 Wongawilli 开采宽度。

(2) 合理确定条带式 Wongawilli 工作面的保留煤柱宽度。

为了保证煤柱的强度和稳定性，冒落条带开采时，保留煤柱的宽高比应大于 5；同时根据单向应力法，将条带煤柱视为单向应力状态，则采出条带和保留煤柱上方岩层的荷载不能超过煤柱的允许抗压强度，根据面积损失率 a 的计算公式 ($a=\dfrac{bs}{1-s}$， 其中 $s \geqslant \dfrac{\gamma H}{\sigma_{煤}}$，$\gamma$ 为岩层平均容重，kg/m^3，$\sigma_{煤}$ 为煤层应力，MPa。) 可得出条带煤柱宽度；然后根据我国多年应用 A.H.Wilson 理论计算，取煤柱的安

全系数为 K=2.0。通过以上三种方法，综合分析确定条带式 Wongawilli 开采保留煤柱宽度。

(3) 合理确定条带式 Wongawilli 采煤技术工作面布置方式。

条带式 Wongawilli 采煤法的实质是从顺槽掘支巷，形成回收区段，然后在支巷内进行连续采煤机双翼或单翼斜切进刀回收煤柱，它与房柱式采煤法的主要区别在于采煤区段划分和区段内煤体切割及回收方式不同。根据 (1)、(2) 两个步骤以及矿区的地质采矿条件，可以合理确定工作面的布置方式、进刀方式及角度，为合理的设备及人员配备做好准备。

(4) 合理确定条带式 Wongawilli 开采工作面的设备配备。

设备配备按工作面运输方式一般分为两种：一种是间断式运输方式，工作面配置为连续采煤机，运煤车或梭车，给料破碎机，锚杆机，铲车，履带行走式支架及胶带输送机；另一种为连续式运输方式，工作面配置为连续采煤机，锚杆机，连续运输系统，铲车，履带式行走支架及胶带输送机。

连续采煤机装有截割臂和截割滚筒，能自行行走，具有装运功能，适用于短壁开采和长壁综采工作面采准巷道掘进，具有掘进与采煤两种功能，在柱式采煤、回收边角煤以及长壁开采的煤巷快速掘进中得到了广泛的应用。由于连续采煤机具有截割能力强、装运能力大、工作效率高等优点，已成为现代煤矿机械化开采的必备设备。连续采煤机由截割机构、行走机构、装载转载运输机构以及辅助装备等组成，是柱式采煤方法中掘巷和回采的最关健机械设备。其中以滚筒式连续采煤机使用最为广泛。

梭车是房柱式采掘工作面的运煤设备，它往返于连续采煤机和给料破碎机之间，主要由箱体、行走机构、卸载装备等组成。梭车车箱容量一般为 7～16t，车箱内的煤在给料破碎机处由梭车箱内的双边链板输送机卸载，卸载时间一般为 30～45s。梭车装有电缆卷筒（柴油机和蓄电池驱动的除外），一般电缆卷筒能缠绕 140～150m 长的电缆，因而梭车可在不超过 150m 的区间内往返穿梭运行，梭车运输距离越短，采煤效率越高。

国产连续运输系统，以太原煤炭科学研究院研发的 LY2000/980-10 为例，总功率为 980kW，电压为 1140kV，运输能力为 2000t/h。该系统由 10 个独立的运输转载单元和一部刚性架机尾组成，10 个单元包括 5 台移动式桥式运输机和 5 台跨骑式桥式转载机，每一台跨骑式转载机和一台移动式运输机组合成一台车，共组成 5 台车，这 5 台车分别由 5 名司机操作，5 台车搭接总长度为 106m，其中一号车装有给料破碎机。一号车紧跟在连续采煤机后面，直接转载和破碎连续采煤机送来的煤炭，连续运输系统的第 5 号车的跨骑式输送机骑在刚性架的胶带机机尾上，并在其上面来回移动。当延伸胶带机时，用连续采煤机和连续运输系统。

履带行走式液压支架采用了液压支撑方式与掘进机行走方式相结合的支护技

术。该设备主要由行走机构、底盘、犁煤板、顶梁、立柱、前后连杆、液压系统、电气系统、遥控系统组成。具有较强的行走及逃逸功能；较大的初撑力调整范围，可适应不同的顶底板条件；设有压力显示及预警系统，对前后柱进行实检实测；接地比压小、地隙大，设备的通过性能好；采用遥控操作系统，可安全可靠地进行操作；具有切顶功能，使顶板可随支架的前移，随时垮落。

履带式锚杆钻机是由 4 组锚杆钻机、履带行走机构、升降机构、临时支护机构、除尘集尘机构和自动卷电缆装置等组成的机械化锚杆支护设备。可实现巷道锚杆支护作业中的打眼、装药、紧固全部工艺和行走、临时支护、载运锚杆等辅助工作。四个钻机分别固定在四个钻架上、它们又与操作平台连为一体，可以根据需要上下运动。四个钻架均可根据需要进行前后左右摆动，外侧两个可随时平移并可旋转 90°，满足侧帮支护的需要。每个钻架均有钻杆夹持机构，方便钻杆的固定并减小钻杆在进给过程中的摆动。

防爆柴油铲运机主要用作搬运物料设备，清理工作面残留的浮煤和杂物，卷收皮带电缆，可以快速换装，实现多功能作业，成为必不可少的辅助设备。

(5) 合理确定条带式 Wongawilli 采煤生产系统及回采工艺。

包括运煤系统，运料系统，通风系统的合理确定，并合理确定适合的劳动组织，工作制度实行“8862”作业方式，3 个班生产，1 个班检修，即 22 小时出煤，2 小时检修。划分顺序为零点班、八点班、检修班和六点班，其中零点班和八点班工作时间为 8 小时，六点班工作时间为 6 小时，检修班工作时间为 2 小时。生产班每班 10 人，检修班配备 5 人，生产准备检修班实行动态检修和点检。支巷劳动组织安排同于工作面巷道掘进。

综上所述，建(构)筑物下压煤条带式 Wongawilli 高效采煤技术成功实施必须合理确定以下几点：条带式工作面的开采宽度；条带式工作面的保留煤柱宽度；条带式 Wongawilli 采煤技术方案的工作面布置方式；Wongawilli 开采工作面的设备配备；Wongawilli 采煤生产系统及回采工艺。实现建(构)筑物下压煤合理开采，确保地表建(构)筑物安全。

2.2　条带式 Wongawilli 采煤法支护

2.2.1　巷道支护

(1) 选用多经支护材料厂的锚杆进行巷道支护。

锚杆为反麻花端头锚固，锚杆规格为 $\varphi16\times1800$mm，$M16$mm 单螺母带销一次性紧固锚杆，树脂药卷规格为 $\varphi23\times500$mm，铁托盘为 $120\times120\times8$mm 方托盘。正常情况下，为顶煤厚度大于 500mm 时，中巷、支巷和联巷锚杆间距为 1100mm，靠近两煤帮的为 1050mm，每排 4 根，矩形布置，排距为 1200mm。当遇到特别破碎顶板时，顺巷道掘进方向顺向布置两排 W 钢带，用锚索悬吊。

(2) 打眼及安装设备。

选用 CMM4-20 型锚杆机来完成打眼和锚杆安装工作，钻杆规格为 $L\times\varphi$=1800mm×25mm，钻头规格为 φ=27mm。

(3) 支护工艺过程及要求。

打锚杆严格按照锚杆机操作规程作业，顺序为：定位、钻眼、装药卷、上锚杆、紧螺母。

打眼前依据激光线，将锚杆机调整在巷道的正中间位置，同时将钻架主托架移到距工作面最近一排锚杆 1.2m 处，停止行走，放下稳定靴，升起前探梁进行临时支护。根据设计锚杆的间、排距，将要打锚杆的位置预先标好，并在钻杆上标出钻进的深度 1750mm。

先在钻箱上装好钻杆，摆动阀使钻头刚好顶在打眼的位置上，然后轻轻操作给进阀杆，使钻头能顶到顶板，稍微给进，钻出小孔，接着均匀给进，直至深度达 1750mm，退出钻杆。

安装锚杆，将锚杆放入钻箱，升起钻箱直至锚杆顶部到达眼口约 20mm 处，取 1 卷树脂药卷放入眼内，然后将锚杆顶药卷，使钻箱上升将药卷送到眼底开始转动，进行搅拌，时间约 10～12s，同时上升锚杆将托盘紧贴顶板，稍稍下移钻架，调整钻臂和钻架位置进行下一根锚杆的安装工作。初次安装好后的锚杆需待 30～45s 后拧紧螺母，使扭矩力不小于 100Nm，锚固力不小于 5t。

(4) 加强支护。

①掘进过程中，如遇到顶板完整但顶煤厚度不足 500mm 时，应采取锚杆、网片加强支护；

②如果局部地质构造较复杂、顶板破碎，必须采取短掘短支的采掘支护方式，并挂网加密锚杆联合支护，防止发生冒顶、掉矸事故；

③如果中巷、支巷遇构造，巷帮有裂隙或片帮预兆，应先处理片帮，然后进行锚杆和网片加锚索联合支护。中巷用钢筋网片和金属锚杆支护，钢筋网片的规格为 φ6.5×150×150，1400×2800mm，锚杆的规格为 φ16×2100mm；支巷帮部采用塑料网和玻璃钢锚杆支护，塑料网的规格为 40×40mm，玻璃钢锚杆的规格为 φ16×1600mm，帮网离底板高度不得大于 1000mm。巷道支护图见图 2-6。

2.2.2 回采临时支护

在支巷掘进到位回采每条支巷时，选用 2 台由履带行走式液压支架支撑顶板。编号依次为 1 号、2 号，其中 1 号(上侧)、2 号(下侧)两台行走液压支架布置在支巷内支撑顶板。

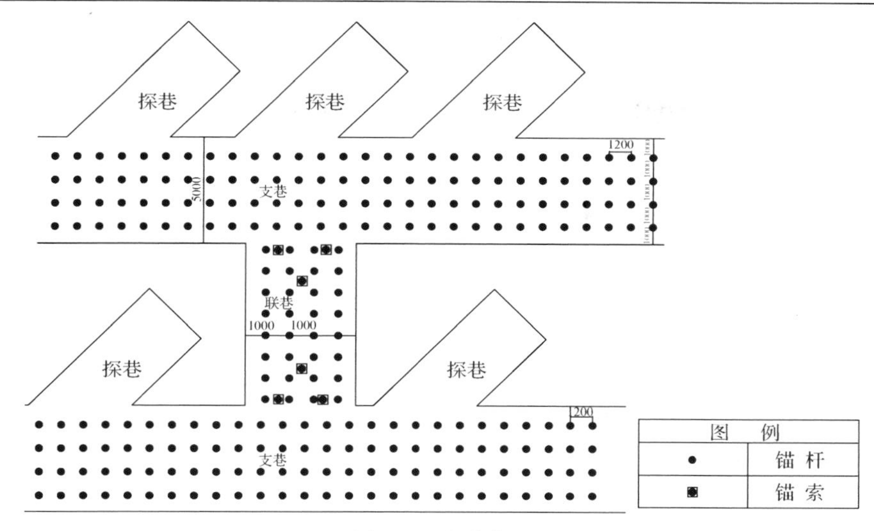

图 2-6　巷道支护

行走液压支架操作顺序为：打开遥控器→泵启动→降柱→停止降柱→前进→停止 →升柱→停止升柱→关闭遥控器。

这两台行走液压支架都采用循环迈步式跟进工作面回采移动。在线性移动过程中，不得同时移动两台支架，必须先移动 1 号支架，1 号支架移动一个步距后支撑好顶板，再将 2 号支架向前移动一个步距，并支撑好顶板。

在第一条采完后，按照先 1 后 2 原则将 1、2 号支架交替移动布置到下一条支巷内，每次移架依此顺序循环进行布置。

连采机进刀顺序及行走液压支架移架顺序示意见图 2-7。

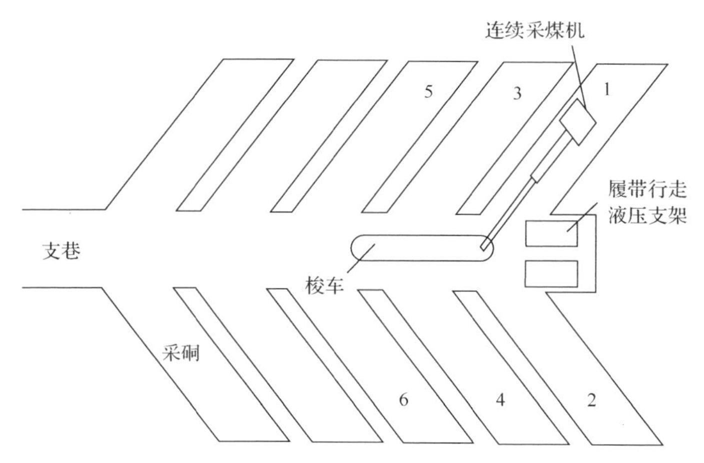

图 2-7　连采机进刀顺序（1～6）及行走液压支架移架顺序示意

在回采支巷前，在支巷中间打设的锚杆上带好行走式液压支架的电缆钩，每隔一根锚杆用电缆钩将行走液压支架的拖拽电缆吊挂到支巷的顶板上，并吊挂可靠，防止连采机回采时碾压、碰撞电缆。

2.2.3　煤柱补强支护

通过加强刀间煤柱的残余强度，提高了支巷巷道的稳定性，减小了相邻未开采采硐的支撑压力，同时也有利于控制地表沉陷及地表建(构)筑物的保护，进一步丰富完善了条带式 Wongawilli 采煤技术。

条带式 Wongawilli 采煤技术工作面回采巷道掘进完成以后，支巷顶板采用锚杆锚索支护，两帮采用玻璃锚杆的初步支护。

首采硐采掘完成以后，在临近未采采硐的煤壁上打上锚杆。锚杆形式和规格：杆体直径为 18mm，长度为 2m。两支锚固剂的采用锚固方式，一支规格为 CK2335，另一支为 CK2360，钻孔直径为 28mm。

锚杆布置：在靠近未采采硐的煤壁，锚杆排距 1m，每排 3 根锚杆，间距 1m，最上边的锚杆距顶板 300mm，最下边的锚杆距底板 500mm；锚杆布置角度与煤壁的水平线呈 45°。

在临近采硐也完成采掘以后，两采硐之间留下 2m 宽的刀间煤柱，在刀间煤柱上打上双预紧力锚杆。锚杆形式和规格：杆体直径为 18mm，长度为 2.2m。锚杆布置：锚杆排距 1m，每排 3 根锚杆，间距 1m，最上边的锚杆距顶板 500mm，最下边的锚杆距底板 300mm；锚杆垂直于煤壁。

随着各个采硐采掘的完成，采硐之间的刀间煤柱依次按照这种方法加固支护，最终完成支巷巷道的加固支护。

2.3　条带式 Wongawilli 采煤法采掘工艺

2.3.1　掘进工艺

条带式 Wongawilli 采用连续采煤机、梭车、锚杆钻车(简称“三机”)高效设备，为保证支巷掘进效率，条带式 Wongawilli 一般采用双巷或多支巷同时掘进，其工艺与短壁房柱式基本相同。在巷道掘进过程中包括割煤、装煤、运煤、清煤、调机 5 个过程。支巷掘进时设备进入第一支巷位置的顺序为锚杆机—连采机—梭车，锚杆机停在第一支巷左侧 7m 位置的运输巷中，连续采煤机和梭车停在第二支巷右侧 21m 位置的运输巷中，梭车后面紧跟着破碎机(连运一号车)与皮带，如图 2-8、图 2-9 所示。

掘进工艺如下：图 2-8 表示支巷初始掘进时设备所处位置，图 2-9 表示支巷掘进的长度超过连采机的机身长度时设备所处位置及其作业步骤图，支巷开掘与支巷正常掘进工艺类似。如图 2-9(a)所示，一个循环前，三机位于图中所示位置；连采机对支巷 1 进行掘进，梭车紧随其后转载掘进产生的煤、矸(图 2-9(b))；连采机完成指定的掘进进尺(一个循环进尺)后，梭车及连采机退至皮带顺槽，锚杆钻车进入支巷 1 锚杆支护进行顶板维护工作(图 2-9(c))，同时连采机和梭车进入支巷 2 掘进和转运煤炭或矸石(图 2-9(d))；在支巷 2 完成一个掘进循环进尺后，二者再次推入皮带顺槽，而此时锚杆钻车也已完成了支巷一个循环进尺的支护工作，转至支巷 2 进行巷道支护(图 2-9(e)所示)；连续采煤机及梭车再次进入支巷 1 掘进(图 2-9(f)所示)；依次循环。

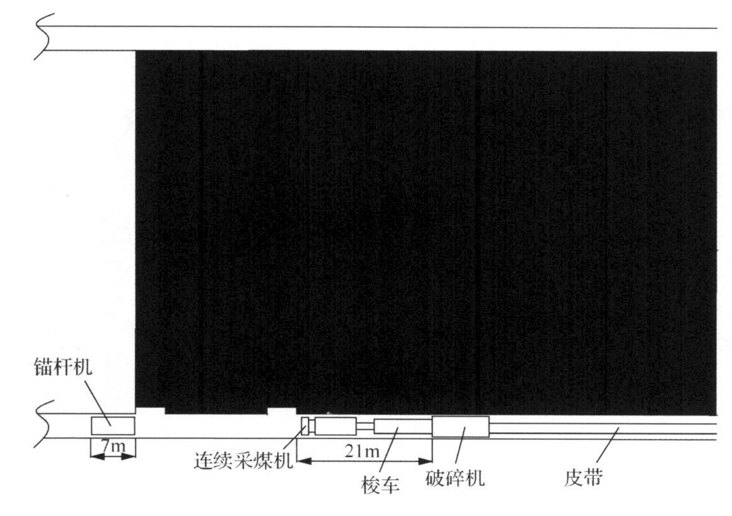

图 2-8　掘进初始示意图

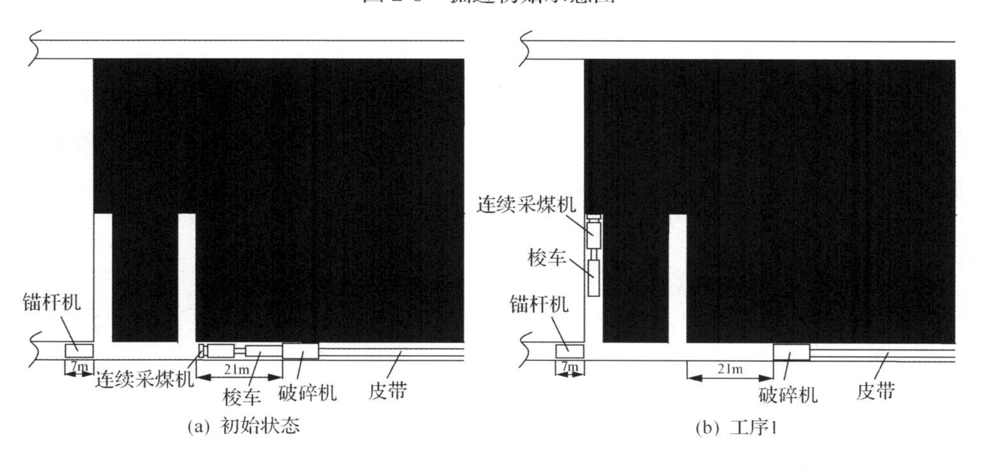

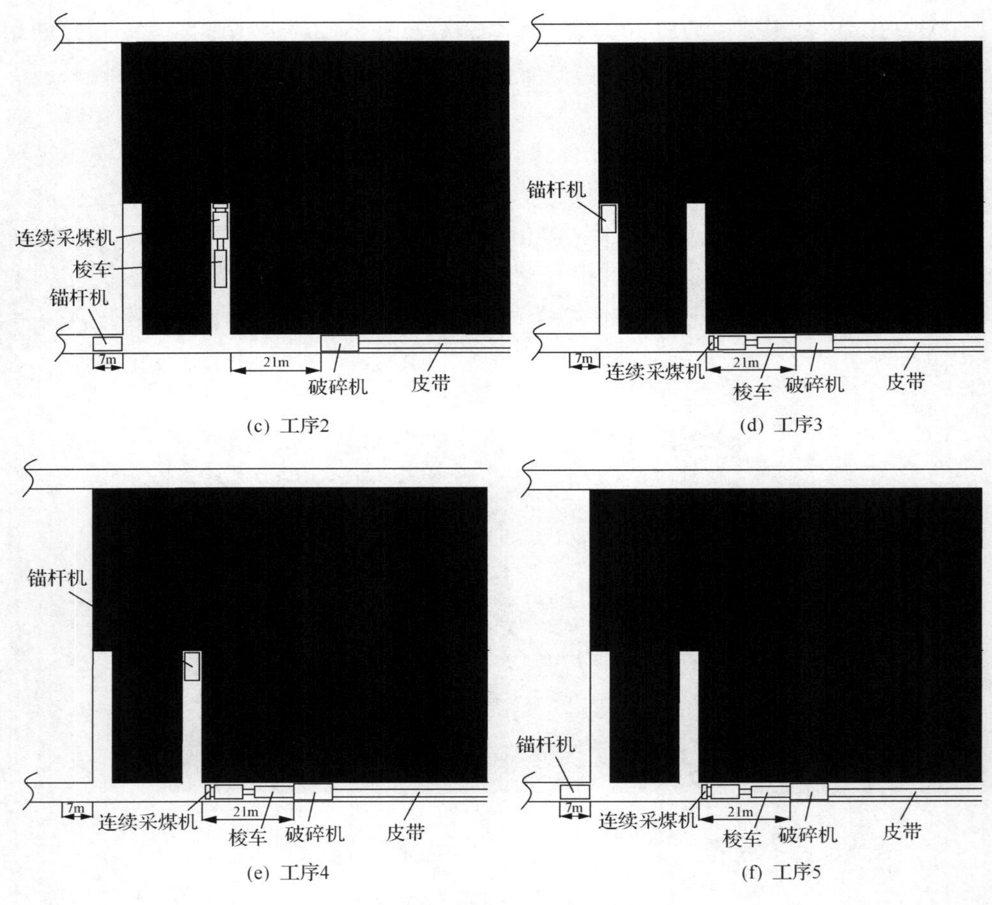

(c) 工序2　(d) 工序3

(e) 工序4　(f) 工序5

图 2-9　支巷掘进示意图

2.3.2　采煤工艺

当支巷掘进到位后即可进行煤柱采硐回收，根据矿井实际情况，采用合适的巷道布置方式进行回采。连续采煤机+梭车组成的间断运输工艺系统完成回收煤柱的落煤、装煤、运煤(联系采煤机至顺槽运输皮带段)工作，如图 2-10 所示。

连续采煤机采用回退式回采，以激光中线(或偏中线)确定进刀方位，调整连采机机头达到煤壁前方，然后升刀(图 2-11(a)所示)；进刀割煤(图 2-11(b))；后退并完成底板拉底整平工作(图 2-11(c))。整个回采过程中，梭车紧跟连续采煤机摇臂后，接煤并转运至运输顺槽皮带运输机。

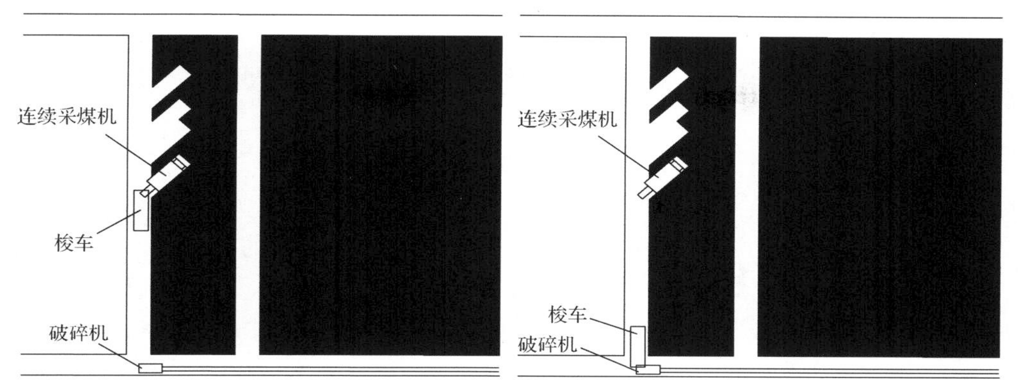

(a) 煤柱回收示意图(梭车装煤)　　(b) 煤柱回收示意图(梭车卸煤)

图 2-10　煤柱回收示意图

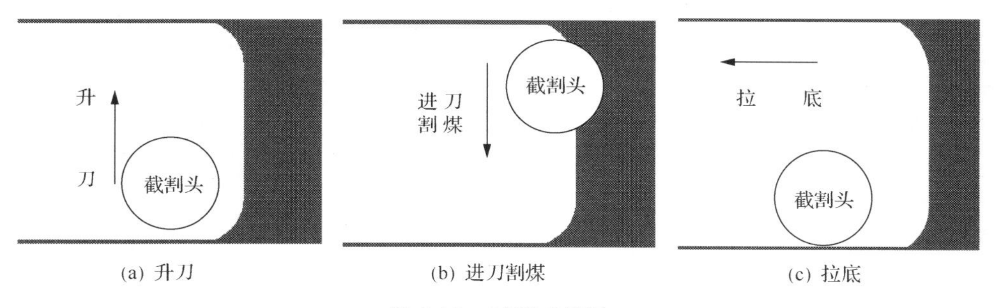

(a) 升刀　　(b) 进刀割煤　　(c) 拉底

图 2-11　回采工艺图

由于连续采煤机头只能前后转动，其截割宽度即为机头滚筒的宽度(一般为 3.3m)，为达到巷道或采硐的设计尺寸要求，连续采煤机在掘进或回采中有“切槽”和“采垛”两个基本工序，“切槽”是指连续采煤机完成一次升刀—割煤—拉底工序，“采垛”是指连续采煤机退刀完成巷道设计尺寸要求这一工序，如图 2-12 所示。

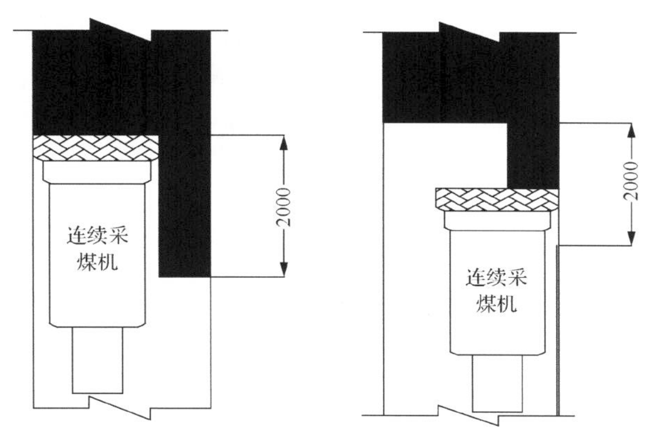

图 2-12　“切槽”与“采垛”(单位：mm)

2.4 条带式 Wongawilli 采煤法运输系统及主要设备

2.4.1 运输系统

根据煤层赋存条件及设备适用条件，连续采煤机短壁机械化开采工作面设备配备按工作面运输方式一般分为两种：一种是间断式的运输方式，工作面配置为连续采煤机、锚杆机、梭车、给料破碎机、铲车、履带行走式支架及胶带输送机；另一种为连续式的运输方式，工作面配置为连续采煤机、锚杆机、连续运输系统、铲车、履带式行走支架及胶带输送机。通过现场应用分析得出间断和连续运输系统都具有以下优点：

(1)运输能力大，连续生产时间长，可以使连续采煤机生产能力得到充分发挥，解决了后配套运输能力不足而制约生产能力的问题。

(2)设备爬坡能力强，对地比压较小，能适应底板的各种变化，设备运输工艺可靠，对底板的破坏程度小。

(3)运行环境比较安全且不易洒落浮煤，便于现场管理，运输成本低。

(4)为减少移胶带机尾次数，提高生产效率，布置了回采集中、效率较高的两翼支巷对拉工作面。

相对而言，间断式的运输方式较连续式的运输方式投资少，工作面布置更为机动灵活，所以一般条带 Wongawilli 采煤中多采用间断式的运输方式。

2.4.2 主要采掘设备

对于“三下”压煤的开采条件来说，间断式运输方式更具有灵活性和适用性，根据矿井的设备配备情况，工作面一般采用间断式运输方式，其工艺流程为：连续采煤机-梭车-破碎机-胶带输送机。主要设备介绍如下：

(1)连续采煤机。

连续采煤机装有截割臂和截割滚筒，能自行行走，具有装运功能，适用于条带式 Wongawilli 开采支巷掘进及采硐回采，具有掘进与采煤两种功能。在柱式采煤、回收边角煤以及长壁开采的煤巷快速掘进中已得到了广泛的应用。其中，以滚筒式连续采煤机(图 2-13)使用最为广泛。

(2)梭车及铲运机。

梭车是条带式 Wongawilli 采掘工作面的运煤设备，它往返于连续采煤机和给料破碎机之间，主要由箱体、行走机构、卸载装备等组成(图 2-14)。梭车一般适用于煤层倾角≤10°，车箱容量一般为 7～16t，车箱内的煤在给料破碎机处由梭车箱内的双边链板输送机卸载，卸载时间一般为 30～45s。梭车装有电缆卷筒(柴油机和蓄电池驱动的除外)，一般电缆卷筒能缠绕 140～150m 长的电缆，因而梭车可在不超过 150m 的区间内往返穿梭运行，梭车运输距离越短，采煤效率越高。

图 2-13　滚筒式连续采煤机外形

图 2-14　梭车的外形

目前，全球各主要梭车生产商生产的梭车外形及结构布置大同小异，随着新技术的应用，这种差别还在进一步缩小。总的来说，梭车具有以下特点：

①车架采用整体式结构，卸料部可升降；

②采用全轮驱动形式，动力分别由两台牵引电动机提供，单台电动机驱动同侧的两个车轮；

③为有效减小转向半径，采用全轮转向形式；

④转载全部采用输送机，原理与刮板输送机原理类似，输送减速器使用涡轮蜗杆来提高减速比，刮板链为双边滚子链条；

⑤为完成梭车行驶过程中的电缆收放，一般都装有卷电缆装置。

(3) 锚杆钻车。

锚杆支护是一种快速、安全、经济、可靠的巷道支护方式，是目前巷道支护先进技术的代表和发展方向。锚杆钻车(图 2-15)是专门用于煤矿井下和其他井巷工程中对巷道顶板和侧帮打孔和安装锚杆的支护类设备，是煤矿短壁开采、多巷掘进中连续采煤机与掘进机必需的配套设备。为配合连续采煤机快速巷道掘进的需要，国内外一些公司相继研制出了包括单臂、两臂、四臂等多种功能齐全、性能可靠的锚杆钻车，在井下开采生产中发挥着重要的作用。

图 2-15　锚杆钻车

(4)行走履带式液压支架。

行走履带式液压支架是一种新的支护设备，该支架主要随连续采煤机工作，对顶板及时支护，为采煤设备及人员提供安全的作业空间(图 2-16)。

图 2-16　行走履带式液压支架

2.5 本章小结

本章首先介绍了条带式Wongawilli新型采煤法单巷单翼、双巷单翼、单巷双翼、双巷双翼、双巷单翼与单巷单翼混合式5种巷道布置形式及主要技术参数，其次介绍了条带式Wongawilli采煤法支护方式，最后介绍了条带式Wongawilli采煤法掘进及回采工艺、运输系统及主要设备。

第3章　条带式Wongawilli采煤法合理采留宽度确定

3.1　顶板破断理论分析及合理采宽的确定

条带式 Wongawilli 采煤法不同于条带式及房柱式开采，准确认识条带式 Wongawilli 采煤法的围岩结构特征及其矿压显现规律是有效进行顶板控制的前提。围岩结构特征决定着采硐的矿压显现特征，而围岩的赋存特征即几何、力学特征决定着围岩的结构特征。本节在条带式 Wongawilli 采煤法特殊覆岩结构的条件下，讨论其围岩中的应力、变形及破坏等矿压显现的力学机制，并针对性的对直接顶和老顶极限跨距进行分析，作为直接顶及老顶断裂的判据，指导设计合理采硐尺寸，建立了条带式 Wongawilli 采煤法采宽留设公式，为探讨合理的条带式 Wongawilli 采煤法围岩控制技术创造条件。

3.1.1　条带式 Wongawilli 采煤法覆岩结构及煤柱载荷特征

1. *覆岩结构特征*

顶板垮落程度主要取决于煤层上覆岩层分层厚度及其岩性、采煤方法。而采空区顶板的垮落情况又影响工作面支承压力以及煤柱载荷。随着采空区面积的不断扩大，顶板下位岩层达到自己的极限跨距后，出现断裂、垮落。当垮落矸石不能完全充填采空区时，覆岩出现悬空状态，而未垮落的悬空岩层通过板或梁的形式将其重量传递给采空区周围的煤体或煤柱上。这种情况一般发生在刀柱开采或长壁开采初期工作面推进距离较短时。

非充分或者完全非充分垮落时，由于采硐范围较小，一般可以认为直接顶出现垮落现象，若直接顶厚度不大，垮落的岩石不能有效的充填采空区，碎石对直接顶、老顶都不产生力的作用；若直接顶较厚，则碎石对老顶起一定的支持作用。条带式 Wongawilli 采煤法采空区为完全非充分垮落，认为直接顶垮落的岩石不能与直接顶、老顶形成结构，同时老顶保持稳定，不发生断裂垮落。

材料力学常用于研究杆状构件，要求被研究的构件高度和宽度远小于构件的长度；而弹性力学在推导计算过程中，相比材料力学少了一些应力分布和形变状态的假定，故弹性力学用于厚梁、板等实体结构的计算求解结果往往更加的准确。结合条带式 Wongawilli 采煤法工作面地质条件可知，上覆岩层和采空区残留煤柱夹持着处于中间的采场老顶，其覆岩结构状态如图 3-1 所示。

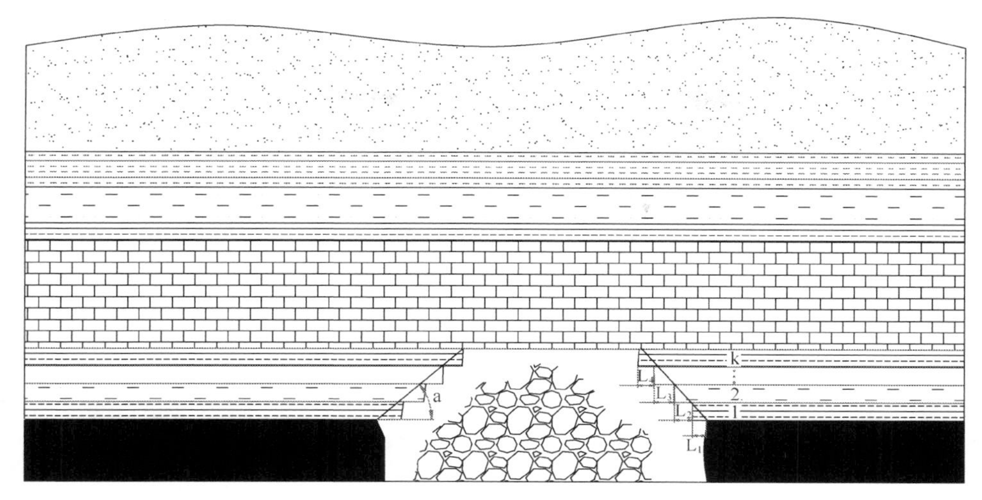

图 3-1　采场上覆岩层结构状态

2. 煤柱载荷特征

A.H.Wilson 两区约束理论认为煤柱承受了采空区及煤柱上方覆岩的重量，在计算采空区分担的荷载时，采用该法计算得到的煤柱承受的实际荷载 P 与金(King，1970)结论一致，即采空区垂直应力 $p_{采}$ 与距煤壁的距离 L 成正比，当该距离达到 0.3H 时，采空区垂直应力从高载荷区 $K\gamma H$ 恢复到原始荷载区 γH，如图 3-2 所示，为避免地面出现波浪式下沉，采宽 b 通常取 $b \leqslant (H/3\text{-}0.3H)$，同时，要求煤柱存在核区，即煤柱宽度 $a > 2Y = 0.00984MH$。因此，在计算煤柱实际承受的荷载，一般采用以下计算公式：

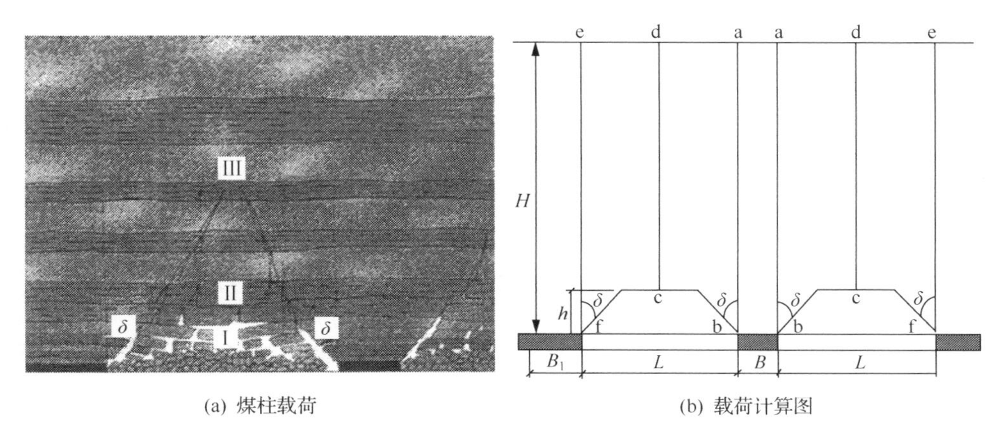

(a) 煤柱载荷　　(b) 载荷计算图

图 3-2　煤柱载荷示意图

Ⅰ-冒落带岩层；Ⅱ-裂隙带岩层；Ⅲ-弯曲下沉带岩层

$$P=\gamma H\left[a+\frac{b}{2}\left(2-\frac{b}{0.6H}\right)\right] \tag{3-1}$$

式中，γH 为原始荷载区，MPa；a、b 为留宽和采宽，m；H 为煤层埋藏深度，m。

根据文献可知，采空区顶板非充分垮落时，煤柱上的载荷是由煤柱上覆岩层重量或两侧(abcd)采空区悬露岩层转移到煤柱上的部分重量所引起的，若煤柱两侧均已采空，煤柱上的实际载荷为：

$$P=\left[(B+L)H-(L-h\tan\delta)h\right]\gamma \tag{3-2}$$

结合图 3-2(b)，式(3-2)中 L 即是 a，B 即是 b，h 即是 Σh，那么可将上式改写成：

$$P=\left[(a+b)H-(b-\Sigma h\tan\delta)\Sigma h\right]\gamma \tag{3-3}$$

结合 A.H.Wilson、金及钱鸣高关于煤矿采场围岩控制的论述，在实验模拟及前述力学分析的情况下，条带式 Wongawilli 采煤法煤柱载荷计算过程中，考虑条带式 Wongawilli 采煤法煤层上方直接顶分层阶梯式垮落，而老顶保持完整的实际情况，借鉴非充分采动及刀柱载荷计算方法，据此可以建立条带式 Wongawilli 采煤法采空区载荷模型。

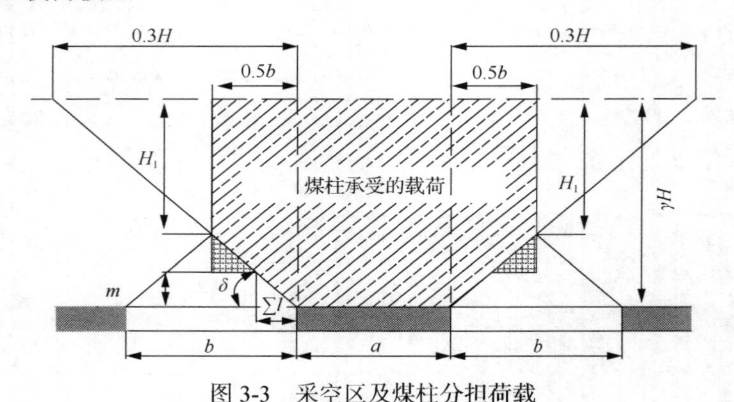

图 3-3 采空区及煤柱分担荷载

按图 3-3 所示，考虑煤柱两侧的边缘效应，由三角相似可知

$$H_1=\gamma H\left(1-\frac{b}{0.6H}\right) \tag{3-4}$$

因此，

$$P=\gamma H\left[a+\frac{b}{2}\left(2-\frac{b}{0.6H}\right)\right]+(0.5b-\Sigma l)\left(\frac{\gamma b}{0.6}-\Sigma h\right) \tag{3-5}$$

式中，δ 为直接顶垮落后，直接顶与顶板垂直方向的夹角，$\tan\delta=\Sigma l-\Sigma h$，度；$\Sigma l$ 为直接顶的周期破断极限跨距，m，具体详见本章节 4.3.1 有关内容；Σh 为直接顶的厚度，m。

3.1.2 条带式 Wongawilli 采煤法破断分析及合理采宽的确定

目前，国内外已取得一定有关条带开采煤柱合理留设的理论成果和实践经验，总结出了以下三种方法确定条带开采宽度：

(1) 区间法：为防止地面出现波浪形下沉，条带开采宽度 b 应为最小采深的 1/4～1/10；

(2) 压力拱理论分析法：条带开采的上覆岩层大部分荷载在开采过程中会向回采工作面上两侧实体煤方向转换，根据条带开采经验，总结出经验公式：$b\leqslant 0.75\times 3(H/20+6.1)$；

(3) 下沉系数法：开采宽度 b 与采深存在线性关系，其可以表示为：$b=0.104H$。

极限采宽就是在老顶初次垮落时的最大距离，前文已叙述过，条带式 Wongawilli 采煤法不同于条带式开采，故其采留尺寸留设方法也不能照搬条带开采有关结论。分析条带式 Wongawilli 采煤法下的直接顶垮极限跨距，将顶板(老顶)初次破断极限跨距作为直接顶及老顶断裂的判据，指导计合理采硐尺寸，对于顶板控制、煤柱稳定性至关重要：

如图 3-4 上图所示，条带式 Wongawilli 采煤法可采用“直接顶+老顶”技术法来确定合理的采宽，采宽 b 必须满足以下条件：

$$b\leqslant 2L_s+2L \tag{3-6}$$

式中，L_s 为(老顶)初次破断极限跨距，m；L 为直接顶垮极限跨距，m。

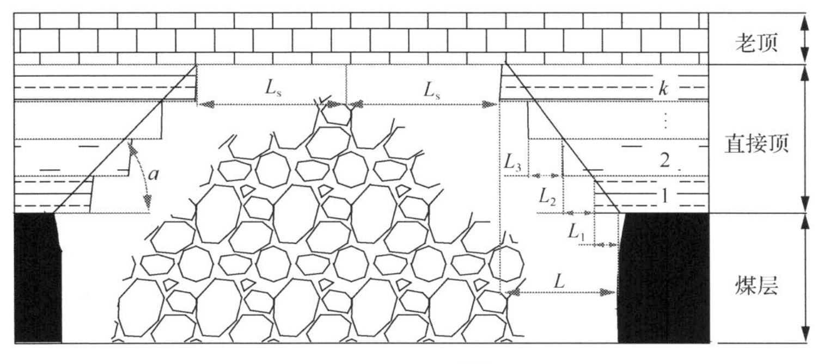

图 3-4 采宽计算图

1. 顶板垮落分析

煤层开采后，岩石力学应力状态发生改变，直接顶由三维应力变为二维应力状态，表现为直接顶的垮落现象，随着开采的不断推进，老顶在开采跨度增大到其极限跨距时破断垮落。

一般来说，直接顶岩层的强度低于老顶，直接顶与老顶间发生离层，这是因为顶板初次垮落前，强度较小的直接顶的变形量要大于强度相对较大的老顶，直接顶的与老顶之间的离层变形分析见图 3-5。

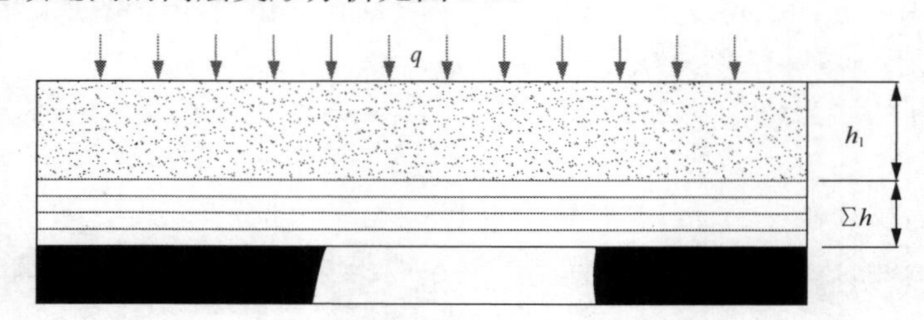

图 3-5 直接顶初次垮落前的离层

老顶最大扰度:

$$y_{\max} = \frac{(\gamma h_1 + q) L_1^4}{384 E_1 J_1} \tag{3-7}$$

直接顶最大扰度:

$$\left(y_{\max}\right)_n = \frac{\Sigma h \gamma L_1^4}{384 E_2 J_2} \tag{3-8}$$

式中，q 为加于老顶上的载荷，Pa；γh_1 为老顶自身单位长度的载荷，Pa；L_1 为初次垮落步距，m；Σh 为直接顶厚度，m；h_1 为老顶厚度，m；E_1、E_2 为老顶、直接顶的弹性模数；J_1、J_2 为老顶、直接顶的断面惯性矩载荷，Pa。

由式(3-7)，(3-8)可知，直接顶与老顶不发生离层的条件为:

$$\frac{(\gamma h_1 + q) L_1^4}{384 E_1 J_1} \geqslant \frac{\Sigma h \gamma L_1^4}{384 E_2 J_2} \tag{3-9}$$

令 $q = \gamma h_3$，且 $h_3 = a h_1$，$J_1 = \frac{1}{12} b h_1^3$，$J_2 = \frac{1}{12} b \left(\Sigma h\right)^3$，则式(3-9)可以改写成:

$$\frac{1+a}{E_1 h_1^2} \geqslant \frac{1}{E_2 (\Sigma h)^2} \tag{3-10}$$

即：

$$\frac{\Sigma h}{h_1} \geqslant \sqrt{\frac{E_1}{E_2}} \cdot \sqrt{\frac{1}{1+a}} \tag{3-11}$$

当直接顶厚度小于或等于老顶厚度时，直接顶在有一定的强度情况下不会随采随落，直接顶与老顶之间容易出现离层现象。直接顶跨落后没有填满采空区，采空区矸石不能支撑上覆岩层，可能诱发直接顶初的次放顶失稳。

若考虑到煤柱对直接顶的支撑作用，那么，直接顶与老顶不形成离层的基本条件为：

$$\frac{(\gamma h_1 + q) L_1^4}{384 E_1 J_1} \geqslant \frac{(\Sigma h \gamma - p) L_1^4}{384 E_2 J_2} \tag{3-12}$$

式中，p 为煤柱支护强度，以单位面积支撑力计算。则有

$$\frac{h_1 + h_3}{E_1 J_1} \geqslant \frac{\Sigma h - \dfrac{p}{\gamma}}{E_2 J_2} \tag{3-13}$$

同样，以 $h_3 = a h_1$，$J_1 = \frac{1}{12} b h_1^3$，$J_2 = \frac{1}{12} b (\Sigma h)^3$ 代入式(3-13)，则有

$$\frac{1+a}{E_1 h_1^2} \geqslant \frac{\left(1 - \dfrac{p}{\Sigma h \gamma}\right)}{E_2 (\Sigma h)^2} \tag{3-14}$$

即：

$$p \geqslant \Sigma h \gamma \left[1 - \frac{E_2}{E_1}\left(\frac{\Sigma h}{h_1}\right)^2 (1+a)\right] \tag{3-15}$$

直接顶垮落后，岩石杂乱堆积，堆积的岩石力学特性总体类似于散体，岩石破碎后体积将发生膨胀，坚硬岩层破碎成大块碎石且排列整齐，膨胀系数 K_p 较小；软弱岩石破碎成块度较小碎石且排列杂乱，则膨胀系数 K_p 较大。

设岩石的膨胀系数为 K_p，直接顶垮落后充满采空区所满足的条件为：

$$\Sigma h = \frac{M}{K_p - 1} \tag{3-16}$$

式中，M 为采高，m。

一般情况下，随着老顶的断裂，老顶的变形失稳与滑落失稳将对直接顶的稳定性产生影响，条带式 Wongawilli 采煤法工艺就是要避免老顶的失稳出现，在研究直接顶破碎情况时，可以简化在老顶稳定条件下对直接顶进行研究。

2. 直接顶周期破断极限跨距分析

煤矿开采过程中，随着工作面的推进，跨距逐渐增大并超过顶板的极限跨距，顶板初次破断；此后，顶板岩层形成悬臂结构，当推进距离大于周期破断距就会出现一次顶板的破断，顶板经历“失稳–稳定–失稳”的周期过程，采场矿压表现为周期性来压。条带式 Wongawilli 采煤法在直接顶垮落后，直接顶岩层出现典型悬臂梁结构，其顶板受力状态可绘成如图 3-6 所示的力学模型。

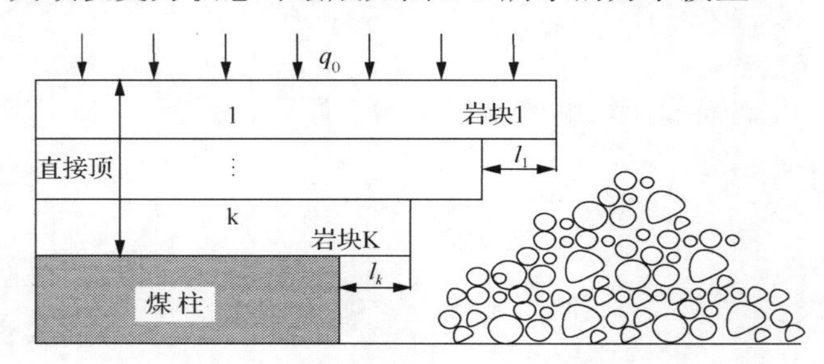

图 3-6　直接顶极限跨距分析图

q_0-上覆岩层加于老顶上的载荷

岩块受力分析如图 3-7 所示：

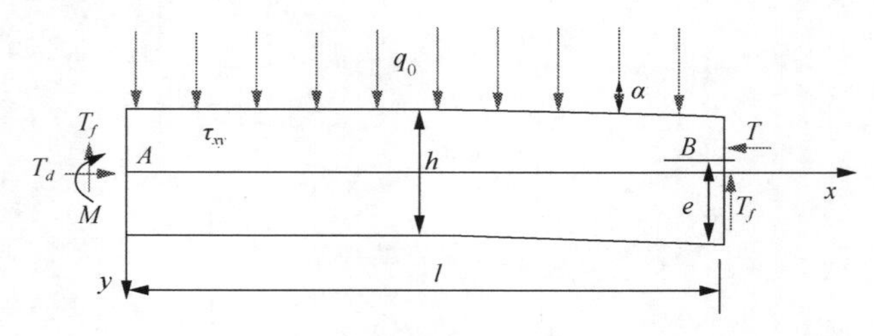

图 3-7　悬臂梁力学分析

l-梁的长度，m；h-梁的高度，m；T_d、T_f、M-梁的受力边界

结合弹性力学理论，对图 3-7 悬臂岩梁进行力学分析，可得各应力分量表达式如下：

$$\left.\begin{aligned}\sigma_x &= \frac{x^2}{2}(6Ay+2B)+x(6Ey+2F)-2Ay^2-2By^2+6Hy+2K\\ \sigma_y &= Ay^3+By^2+Cy+D\\ \tau_{xy} &= -x(3Ay^2+2By+C)+3Ey^2-2Fy-G\end{aligned}\right\} \tag{3-17}$$

式中，σ_x 为 x 方向正应力；σ_y 为 y 方向正应力；τ_{xy} 为剪应力；A、B、C、D、E、F、G 为常数。

根据力学平衡关系及悬臂梁边界条件，坐标取在梁二次断裂截面中心，即二次破断面上 $x=0$，由函数的单调性可得拉断条件下的安全跨距满足关系式：

$$-\frac{q_0}{2}-\left(\frac{6Te}{h^2}-\frac{3q_0l^2}{h^2}-\frac{3T}{h}-\frac{3q_0}{10}\right)-\frac{T}{h}\leqslant[\sigma] \tag{3-18}$$

即，$l\leqslant\sqrt{\dfrac{5h^2[\sigma]+q_0h^2+30Te-10Th}{15q_0}}$

在条带式 Wongawilli 采煤法中，顶板垮落形成的采空区矸石不对悬臂结构的顶板不产生水平方向作用，可令上式 $T=0$。则拉伸破坏条件下的安全跨距满足关系式：

$$l\leqslant\sqrt{\frac{5h^2[\sigma]+q_0h^2}{15q_0}} \tag{3-19}$$

由式(3-19)可知，第 i 层在拉伸破坏条件下的安全跨距有 $l_i\leqslant\sqrt{\dfrac{5h^2[\sigma]+q_0h^2}{15q_0}}$

同理，第 i 层直接顶安全跨距 l_i 为：

$$l_i\leqslant\sqrt{\frac{h^2[\sigma]}{3\left(q+\sum_1^{i-1}q_{i-1}\right)}+\frac{h^2}{15}} \tag{3-20}$$

则，直接顶组合安全跨距 L 为：

$$L=\sum_1^k l_i=\sum_1^k\sqrt{\frac{h^2[\sigma]}{3\left(q+\sum_1^{i-1}q_{i-1}\right)}+\frac{h^2}{15}} \tag{3-21}$$

考虑安全系数 n=1.5，剪断条件下的安全跨距满足关系式：$\dfrac{3nq_0l}{2h}=\tau_{\max}$，

则第一层直接顶安全跨距为:

$$l_1 \leqslant \frac{2h\tau_{1\max}}{3nq_0}$$

同理,第 i 层直接顶安全跨距为:

$$l_i \leqslant \frac{2h\tau_{i\max}}{3n\left(q+\sum_{1}^{i-1} q_{i-1}\right)} \tag{3-22}$$

那么,直接顶组合安全跨距 L 可写为:

$$L=\sum_{1}^{k} l_i=\sum_{1}^{k} \frac{2h\tau_{i\max}}{3n\left(q_0+\sum_{1}^{i-1} q_{i-1}\right)} \tag{3-23}$$

3. *老顶初次破断极限跨距分析*

类似于房柱式开采,条带式 Wongawilli 采煤法采空区残留煤柱及直接顶在上覆岩层的作用下,产生一定的弯曲下沉量,根据压力拱理论,老顶岩梁支撑端向采空区外侧转移一定的距离,那么老顶结构也将不再简单的是简支梁或者固支梁结构,而是介于固支梁与简支梁之间的结构。为了便于分析,研究条带式 Wongawilli 采煤法老顶结构时,本文分别对固支梁与简支梁两种极限状态下模型进行力学分析,然后再根据工程实际在两种计算方法结果中选取计算值。根据前文论述,弹性力学可以求解厚梁、板等实体结构。老顶岩层较厚,宜采用弹性力学进行分析。据此,构建老顶初次破断前“固支梁”和“简支梁”模型,如图 3-8 所示。

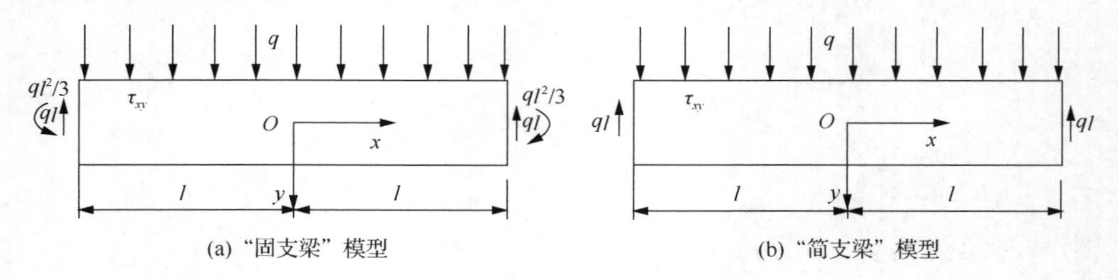

图 3-8 固支梁与简支梁力学分析

结合弹性力学理论,可得“固支梁”模型和“简支梁”模型应力分量表达与式(3-17)相同。

由对称性可知,正应力 σ_x、σ_y 为 x 偶函数,剪应力 τ_{xy} 为 x 的奇函数,那么可得式(3-17)中 $E=F=G=0$。

从图 3-8 可知，“固支梁”和“简支梁”岩梁模型上下边界是相同的，二者的区别在于其左右边界的不同。

梁的上下边界条件为：

$$\sigma_y\Big|_{y=\frac{h}{2}}=0\,,\quad \sigma_y\Big|_{y=-\frac{h}{2}}=-q\,,\quad \tau_{xy}\Big|_{y=\pm\frac{h}{2}}=0$$

带入式(3-17)可得：

$$A=-\frac{2q}{h^3}\,,\quad B=0\,,\quad C=-\frac{3q}{2h}\,,\quad D=-\frac{q}{2}$$

则式(3-17)可改写为：

$$\left.\begin{aligned}\sigma_x&=-\frac{6q}{h^3}x^2y+\frac{4q}{h^3}y^3+6Hy+2K\\ \sigma_y&=-\frac{2q}{h^3}y^3+\frac{3q}{2h}y-\frac{q}{2}\\ \tau_{xy}&=\frac{6q}{h^3}xy^2-\frac{3q}{2h}x\end{aligned}\right\}\tag{3-24}$$

在固支条件下，梁的左右边界$(x=\pm l)$应力条件为：

$$\left.\begin{aligned}&\int_{-\frac{h}{2}}^{\frac{h}{2}}\sigma_x\big|_{x=-l}\,\mathrm{d}y=o\\ &\int_{-\frac{h}{2}}^{\frac{h}{2}}\sigma_x\Big|_{x=-l}\,y\mathrm{d}y=-\frac{ql^2}{3}\\ &\int_{-\frac{h}{2}}^{\frac{h}{2}}\tau_{xy}\big|_{x=-l}\,\mathrm{d}y=ql\end{aligned}\right\}\quad \left.\begin{aligned}&\int_{-\frac{h}{2}}^{\frac{h}{2}}\sigma_x\big|_{x=l}\,\mathrm{d}y=o\\ &\int_{-\frac{h}{2}}^{\frac{h}{2}}\sigma_x\Big|_{x=l}\,y\mathrm{d}y=-\frac{ql^2}{3}\\ &\int_{-\frac{h}{2}}^{\frac{h}{2}}\tau_{xy}\big|_{x=l}\,\mathrm{d}y=-ql\end{aligned}\right\}\tag{3-25}$$

在简支条件下，梁的左右边界$(x=\pm l)$应力条件为：

$$\left.\begin{aligned}&\int_{-\frac{h}{2}}^{\frac{h}{2}}\sigma_x\big|_{x=-l}\,\mathrm{d}y=o\\ &\int_{-\frac{h}{2}}^{\frac{h}{2}}\sigma_x\big|_{x=-l}\,y\mathrm{d}y=0\\ &\int_{-\frac{h}{2}}^{\frac{h}{2}}\tau_{xy}\big|_{x=-l}\,\mathrm{d}y=ql\end{aligned}\right\}\tag{3-26}$$

结合固支梁、简支梁的左右边界在固支条件下，推导出了老顶的极限跨距：

(1) 固支梁。

$$l_s \leqslant 2h\sqrt{\left(\frac{[\sigma]}{nq}-\frac{1}{5}\right)} \tag{3-27}$$

(2) 简支梁。

①拉伸破坏情况下：

$$l_s \leqslant 2h\sqrt{\left(\frac{[\sigma]}{3nq}-\frac{1}{15}\right)} \tag{3-28}$$

②剪切破坏情况下：

$$l_s \leqslant \frac{2[\tau]h}{3nq} \tag{3-29}$$

3.1.3　条带式 Wongawilli 采煤法合理采宽

综上，条带式 Wongawilli 采煤法采空区为完全非充分垮落，直接顶垮落的岩石不能与直接顶、老顶形成结构，矸石对直接顶、老顶都不产生力的作用；同时老顶保持稳定，不发生断裂垮落。

条带式 Wongawilli 采煤法采空区直接顶进行分层阶梯式垮落，而老顶保持完整，结合 A.H.Wilson、金及钱鸣高关于煤矿采场围岩控制理论，建立了条带式 Wongawilli 采煤法载荷模型，并提出了煤柱载荷计算公式(式(3-5))。

在传统确定采宽的区间法、压力拱理论、下沉系数法三种方法基础上，针对条带式 Wongawilli 采煤法提出了“直接顶+老顶”技术法，得到了条带式 Wongawilli 采煤法采宽 b 留设技术公式，且采宽 b 必须满足以下条件：

$$b \leqslant 2L_s + 2L$$

①老顶固支梁，直接顶发生拉伸破坏下跨度：

$$Z = 2L_s + 2L = 4h\sqrt{\left(\frac{[\sigma]}{nq}-\frac{1}{5}\right)} + 2\sum_{1}^{k}\sqrt{\frac{h^2[\sigma]}{3\left(q+\sum_{1}^{i-1}q_{i-1}\right)}+\frac{h^2}{15}} \tag{3-30}$$

②老顶固支梁，直接顶发生剪切破坏下跨度：

$$Z = 2L_s + 2L = 4h\sqrt{\left(\frac{[\sigma]}{nq} - \frac{1}{5}\right)} + 2\sum_{1}^{k}\frac{2h[\tau_{i\max}]}{3n\left(q_0 + \sum_{1}^{i-1} q_{i-1}\right)} \tag{3-31}$$

③老顶简支梁，老顶、直接顶发生拉伸破坏下跨度：

$$Z = 2L_s + 2L = 4h\sqrt{\left(\frac{[\sigma]}{3nq} - \frac{1}{15}\right)} + 2\sum_{1}^{k}\sqrt{\frac{h^2[\sigma]}{3\left(q + \sum_{1}^{i-1} q_{i-1}\right)} + \frac{h^2}{15}} \tag{3-32}$$

④老顶简支梁，老顶、直接顶发生剪切破坏下跨度：

$$Z = 2L_s + 2L = \frac{4[\tau]h}{3nq} + 2\sum_{1}^{k}\frac{2h[\tau_{i\max}]}{3n\left(q_0 + \sum_{1}^{i-1} q_{i-1}\right)} \tag{3-33}$$

3.2　条带式 Wongawilli 采煤法煤柱力学状态及煤柱宽度

承载煤柱是顶板–煤柱–底板围岩系统中重要的组成部分，煤柱稳定性是覆岩控制的关键，而煤柱稳定性受限于煤柱宽度这一重要参数。分析条带式 Wongawilli 采煤法煤柱力学状态，确定合理的煤柱尺寸，对采场围岩及顶板控制具有重要的理论和实际意义。

如图 3-9 所示，煤柱中应力呈三区分布，各个应力影响带对应相应的煤柱影响带，研究煤柱合理宽度可以通过分别确定塑性区和弹性区宽度来实现。即：条带式 Wongawilli 采煤法合理煤柱宽度可以由以下公式计算得出

$$a = \begin{cases} 2L_1 + l & \text{煤炷两侧均为支巷} \\ L_0 + L_1 + l & \text{煤炷两侧分为支巷、采空区} \\ 2L_0 + l & \text{煤炷两侧均为采空区} \end{cases} \tag{3-34}$$

式中，a 为煤柱宽度，m；L_1 为支巷侧(非采动侧)塑性区宽度，m；L_0 为采空区侧(采动侧)塑性区宽度，m；l 为弹性区宽度，m。

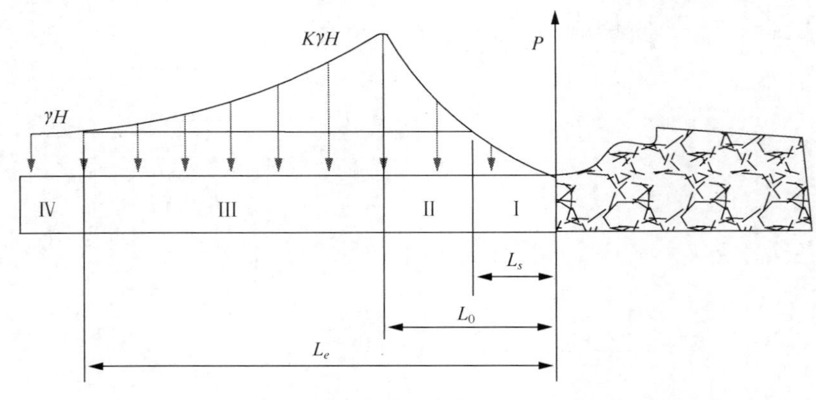

图 3-9　煤柱边缘力学状态

γH-原始应力；K-应力集中系数

3.2.1　条带式 Wongawilli 采煤法煤柱受力状态分析

1. 煤柱应力状态分区

条带式 Wongawilli 采煤方法开采后形成特殊的残留煤柱群，根据理论分析及实验结果，煤柱受到回采引起的侧向支承压力作用后，采空区(包括采硐及支巷)边缘煤体的应力分布和变形与破坏状呈现传统煤柱三区分布，一般可分为破裂区、塑性区和弹性区，如图 3-9、表 3-1 所示：

表 3-1　煤柱三区分布

序号	三区名称	详细情况
1	破裂区Ⅰ	破裂区位于煤柱边缘，受支承压力影响，煤体连续性遭到很大程度的破坏，整体性、连续性差，煤体呈散体状态，承载能力下降，表现出片帮等现象，在全压力应变过程中处于峰后末端。
2	塑性区Ⅱ	塑性区是指破碎区和支承压力峰值位置之间，煤体处于塑性变形阶段，且连续性良好，有一定的承载能力，此范围内的巷道受较大的支承压力和煤体变形压力的影响。
3	弹性区(弹性核区)Ⅲ	弹性区是指煤体原始应力区至压力峰值区，该区煤体应力较高，煤体处于弹性变形状态并具有较高的承载能力。

2. 宽度对煤柱应力分布的影响

条带式 Wongawilli 采煤开采过程中，无论是采取单巷单翼、双巷单翼巷、单巷双翼、双巷双翼、双巷单翼与单巷单翼混合中的那种巷道布置方式，都要先掘进回采支巷，如图 3-10 所示，各支巷提前布置，形成支巷开采带或保护煤柱带交替的特殊开采工作面，条带煤柱也一般都经历支巷形成、一侧开采、两侧开采的采动情况。

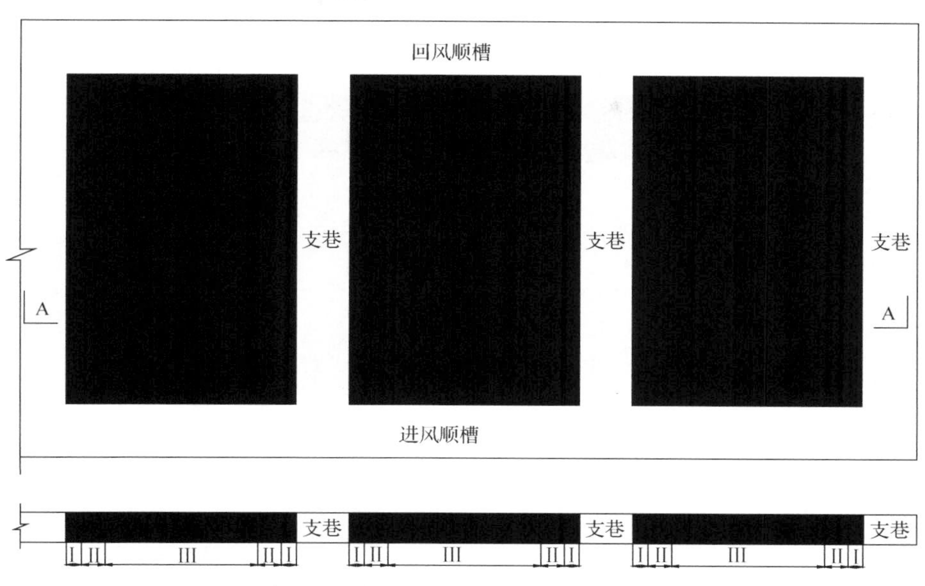

图 3-10　条带式 Wongawilli 采煤工作面布置平、剖面图

根据条带式 Wongawilli 采煤支巷布置形式，由实验及现场观测可知，采空区侧(采动侧)塑性区宽度 L_0 大于支巷侧(非采动侧)塑性区宽度 L_1，且煤柱的宽度 L、L_0、L_1 存在如下三种类型：

(1) $a>2L_1$ 时，此时煤柱较大，且在煤柱两边只有支巷的存在(未进行采硐回采)，煤柱中央载荷分布均匀，煤柱出现较小应力的集中，形成传统的马鞍形应力分布，如图 3-11(a)所示；

(2) $a>L_0+L_1$，随着开采的进行，相邻开采条带被采空，采空区出现，煤柱回采侧应力集中程度增加，支巷侧保持原有小应力集中状态，弹性核区较未开采时减少宽度(L_0-L_1)，煤柱中央应力叠加，形成不非对称马鞍形应力分布，如图 3-11(b)所示；

(3) 当 $L_0<a<(L_0+L_1)$ 时，煤柱左右两侧为支巷(未进行回采)时，支巷的掘进造成应力的增加，煤柱左右两侧集中较小并呈对称的单驼峰分布，分布图与如图 3-11(a)类似，只是其弹性核区小些；当煤柱一侧回采形成采空区时，左右两侧应力集中程度不一样，弹性核区进一步降低，并出现单驼峰形应力分布，如图 3-11(c)所示。如前文中数值模拟应力分布结果，条带式 Wongawilli 采煤其条带煤柱虽然出现了应力的集中，但是只要控制煤柱的应力集中程度，保证应力集中系数不是

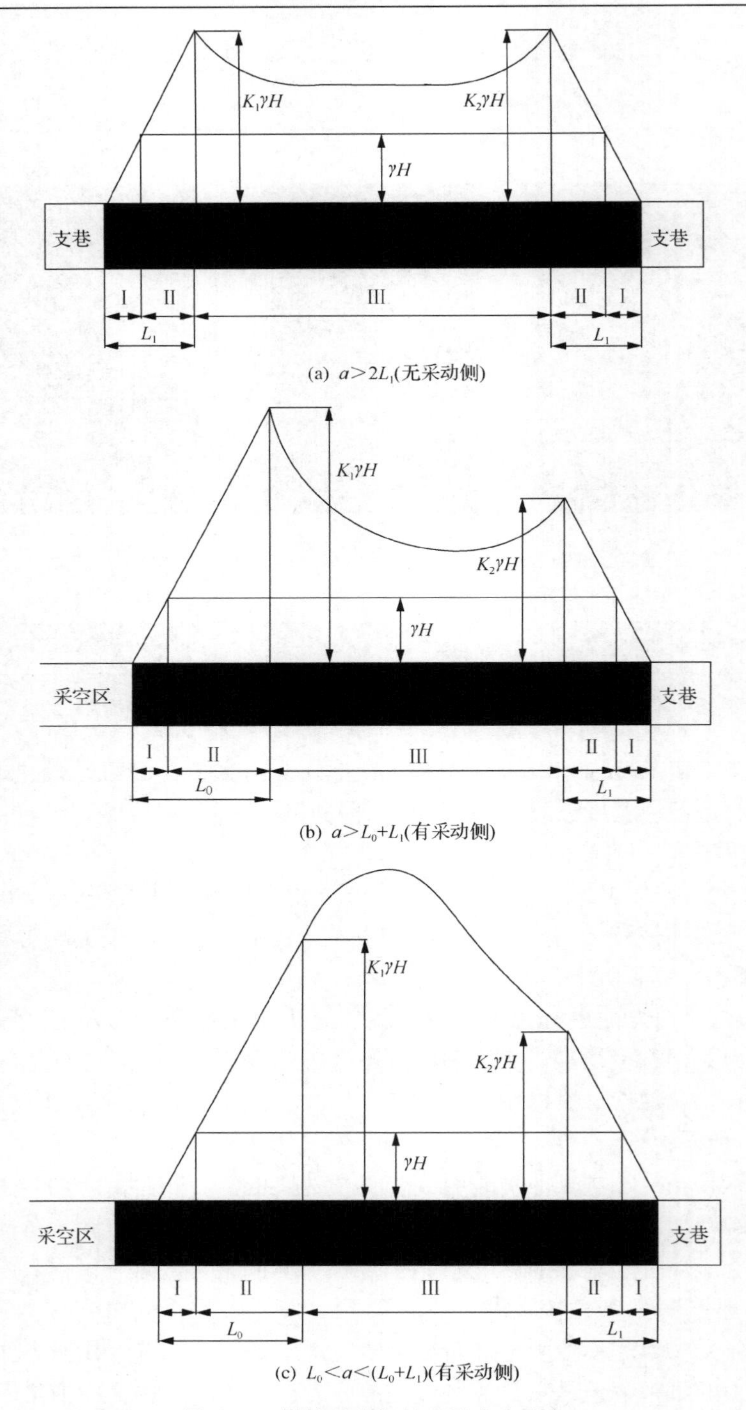

图 3-11　煤柱的弹塑性区及应力分布

很高(条带式 Wongawilli 采煤条带煤柱的应力集中系数一般为 2～3)，同时煤柱的弹性核区足够，就能够在尽量减少煤柱留设宽度的基础上保证煤柱的稳定，实现安全经济的煤柱留设；

(4) 当 $a<L_0$ 时，煤柱宽度不能满足支持上覆岩层需要，无论是否存在开采侧，其煤柱弹性核区的宽度等于 0，整个煤柱处于塑性屈服状态，若集中应力大于煤柱的承载能力，煤柱将出现失稳，支巷变形严重甚至报废。

3. 采动对煤柱应力分布的影响

条带式 Wongawilli 采煤其回采工作面煤柱从支巷掘进到回采结束，应力状态是处在一种动态变化之中，煤柱两侧从支巷的现场，再到回采条带的开采，煤柱上的应力分布状态(呈现出对称或不对称的单峰、双峰状)、应力大小、集中系数(k_1、k_2 等)、弹性核区等也随之变化，为分析煤柱在不同开采阶段的应力状态，结合煤柱受力结构特征，分析不同采动情况下的煤柱三种应力分布特征。

(1) 支巷形成后(未开采)煤柱应力分布。

如图 3-12 所示，未受采动影响状态，回采工作顺槽、开采支巷形成，未受开采影响前，我们可以认为，支巷断面较小，不足以影响顶板大结构的变化，煤柱在支巷开挖影响下，出现较小的应力集中，影响范围也较小，煤柱的承载强度也远远大于作用于煤层上的应力，煤柱稳定性良好。

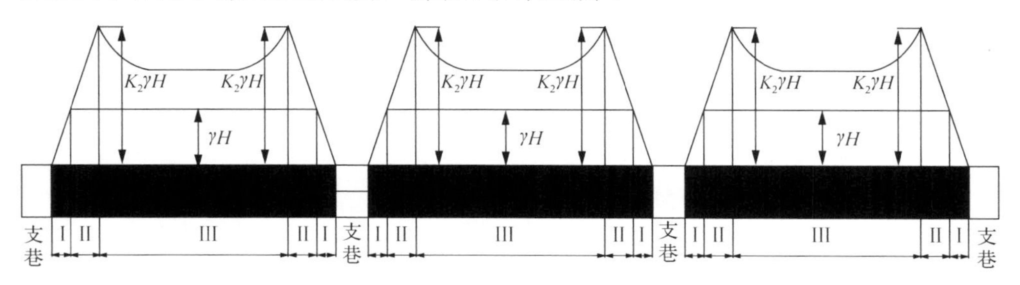

图 3-12 未受采动影响时应力分布特征

(2) 煤柱单侧采空应力分布。

如图 3-13 所示，回采工作面内开采条带被采出，煤柱一侧出现采空区，即煤柱一侧为采空区，另一侧为下一开采支巷。煤柱一侧受掘进巷道支承压力影响，其应力分布状态不发生改变，一侧受采空区支承压力影响，影响范围增大，煤柱破裂区、塑性区范围进一步增大，弹性核区减少，回采侧出现较大的应力集中，煤柱应力集中峰值(无论是单峰还是双峰)在靠采空区侧，采空区侧煤帮出现明显片帮等压力显现特征。

当 $a>L_0+L_1$ 时，此时煤柱较大，煤柱采空区侧与支巷侧集中应力不出现峰值叠加，最大应力 $K_1\gamma H$ 出现在煤柱采空区一侧，使煤柱上的应力呈不对称马鞍型

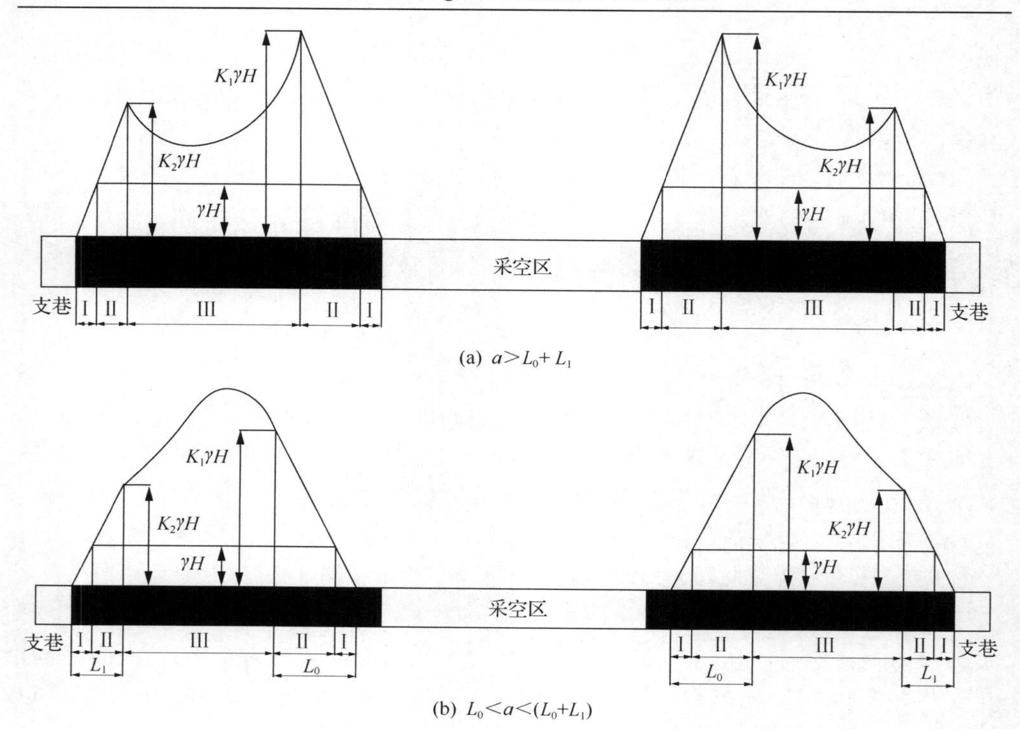

图 3-13　单侧受采动影响时应力分布特征

分布，如图 3-13(a)所示；当 $L_0<a<(L_0+L_1)$ 时，此时煤柱相对较小，煤柱采空区侧与支巷侧集中应力叠加程度增加，在偏采空区侧出现大于 $K_1\gamma H$ 最大应力，煤柱上的应力呈非对称单驼峰形分布，如图 3-13(b)所示。

(3)煤柱双侧采空应力分布。

如图 3-14 所示，随着开采的继续，回采工作面内煤柱、采空区交替出现情况，煤柱两侧出现采空状态，受采空区支承压力影响，煤柱两侧均范围增大，均出现高峰值应力，应力集中系数高。受采动影响煤柱破裂区、塑性区范围增大，整个煤柱弹性区范围进一步减小，煤柱核区率减小，稳定性降低，煤柱压力显现明显甚至出现失稳。

当 $a>2L_0$ 时，此时煤柱较大，煤柱采空区侧与支巷侧集中应力不出现峰值叠加，但是煤柱中间部分应力叠加程度增加，最大应力 $K_1\gamma H$ 出现在煤柱两侧，煤柱上的应力呈对称马鞍型分布，如图 3-14(a)所示；当 $L_0<a<2L_0$ 时，此时煤柱相对较小，煤柱应力叠加程度高，叠加后的应力大于 $K_1\gamma H$ 及 $a>2L_0$ 时的较大煤柱的集中应力峰值，且应力峰值出现在煤柱的正中央，煤柱上的应力呈单驼峰形分布，如图 3-14(b)所示。

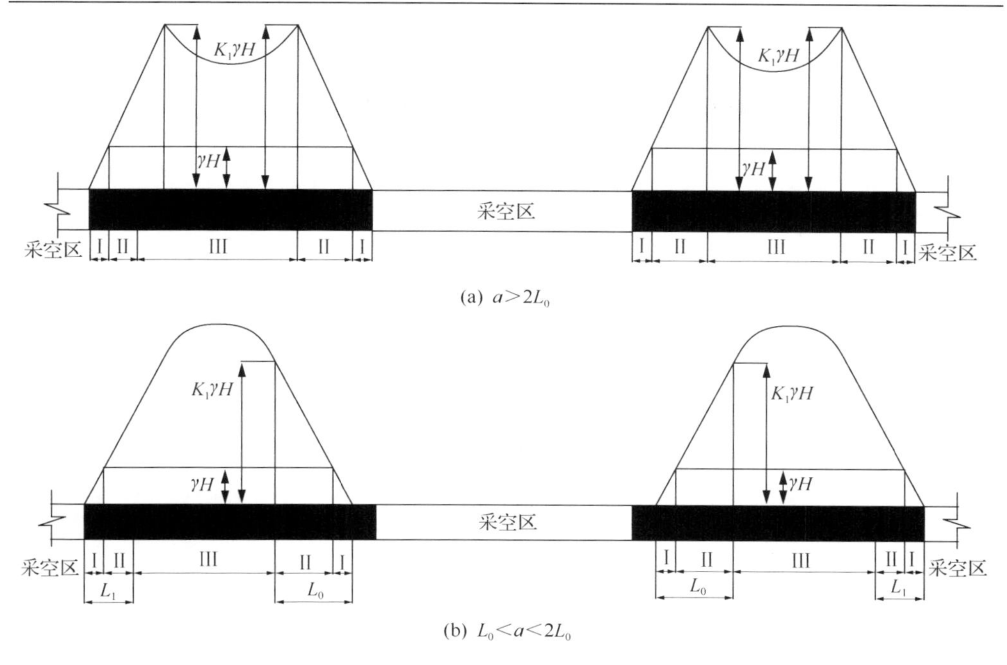

图 3-14　双侧采动影响时应力分布特征

3.2.2　煤柱塑性区宽度的确定

1. 支巷侧塑性区煤柱宽度的确定

条带式 Wongawilli 采煤法支巷、回采顺槽一般均为矩形巷道，目前，圆形巷道塑性区范围采用极限平衡理论进行推导计算，非圆形巷道仍塑性区形状及大小问题，均是以圆形巷道模型计算为基础，最后以修正系数 η 对结果进行修正。

圆形巷道及非圆形巷道塑性区半径计算公式为：

(1) 圆形巷道。

$$R_y = R_0\left[\frac{(p_0 + c\times\cot\varphi_0)(1-\sin\varphi_0)}{c\times\cot\varphi_0}\right]^{\frac{1-\sin\varphi_0}{2\sin\varphi_0}} \tag{3-35}$$

(2) 非圆形巷道。

$$R_f = \eta\times R_0\left\{\left[\frac{(p_0 + c\times\cot\varphi_0)(1-\sin\varphi_0)}{c\times\cot\varphi_0}\right]^{\frac{1-\sin\varphi_0}{2\sin\varphi_0}} - 1\right\} \tag{3-36}$$

式(3-36)及式(3-37)中：p_0 为支承压力，kPa，一般为垂直应力的 2～3 倍；R_0 为巷道外接圆半径，m；c 为煤体粘聚力；φ_0 为煤体内摩擦角，(°)；η 为形状修正系数。

矩形巷道塑性区范围修正系数 η 见表 3-2。

表 3-2 矩形巷道塑性区厚度修正系数 η

宽高比	0.75～1.5	＜0.75	＞1.5
修正系数 η	1.4	1.6	1.6

综上可得，条带式 Wongawilli 采煤法支巷及回采顺槽(非采动侧)塑性区宽度 $L_1=R_y=R_f$，其表达式如下：

$$L_1=\begin{cases} R_0\left[\dfrac{(p_0+c\times\cot\varphi_0)(1-\sin\varphi_0)}{c\times\cot\varphi_0}\right]^{\frac{1-\sin\varphi_0}{2\sin\varphi_0}} & \text{(圆形巷道)} \\ \eta\times R_0\left\{\left[\dfrac{(p_0+c\times\cot\varphi_0)(1-\sin\varphi_0)}{c\times\cot\varphi_0}\right]^{\frac{1-\sin\varphi_0}{2\sin\varphi_0}}-1\right\} & \text{(非圆形巷道)} \end{cases} \tag{3-37}$$

2. 回采侧塑性区煤柱宽度的确定

(1)无弱面条件下，回采侧塑性区煤柱宽度确定。

根据工作面采场周围应力分布情况，同时考虑煤体的倾角、巷帮支护因素，建立模型，假设：

①计算中假设煤层均质、各向同性连续体；

②在平面应变情况下，取整个极限强度范围内煤体作为研究对象；

③煤体受剪切发生破坏，满足莫尔–库仑准则；

④在煤柱极限强度处$(x=x_l)$，应力边界条件为

$$\left.\begin{aligned} \sigma_y\Big|_{x=x_1}&=\sigma_{y1}\cos\alpha \\ \sigma_x&=\beta\sigma_{y1}\cos\alpha \end{aligned}\right\} \tag{3-38}$$

式中，α 为煤层倾角，(°)；σ_x 为 x 方向应力，MPa；σ_y 为 y 方向应力，MPa；σ_{y1} 为煤体的极限强度(即支承压力峰值)，MPa。

建立如图 3-15 所示的力学模型，图中：τ_{xy} 为煤层顶、底板界面处剪切应力，MPa；p_x 为煤帮采用锚杆支护对煤柱沿 x 方向约束力，MPa；M 为煤层开采厚度，m；x_1 为采空侧至煤体极限强度处的距离，m。

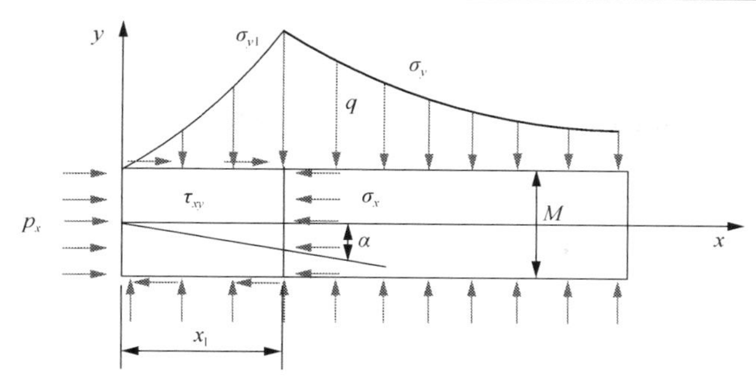

图 3-15　煤体力学模型

由图 3-15 可知，求解煤柱屈服区界面应力平衡方程：

$$\left.\begin{aligned}&\frac{\partial \sigma_x}{\partial x}+\frac{\partial \tau_{xy}}{\partial y}+X=0\\&\frac{\partial \sigma_y}{\partial y}+\frac{\partial \tau_{xy}}{\partial x}+Y=0\\&\tau_{xy}=-(c_0+\sigma_y\tan\varphi_0)\end{aligned}\right\}\tag{3-39}$$

式中，X、Y 分别为极限平衡区内煤体在 x 和 y 方向的体积力，MPa；c_0 为煤层与顶、底板界面处的黏聚力，MPa；φ_0 为煤层与顶、底板界面 x 处的摩擦角，(°)。即可得沿空煤体边缘上侧极限强度发生处距离 x_1 为：

$$x_1=\frac{M\beta}{2\tan\varphi_0}\ln\left[\frac{\beta(\sigma_{y1}\cos\alpha\tan\varphi_0+2c_0-M\gamma_0\sin\alpha)}{\beta(2c_0-M\gamma_0\sin\alpha)+2p_x\tan\varphi_0}\right]\tag{3-40}$$

同理，可得沿空煤体边缘下侧极限强度发生处距离 x_2 为：

$$x_2=\frac{M\beta}{2\tan\varphi_0}\ln\left[\frac{\beta(\sigma_{y1}\cos\alpha\tan\varphi_0+2c_0-M\gamma_0\sin\alpha)}{\beta(2c_0-M\gamma_0\sin\alpha)+2p_x\tan\varphi_0}\right]\tag{3-41}$$

式(3-40)、(3-41)中，β 为极限强度所在面的侧压系数；σ_y 为不同区域 y 方向的应力，MPa；σ_{y1} 为煤柱的极限强度，Mpa；α 为煤层倾角，(°)；γ_0 为煤体平均体积力，MPa。

条带式 Wongawilli 采煤法适用于煤层倾角较低的煤层，如不考虑煤层倾角因素，即 $\alpha=0$ 时，由式(3-40)、式(3-41)可得沿空煤体极限强度发生距离 x，也即回采侧塑性区宽度 L_0。

条带式 Wongawilli 采煤法有支护条件下，回采侧塑性区宽度 L_0 为：

$$L_0 = x = \frac{M\beta}{2\tan\varphi_0}\ln\left[\frac{\beta}{2}\cdot\frac{(\sigma_{y1}\tan\varphi_0 + 2c_0)}{c_0\beta + p_x\tan\varphi_0}\right] \tag{3-42}$$

条带式 Wongawilli 采煤法无支护条件下，即 p_x=0，回采侧塑性区宽度 L_0 为：

$$L_0 = x = \frac{M\beta}{2\tan\varphi_0}\ln\left[\frac{\sigma_{y1}\tan\varphi_0 + 2c_0}{2c_0}\right] \tag{3-43}$$

由式(3-42)和式(3-43)可知，支承压力的峰值位置与巷帮支护应力有关，在有支护条件下，极限强度发生处距离 x 要小于无支护条件，与本文第三章实验结果相吻合，这是由于支护加强了煤柱边缘承载能力，减小了煤柱的破碎区、塑性区范围。

(2)含弱面条件下，回采侧塑性区煤柱宽度确定。

式(3-42)、(3-43)的推导计算均基于煤柱为一个均质连续体，实际生产过程中，煤柱在地质作用、采动影响的条件下存在弱面，此时煤柱的设计还应增加煤柱抗剪强度校正，即在式(3-42)、(3-43)基础上乘以剪切强度的安全系数 k_r，以 k_rL_0 来计算煤柱塑性区宽度。

假设煤柱内一弱面与 x 轴正向夹角为 β，弱面上粘结力为 c，内摩擦角，弱面法向及 x、y 向正应力分别为 σ_n，σ_x 和 σ_y。

对于任意方向弱面，剪切强度的安全系数 k_r 为：

$$k_r = \frac{2c + (\sigma_x + \sigma_y) + (\sigma_y - \sigma_x)\cos 2\beta}{(\sigma_y - \sigma_x)\sin 2\beta} \tag{3-44}$$

一般情况下，条带式 Wongawilli 采煤法采空区未充填时，σ_x=0，此时剪切强度的安全系数 k_r 为：

$$k_r = \frac{2c + \sigma_y(1 + \cos 2\beta)}{\sigma_y \sin 2\beta} \tag{3-45}$$

工程实际应用过程中，应根据工程实际情况选取不小于 1 的安全系数 k_r。

3.2.3　煤柱弹性区宽度的确定

1. 弹性区煤柱宽度的一般确定方式

煤柱弹性区及不规则煤柱带中心不规则弹性区临界尺寸，可以参照《矿井水文地质规程》中隔离煤柱宽度计算公式：

$$L = 0.5kM\sqrt{\frac{3p}{K_p}} \tag{3-46}$$

式中，L 为煤柱宽度，m；k 为安全系数；M 为煤层厚度，m；p 为煤柱水平压力，MPa；K_p 为煤的抗拉强度，MPa。

式(3-46)是以“梁”理论为基础，把隔离煤柱简化成一个长为煤厚 M、煤柱宽度 L 的梁，梁的左右两端不受侧向约束力，简支在煤层顶、底板上，形成的“简支梁”煤柱。

2. 弹性区煤柱宽度的修正

条带式 Wongawilli 采煤留下的条带煤柱体系中，L/M 不是很小，与式(3-46)的简化条件 $L/M \ll 1$ 相差甚远，故公式(3-46)的计算结果与实际情况存在较大差异。由于煤柱弹性区的宽度 l 和高度 M 远小于煤柱长度，因此可将煤柱弹性区稳定问题简化为平面应变问题，如图 3-16 所示：

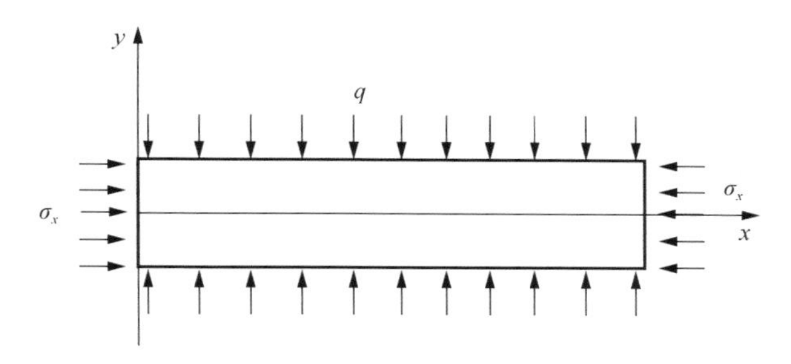

图 3-16　弹性区煤柱受力图

图中 q 为煤柱弹性区 x 点处均载荷即 $K_x\gamma H$，σ_x 为弹性区煤体与极限平衡区煤体间的水平应力。

设 σ_{x1} 为采空区侧极限平衡区与弹性区的水平应力，根据极限平衡理论：

$$\sigma_{x1} = \frac{1-\sin\varphi_0}{1+\sin\varphi_0}K_1\gamma H - \frac{2c\sin\varphi_0}{1+\sin\varphi_0} \tag{3-47}$$

式中，K_1 为采空区侧应力集中系数。

同理，设 σ_{x2} 为支巷侧极限平衡区与弹性区的水平应力，根据极限平衡理论：

$$\sigma_{x2} = \frac{1-\sin\varphi_0}{1+\sin\varphi_0}K_2\gamma H - \frac{2c\sin\varphi_0}{1+\sin\varphi_0} \tag{3-48}$$

式中，K_2 支巷侧应力集中系数。

由于煤层厚度 M 相对采深 H 比较很小，图 3-16 中 q 可以视为不变，求解可

得煤柱弹性区宽度 l 为：

$$l=\frac{(\sigma_{x1}-\sigma_{x2})M}{\sqrt{[(\sigma_{x1}+q)\sin\varphi_0-2c\cos\varphi_0]^2-(\sigma_{x1}-q)^2}} \tag{3-49}$$

其中：

$$\sigma_{x1}=\frac{1-\sin\varphi_0}{1+\sin\varphi_0}K_1\gamma H-\frac{2c\cos\varphi_0}{1+\sin\varphi_0};\quad \sigma_{x2}=\frac{1-\sin\varphi_0}{1+\sin\varphi_0}K_2\gamma H-\frac{2c\cos\varphi_0}{1+\sin\varphi_0}$$

式中，c 为煤体的粘聚力，kPa；φ_0 为煤体的内摩擦角，(°)；M 为煤柱高度，m。

3.2.4　条带式 Wongawilli 采煤法合理留宽

综上所述，煤柱受到回采引起的侧向支承压力作用后，采空区(包括采硐及支巷)边缘煤体的应力分布和变形与破坏状呈现传统煤柱三区分布，一般可分为破裂区、塑性区和弹性区。条带式 Wongawilli 采煤开采过程中，煤柱经历支巷掘进、一侧开采、两侧开采的采动影响，其应力在是否存在采空区、煤柱大小的条件下，呈现出对称与非对称的单、双驼峰分布规律。

(1)条带式 Wongawilli 采煤法合理煤柱宽度可以由以下公式计算得出：

$$a=\begin{cases}2L_1+l & \text{煤柱两侧均为支巷}\\ L_0+L_1+l & \text{煤柱两侧分为支巷、采空区}\\ 2L_0+l & \text{煤柱两侧均为采空区}\end{cases}$$

(2)条带式 Wongawilli 采煤法支巷及回采顺槽(非采动侧)塑性区宽度 L_1 计算表达式为：

$$L_1=\begin{cases}R_0\left[\dfrac{(p_0+c\cot\varphi_0)(1-\sin\varphi_0)}{c\cot\varphi_0}\right]^{\frac{1-\sin\varphi_0}{2\sin\varphi_0}} & \text{圆形巷道}\\ \eta\times R_0\left\{\left[\dfrac{(p_0+c\cot\varphi_0)(1-\sin\varphi_0)}{c\cot\varphi_0}\right]^{\frac{1-\sin\varphi_0}{2\sin\varphi_0}}-1\right\} & \text{非圆形巷道}\end{cases}$$

(3)条带式 Wongawilli 采煤法在有、无支护，是否存在弱面的条件下，回采侧塑性区宽度 L_0 分别为：

无弱面、有支护条件下，回采侧塑性区宽度 L_0 为

$$L_0=\frac{M\beta}{2\tan\varphi_0}\ln\left[\frac{\beta}{2}\frac{(\sigma_{y1}\tan\varphi_0+2c_0)}{c_0\beta+P_x\tan\varphi_0}\right]$$

无弱面、无支护条件下，回采侧塑性区宽度 L_0 为

$$L_0=\frac{M\beta}{2\tan\varphi_0}\ln\left[\frac{\sigma_{y1}\tan\varphi_0+2c_0}{2c_0}\right]$$

有弱面、有支护条件下，回采侧塑性区宽度 L_0 为

$$L_0=k_{\mathrm{r}}\frac{M\beta}{2\tan\varphi_0}\ln\left[\frac{\beta}{2}\frac{(\sigma_{y1}\tan\varphi_0+2c_0)}{c_0\beta+P_x\tan\varphi_0}\right]$$

有弱面、无支护条件下，回采侧塑性区宽度 L_0 为

$$L_0=k_{\mathrm{r}}\frac{M\beta}{2\tan\varphi_0}\ln\left[\frac{\sigma_{y1}\tan\varphi_0+2c_0}{2c_0}\right]$$

其中，$k_{\mathrm{r}}=\dfrac{2c+\sigma_y(1+\cos2\beta)}{\sigma_y\sin2\beta}$。

(4) 条带式 Wongawilli 采煤法煤柱弹性区宽度 l 为：

$$l=\frac{(\sigma_{x1}-\sigma_{x2})M}{\sqrt{[(\sigma_{x1}+q)\sin\varphi_0-2c\cos\varphi_0]^2-(\sigma_{x1}-q)^2}}$$

其中，$\sigma_{x1}=\dfrac{1-\sin\varphi_0}{1+\sin\varphi_0}K_1\gamma H-\dfrac{2c\cos\varphi_0}{1+\sin\varphi_0}$；$\sigma_{x2}=\dfrac{1-\sin\varphi_0}{1+\sin\varphi_0}K_2\gamma H-\dfrac{2c\cos\varphi_0}{1+\sin\varphi_0}$。

3.3 本章小结

本章建立了条带式 Wongawilli 采煤法覆岩结构模型，研究了煤柱载荷分布特征，通过对顶板的破断分析，确定了合理的采宽；同时，根据煤柱受力状态，研究了煤柱的弹性区、塑性区，并根据弹塑性区的宽度，确定了合理的条带煤柱留设宽度，最终获得了条带式 Wongawilli 采煤法合理的采、留宽度。

第 4 章　条带式 Wongawilli 采煤法煤柱破坏演化特征、稳定性及控制

4.1　条带式 Wongawilli 采煤法煤柱破坏演化特征分析

4.1.1　煤柱变形及破坏演化特征物理模拟

1. 物理模拟试件制作及实验设备

1) 相似理论及准则

(1) 相似理论。

相似材料模拟的依据是相似原理，它的理论基础是相似三大定理：

①相似第一定理。此定理由牛顿首先提出，后由法国科学家贝尔特兰给予严格的证明。相似第一定理可表述为：过程相似则相似准数不变，相似指标为 1。

②相似第二定理。此定理先由俄国学者费捷尔曼推导出。美国学者白金汉随后也得到同样的结论。相似第二定理可以表述为：描述相似现象的物理方程均可变成相似准数组成的综合方程。现象相似，其综合方程必须相同。

③相似第三定理。该定理是由基尔皮契夫及古赫尔曼提出的。第三定理可表述为：在几何相似系统中，具有相同文字的关系方程式，单值条件相似，且由单值条件组成的相似准数相等，则此两现象是相似的。为了把个别现象从同类物理现象中区别出来，所要满足的条件称为单值条件。单值条件包括：几何、物理、边界、初始和时间五个条件，分别从该过程中物体的形状和尺寸、物体及介质的物理性质、物体表面所受的外力、给定的位移及温度、内部的初应力和初应变、进行该过程的时间特点方面进行说明。

(2) 相似准则。

煤矿开采是一个复杂的系统工程，涉及到诸多因素，要使所有因素都保持相似则很难做到，在工程实际中也没有这个必要。实践经验表明，要进行煤矿开采，相似模拟实验主要考虑以下参数：煤层厚度 H、岩层厚度 M、抗压强度 σ_c、抗拉强度 σ_t、容重 γ、弹性模量 E、时间 t、泊松比 μ 等 8 个参数，令其方程为：

$$F(H, M, \sigma_c, \sigma_t, \gamma, E, \mu, t)=0$$

根据定理，应用量纲分析法，可得出以下 5 个相似准则：

$$\begin{cases}\pi_1=\sqrt{H}/t \\ \pi_2=E/\sigma_c \\ \pi_3=\sigma_c/\sigma_t \\ \pi_4=\gamma H/\sigma_c \\ \pi_5=M/H\end{cases}$$

故要使模型与原型相似，则需满足下列方程：

$$\begin{cases}\dfrac{E_m}{E_p}=\dfrac{\sigma_{tm}}{\sigma_{tp}} \quad \dfrac{\sigma_{cm}}{\sigma_{cp}}=\dfrac{\sigma_{tm}}{\sigma_{tp}} \quad \dfrac{\sigma_{cm}}{\sigma_{cp}}=\dfrac{\gamma_m\cdot H_m}{\gamma_p\cdot H_p} \\ \dfrac{H_m}{H_p}=\dfrac{M_m}{M_p} \quad \dfrac{t_m}{t_p}=\sqrt{\dfrac{H_m}{H_p}}\end{cases}$$

2) 物理模拟试件制作

支巷及采硐回采后，遗留煤柱由原来三向应力状态变为二向应力，故实验采用单轴压缩实验研究煤柱破坏变形情况。

实验试件模具的设计、加工均自行完成，模具实验比例按 1/100 进行，然后用配比好的实验材料浇筑满足实验要求的实验模型。其中，巷帮有支护的情况模型可以在模型制造过程中预埋铁丝，模拟锚杆支护。

(1)模拟材料的选择。

根据岩层性质，结合以往实验经验，本次实验模拟材料的选择如下：骨料选用细河砂，胶结材料选用石膏和水泥(碳酸钙)，缓凝剂选用硼砂(四硼酸钠)。

(2)模拟试件的制作过程。

在实验前，准备好实验过程中需要的仪器设备(如电子称、橡皮锤、装水容器等)及实验所需材料(河沙、水泥、硼砂等)，学习并明确实验设备操作注意事项，确保实验材料充足、设备完好并满足实验要求。

①本次实验采用的木制模具，实验前在模具表面涂抹黄油并在模具下铺设塑料薄膜，以利于拆模取出试件；

②根据配比分别称量后，将筛分好的河沙、水泥等加入材料混合容器，搅拌均匀；

③将加有适量硼砂水倒入搅拌好的河沙、水泥混合材料后，再次搅拌均匀；

④为尽量保证试件强度均一，搅拌好的混合物倒入预制模具后，快速、均匀、等次(如统一设为 20 次)捣实抹平；

⑤干燥后，拆模取试件，待干燥后便可进行实验。

模型试件完成后如图 4-1 所示。

图 4-1　模拟试件

根据《矿山压力的相似模拟实验》相似材料配比表，得出河砂、水泥、石膏、硼砂以及水的总用量和分别用量，详见如下关系式。

(1) 总用量(kg)。

$$Q_i = Lcm_ir_i = 1470\times0.5\times0.5\times0.03=11\text{kg} \tag{4-1}$$

式中，Q_i 为相似模拟所用材料总重量，kg；L、c 分别为相似模拟的试件长度、宽度，m；m_i 为相似模拟模型各分层的厚度，m；r_i 为相似模拟各分层材料容重，kg/m^3。

(2) 分别用量(kg)。

细河砂∶碳酸钙∶石膏为：A∶B∶$(1-B)$

细河砂：$W_{砂}=\dfrac{A}{A+1}Q_i$　　石膏：$W_{石膏}=\dfrac{1-\text{B}}{\text{A}+1}Q_i$　　水：$W_{水}=\dfrac{Q_i}{9}$

碳酸钙：$W_{水泥}=\dfrac{\text{B}}{\text{A}+1}Q_i$　　硼砂：$W_{硼砂}=\dfrac{1}{100}W_{水}$

综上可知，河砂、水泥、石膏、硼砂以及水的总用量和分别用量详见表 4-1。

表 4-1　相似材料配比表

岩性	原型		模型		配比号	各层总重/kg	材料用量				
	厚度/m	抗压强度/MPa	厚度/cm	抗压强度/kPa			砂/kg	碳酸钙/kg	石膏/kg	水/kg	硼砂/g
15 号煤	2.5	18.2	2.5	109.2	755	74.88	9.62	0.69	0.69	1.22	12.2

3) 实验设备和试件

实验设备采用河南理工大学采矿工程实验中心的液压材料实验机(图 4-2)，该设备精度为 1%，活塞最大行程为 150mm，最大加载高度为 2000mm，加载试件最大尺寸为 500mm，能够较好的完成岩石或煤样试件单轴、三轴压缩实验。

为观察条带式 Wongawilli 采煤法煤柱组合在受力下的变形演化情况，结合实验设备，试件尺寸定为 500mm×500mm×30mm(长×宽×高)。

图 4-2　液压材料实验机

2. 实验方案

利用不同的试件进行单轴压缩加载实验，定性研究不同形式煤柱失稳破坏的变形场及能量演化特征研究。以高速摄像机、工业内窥镜记录煤试件加载全程的试件表面破坏图像，对煤柱试样变形破坏全过程进行监测，分析条带式 Wongawilli 采煤法煤柱的变形及破坏演化特征。此外，条带式 Wongawilli 采煤法煤柱系统中，采硐间狭窄煤柱起临时支撑的作用，随着连采结束而破坏，为了简化模型，相似模拟中不严格按照刀间煤柱比例尺寸进行模拟，仅用不规则煤柱带的菱形突出部分表示刀间煤柱，对不同条件下的不规则煤柱(本章均为无刀间煤柱的不规则煤柱带)和条带煤柱进行加载实验。

根据研究目的，分别对煤柱的不同支护形式、宽度参数变化下的煤柱特性进行分析，相似模拟暂定 4 项实验，根据条带煤柱的不同尺寸，根据图 4-3 的测点布置所示，在左、右条带及不规则煤柱带中按表 4-2 选择相应支护形式及布置对应测点个数。

表 4-2　实验方案表

支护形式	序号	左条带煤柱/mm	右条带煤柱/mm	测点布置个数		
				左	中	右
1 根锚杆	1	50	200	1	2	4
	2	100	150	2	2	3
无支护	3	50	200	1	2	4
	4	100	150	2	2	3

采用 DH-3818 静态应变测试仪进行测量，数据采样间隔为 5s，其测点布置方式如图 4-3 所示，应力测试系统如图 4-4 所示。

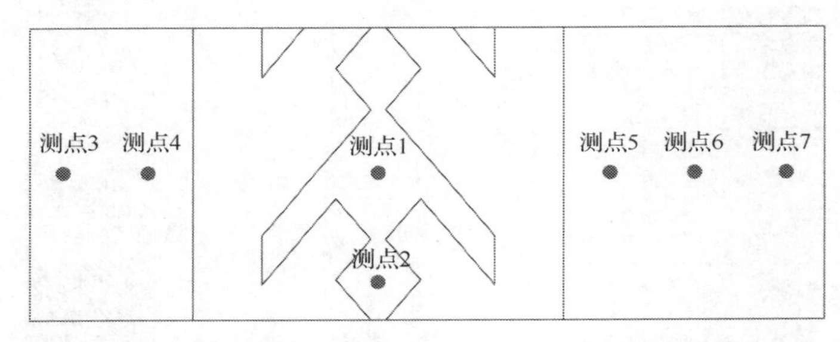

图 4-3　测点布置图(以表 4-2 中序号 2 实验方案为例)

图 4-4　应力测试系统

为保证锚固强度，考虑锚杆相似模拟的准确性，实验采用贯穿锚杆锚固系统，即采用直径为 0.5mm 铁丝预埋试件中模拟锚杆，5.0mm×1.0mm 正方形铁片模拟托盘(图 4-5)。根据实验目的及模具大小，最终确定锚杆间距 20mm，如图 4-6 所示。

图 4-5　模拟试件锚固构件

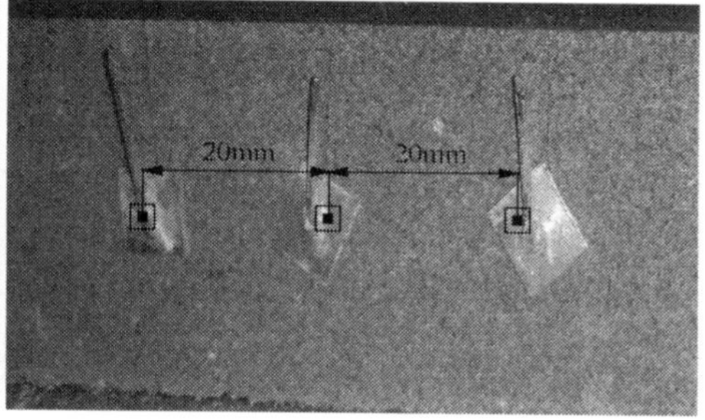

图 4-6　锚杆布置方式

3. 实验过程及结果分析

1) 实验过程

2000kN 液压材料实验机能够较好的完成岩石或煤样试件单轴、三轴压缩实验。为了较好研究不同试件在单轴压缩下的破坏演化特征，实验时，首先对制作好的试件进行分类编号，试件从模具中取出后，及时对试件周边及上下表面进行磨平处理(减少试件不平造成试件受力不均)，同时撕掉试件底部塑料薄膜(防止试件实验中，薄膜影响试件的变形特征)，放置试件在实验机指定位置(图 4-7)，连接静态应变测试，最后，实验机加载直至模拟试件破坏，加载过程中采用摄影机及静态应变测试仪对试件破坏情况进行记录。

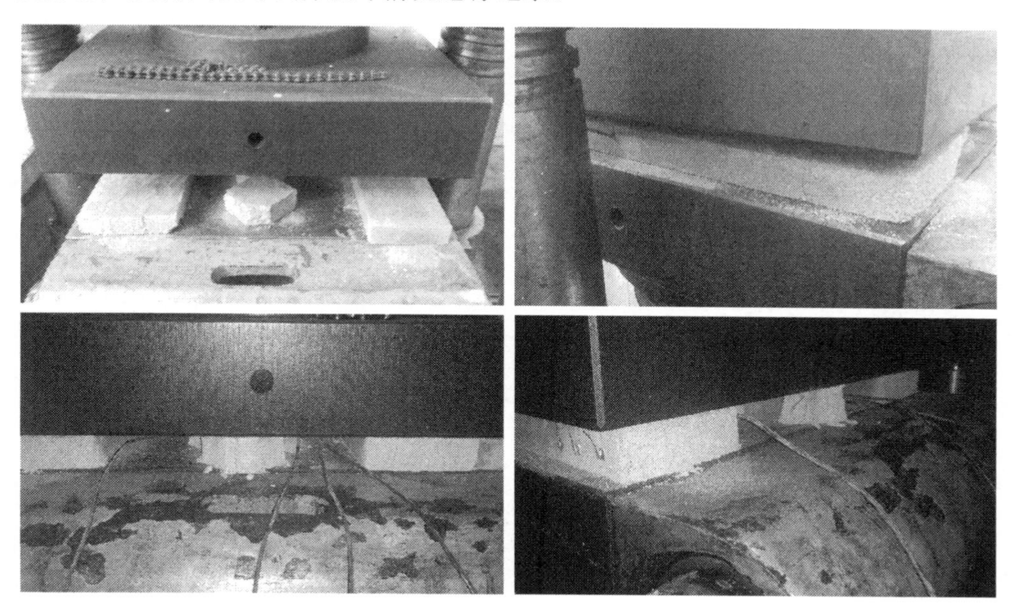

图 4-7　实验过程

2) 无支护实验

(1) 相似模拟试件的破坏特征。

从相似模拟试件破坏特征来看，试件沿垂直方向存在多个劈裂面或裂缝，劈裂面或裂缝贯穿整个试件，试件沿水平方向发育少量的局部剪切破坏面，剪切破坏面一般位于煤柱模拟试件边角处。试件边角处中部形成近水平裂纹并向外剥离，类似于“压杆失稳”，表现为煤柱试件垂直方向裂纹发育并贯通，最后剥落垮帮。煤柱试件在实验过程中出现了“岩爆”现象，发生突然失稳，造成煤柱特别是不规则煤柱及小尺寸条带煤柱部分区域被压碎，详见下图 4-8。

图 4-8 试件破坏图

实验中，尺寸较小的刀间煤柱首先发生破坏，出现垂直方向贯通煤柱的裂纹并破碎，不规则煤柱采硐形成的菱形煤柱(不规则煤柱核心区域)发生劈裂，静态应变仪测点溢出，条带煤柱一般劈裂厚度为 10～20mm 的试块，核心部分完整性良好。总的来说，煤柱均表现为垂直方向裂缝贯通、劈裂破坏，尺寸越小其发生破坏的时间及所承受的相应载荷也越小，尺寸越大其承载能力也越强，相应的核区尺寸也越大，其稳定性也越强。

(2) 相似模拟试件单轴压缩应力曲线。

从相似模拟试件应力-时间曲线来看(图 4-9、图 4-10)，在相同实验条件下，不同煤柱、相同煤柱的不同尺寸煤柱，其峰值强度不同，峰值随煤柱的尺寸的增加而增加。

如图 4-9 所示，条带煤柱应力与时间曲线呈现出压实、裂纹扩展、破坏阶段，在压缩初期，不同尺寸的煤柱试件曲线基本趋于吻合，这表明低载荷下煤柱载荷不受尺寸影响，即载荷均匀分布，煤柱载荷大小随时间的增大而增大直至破坏，且尺寸越小载荷增速越快。

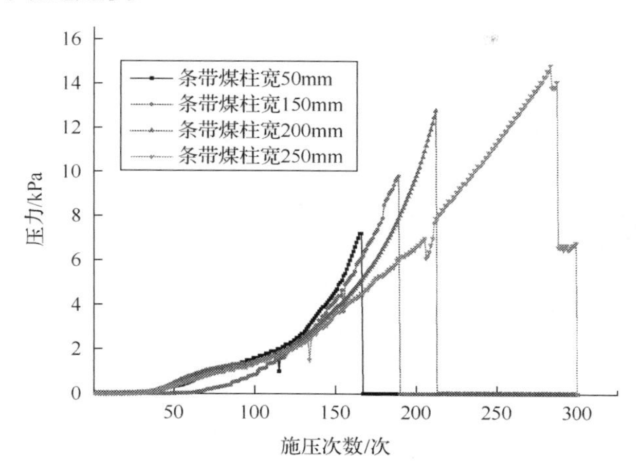

图 4-9　不同尺寸试件条带煤柱应力与时间关系曲线

如图 4-10 所示，不规则煤柱中，尺寸相对较小的菱形煤柱的承载能力小于尺寸较大菱形煤柱，结合图 4-9，不规则煤柱的承载能力不超过 4kPa，远远小于最小承载能力 7.1kPa 的条带煤柱。无论是不规则煤柱还是条带煤柱，试件前期很长一段时间(30～50 次施压)，其承载压力较小，这是由于在实验时，为了保证试件的平整，在试件上铺洒了一层细砂；应力–时间曲线出现突跳，这是由于试件能量

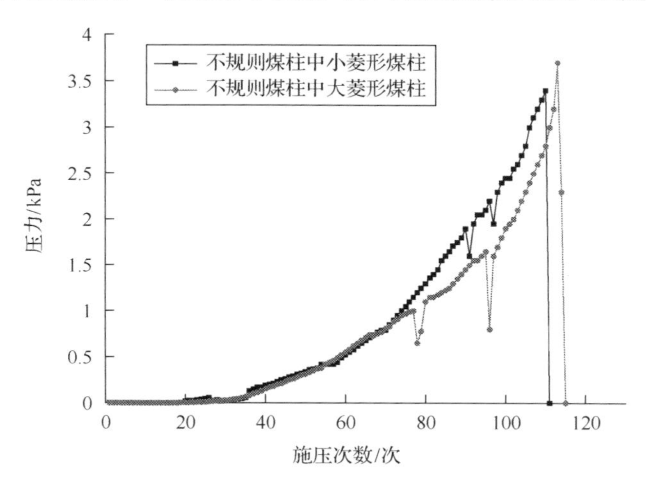

图 4-10　不同尺寸试件不规则煤柱应力与时间关系曲线

聚集并得到了一定的释放，当能量聚集到煤柱的承受极限时，最终以试件突变破坏失去承载能力而结束。

3) 有支护实验

(1) 相似模拟试件的破坏特征。

从相似模拟试件破坏特征来看，支护条件下的条带煤柱、不规则煤柱破坏形态与无支护实验叙述基本相同，裂纹发育方式及时间破坏形式整体一致，区别在于在相同载荷条件下，支护条件下的条带煤柱裂缝数量及大小均小于未支护煤柱，如图 4-11 所示。

图 4-11　试件破坏图

(2) 相似模拟试件单轴压缩应力曲线。

条带煤柱在支护条件下，从相似模拟试件应力–时间曲线看(图 4-12)，不同煤柱、相同煤柱不同尺寸煤柱，其峰值强度不同，峰值随煤柱的尺寸的增加而增加。

条带煤柱应力与时间曲线整体趋势与无支护条带煤柱一样，在压缩初期，不同尺寸的煤柱试件曲线基本趋于吻合，这表明低载荷下煤柱载荷不受尺寸影响，即载荷均匀分布，随着时间推移，尺寸小的煤柱载荷逐渐增大，其增速也随时间的增加而增大，直至破坏。此外，不同尺寸的条带煤柱较无支护条件下最大承载能力增加，如图 4-12 所示。

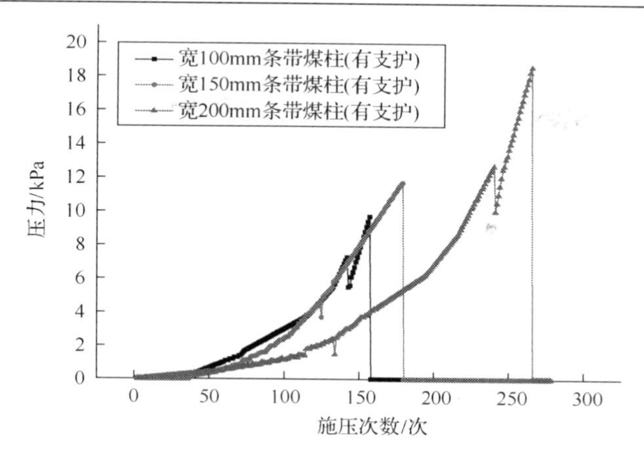

图4-12　不同尺寸试件条带煤柱应力与时间关系曲线

4. 煤柱变形及破坏演化参数效应

1) 煤柱形式

由实验分析可知，不规则煤柱、刀间煤柱、条带煤柱表现出不同程度的破碎形态，刀间煤柱完全破坏，在上部压力的作用下，以劈裂的形式破坏，部分呈粉末状；而不规则煤柱的主体部分也以劈裂的方式发生破坏，实验完成后，整个不规则煤柱垂直方向裂纹贯通，煤柱完全失稳破坏；条带煤柱帮部出现上下贯通的裂纹，煤帮剥落，出现片帮现象。总的来说，刀间煤柱最先发生破坏，且破坏程度最高，其次是不规则煤柱主体，实验过程中其发生破坏时引起煤柱测点溢出，稳定性最好的是条带煤柱，除煤柱边缘发生小范围的劈裂破坏外，煤柱大部分保证稳定状态。

如图4-13所示，不同煤柱其煤柱的承载峰值也不一样，各种煤柱在实验初期应力–时间曲线吻合度高，不规则煤柱小菱形部分、大菱形部分、条带煤柱，它们的承载能力逐渐增加，且最终以突然失稳的方式破坏。不规则煤柱的大小菱形部分的峰值承载能力变化不大，条带煤柱的峰值远远大于不规则煤柱，这也与工程相吻合，刀间煤柱在回采中就发生破坏，不规则煤柱起临时支撑顶板的作用，条带煤柱对顶板稳定性起决定性的作用。

2) 煤柱尺寸(尺寸效应)

如图4-9、图4-10和图4-13所示，50mm、100mm、150mm、200mm的条带煤柱承载峰值呈递增趋势，随着条带煤柱的尺寸增加，煤柱的承载峰值增大，但增大量并不与煤柱尺寸成比例。

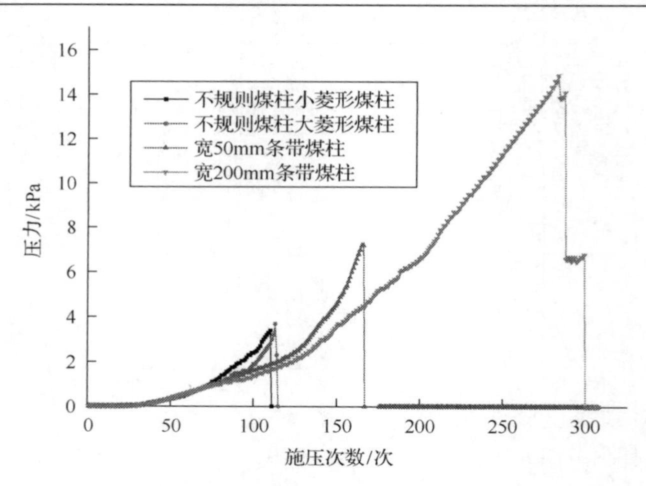

图 4-13　煤柱应力与时间关系曲线

3) 有、无支护

如图 4-14 所示，在加载情况下，不规则煤柱带发生劈裂破坏(特别是菱形尖凸处)，左部分未支护的条带煤柱出现了煤柱的劈帮垮落现象；在同样压力条件下，右帮有支护条带煤柱完好。如图 4-15 所示，在条带试件中加一排模拟锚杆，条带煤柱的承压能力较无支护的情况下有所增加，但增加幅度不大，增加幅度控制在10%左右。值得注意的是，在实验过程中，出现了个别 100mm 宽度条带煤柱在加设锚杆后，承压能力反而减小的情况，这可能是试件加工过程中，人为破坏了试件的整体性，从而降低了抗压强度。

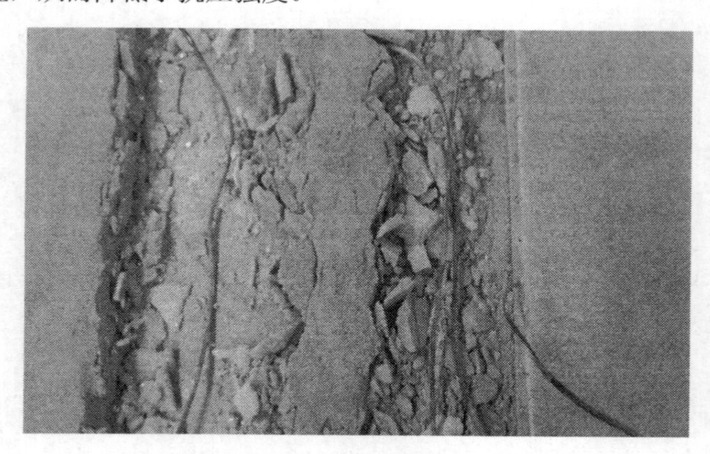

图 4-14　有、无支护破坏特征对比图

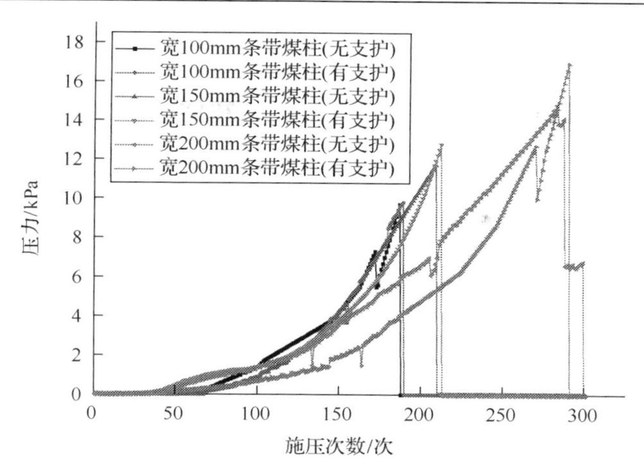

图 4-15　有、无支护的煤柱应力与时间关系曲线

综上分析可知，条带式 Wongawilli 采煤法的煤柱系统中，煤柱因其尺寸、形式等的不同，其在回采过程中的作用、支护时间效应存在诸多区别。

(1) 条带式 Wongawilli 采煤法采硐刀间煤柱起临时支撑的作用，随着连采结束而破坏，不规则煤柱带的承载能力低于条带煤柱，条带煤柱是整个煤柱系统的支撑关键。

(2) 随着煤柱尺寸的增加，承载能力也相应增大。一般来说，锚杆支护能提高煤柱的承载能力，施工过程中应减少锚护施工对煤柱破坏，防止锚护施工不当降低煤柱承载能力。

(3) 煤柱试件沿垂直方向存在多个劈裂面或裂缝，垂直方向的劈裂面或裂缝贯穿整个试件，试件沿水平方向发育少量的局部剪切破坏面，剪切破坏面一般位于煤柱试件边角位置。

(4) 试件边角处中部形成近水平裂纹并向外剥离，类似于“压杆失稳”破坏，表现为煤柱试件垂直方向裂纹发育并贯通，最后剥落垮帮。在煤柱试件在实验过程中出现了“岩爆”现象，发生突然失稳，造成煤柱，特别是不规则煤柱及小尺寸条带煤柱部分区域被压碎。

4.1.2　条带式 Wongawilli 采煤法煤柱变形及破坏演化特征数值模拟

1. 数值计算模拟参数及模型

1) 地质采矿条件

山西晋城无烟煤矿业集团王台铺矿井田地质构造简单，没有大的导水构造发育，矿井水文地质类型中等。15 号煤层位于太原组底部，直伏于 K_2 石灰岩之下，上距 9 号煤层 28m 左右。模拟以王台 15 号煤层工作面 XV2318(东) 为原型工作面，根据 XV2318 实际地质采矿条件建立相似模拟模型。XV2318(东)工作面基本参数如下：工作面长 200m，埋深 174m；15 号煤层厚度 2.1～2.9m，均厚度为 2.5m，近水平煤层，煤层倾角为 1°～3°，平均 2°，容重 1.46t/m^3；普氏硬度 f=2～4，属于中硬煤层；工作面 15 号煤层的顶板主要有细粒砂岩、石灰岩、泥岩，底板为粉砂岩、砂质泥岩、中砂岩，上覆岩层平均容重 2.5×10^{4}N/m^3。

2) 煤岩参数

根据王台 15 号煤层工作面 XV2318(东)地质资料，为了简化相似模拟，将工作面岩层合并简化，煤层顶板依次为泥岩、石灰岩、细粒砂岩，底板为较厚的砂质泥岩和中砂岩等岩层。简化后岩层强度参数汇总如表 4-3 所示。

表 4-3 各岩层岩体强度参数表

岩性	内摩擦角 φ /(°)	弹性模量 /GPa	泊松比	粘聚力 /MPa	抗拉强度 /MPa	容重 ρ /(kg · m^{-3})
细粒砂岩	32	6.1	0.24	0.45	1.26	2790
石灰岩	29	7.2	0.25	0.27	1.1	2490
泥岩	27	3.5	0.27	0.34	0.65	2750
15 号煤	25	1.51	0.22	0.21	0.27	1310
粉砂岩	29	2.7	0.26	0.3	2.9	2570
砂质泥岩	30	2.9	0.23	0.39	1.2	2590
中砂岩	26	7	0.23	0.4	2.3	2550

3) 支巷支护及参数

模拟的巷道布置方案如图 4-16 所示，巷道采用双巷单翼布置方式，回采宽度 d=25m，条带煤柱宽度 a=20m，支巷巷宽 4.6m，连续采煤机进刀角度 45°，采硐宽度 3.3m，采硐长 11m，每采两刀布置一个宽 2m 的刀间煤柱。

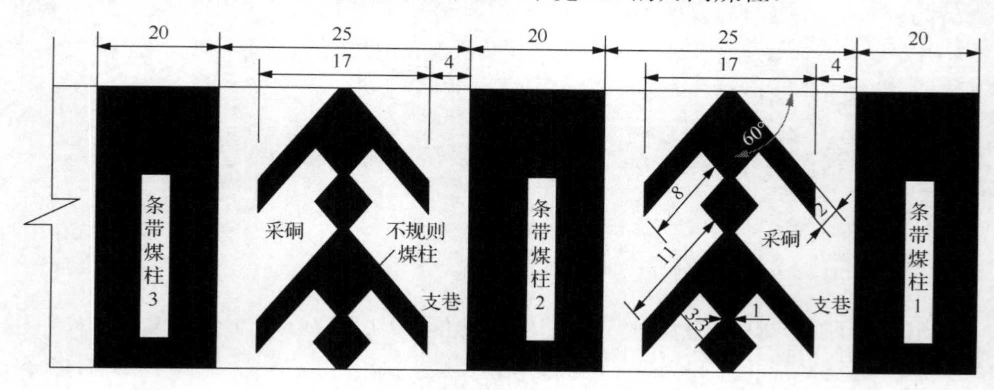

图 4-16 回采尺寸示意(单位：m)

巷道掘进时支巷及条带煤柱巷帮支护时采用常规支护流程，使用锚杆锚索联合支护的支护方式，参数见表 4-4。

表 4-4　锚杆、锚索参数

项目	锚杆(索)直径/mm	锚杆(索)长度/mm	预紧力/kN	杆(索)弹性模量/GPa	杆(索)体抗拉强度/kN	锚固体体积模/GPa	锚固体剪切模量/GPa
锚杆	20	2000	60	200	211	14.3	2.88
	18	1800	60	163	175	13.3	2.65
锚索	15.24	8000	100	195	260	12.7	2.56

4) 边界条件

考虑模型边界效应对巷道的影响，考虑整个回采区段，确定模型尺寸：长 $(x)\times$ 宽 $(y)\times$ 厚 (z)=226m×210m×54m，坐标原点在模型左下角，如图 4-17 所示。

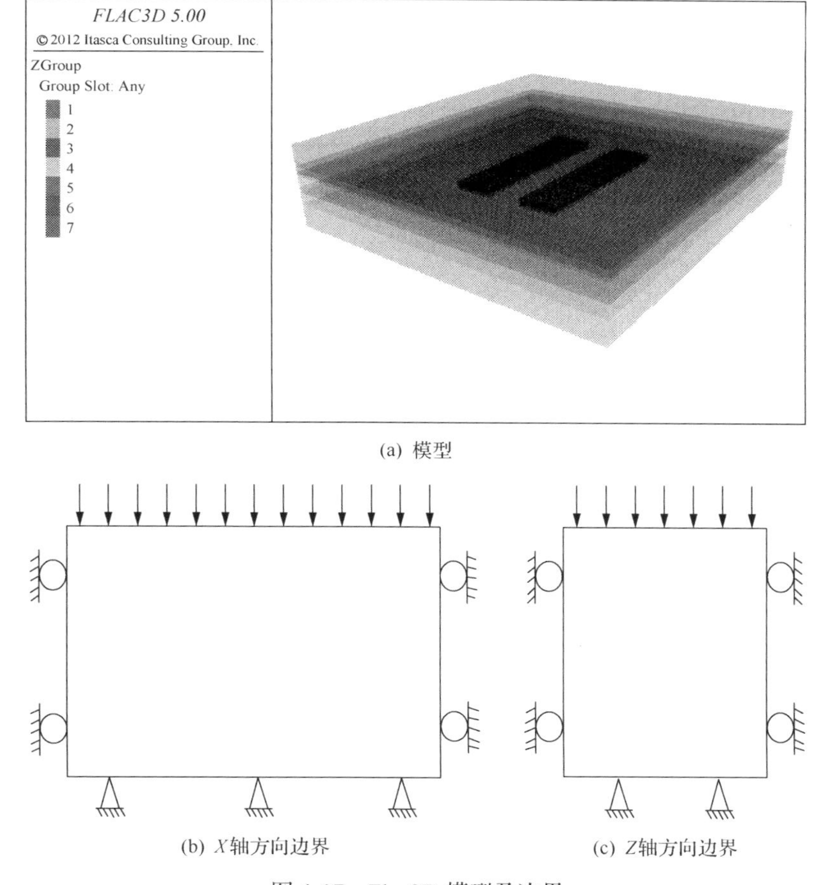

(a) 模型

(b) X轴方向边界　(c) Z轴方向边界

图 4-17　Flac3D 模型及边界

根据实际情况，在该数值模型上部边界施加垂直方向应力，模型 x，y 方向的位移由模型的水平边界限制，模型底边为固定约束。区域表土层和基岩平均容重约 2500kg/m^3，在模型上表面施加 $Szz=3.575$MPa，侧压系数取 1.1。

如图 4-18、图 4-19 所示，数值模拟选 XV2318 工作面中 XV231801 面及 XV231802 面，开挖过程为：XV231801 支巷 1、2 开挖→XV231802 支巷 1、2 开

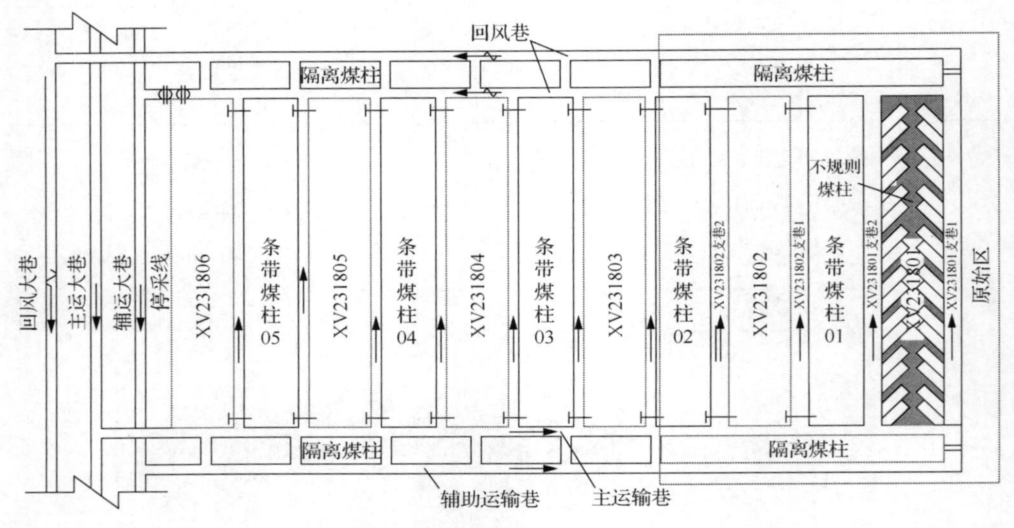

图 4-18　连采工作面布置示意图

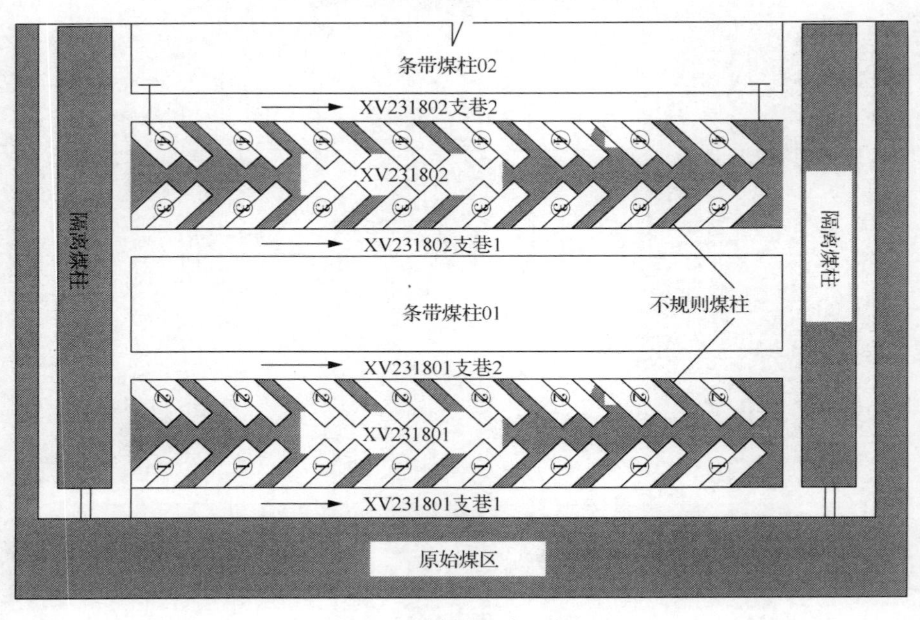

图 4-19　模拟区域示意图

挖→回采 XV231801 面(先回采 XV231801 支巷 1 左侧采硐①，再回采 XV231801 支巷 2 右侧采硐②)→回采 XV231802(先回采 XV231802 支巷 1 左侧采硐③，再回采 XV231802 支巷 2 右侧采硐④)。

2. 数值计算结果分析

1)上覆岩层塑性区变化及破断规律

(1)工作面回采前上覆岩层塑性区变化及破断规律。

巷道开挖或者工作面回采，改变围岩的受力状态，覆岩破断并作用于采场，表现为采场矿山压力的显现，通过分析直接顶、老顶的塑性区及位移场的变化规律，研究覆岩的破断及失稳特性。

图 4-20 和图 4-21 是工作面开采前工作面直接顶(石灰岩厚 8.3m)的塑性屈服特征和垂直位移特征。可以看出，工作面主巷直接顶以塑形变形为主，主巷顶板 Z 方向模拟变形小于 1.6cm，且塑性变形集中分布在 XV231802 支巷 2 至 XV231801 支巷 1 之间的区域；受主巷开挖影响，支巷直接顶塑形变形同样较发育，支巷直接顶 Z 方向模拟变形介于 1.8～2.7cm，且中间两支巷 Z 向位移明显较大，破碎较完全。整体来看，主巷及四条支巷直接顶垮落较完全，且在回采顺槽与支巷及回采条带(XV231801、XV231802)交叉区域出现较为集中的破坏区。

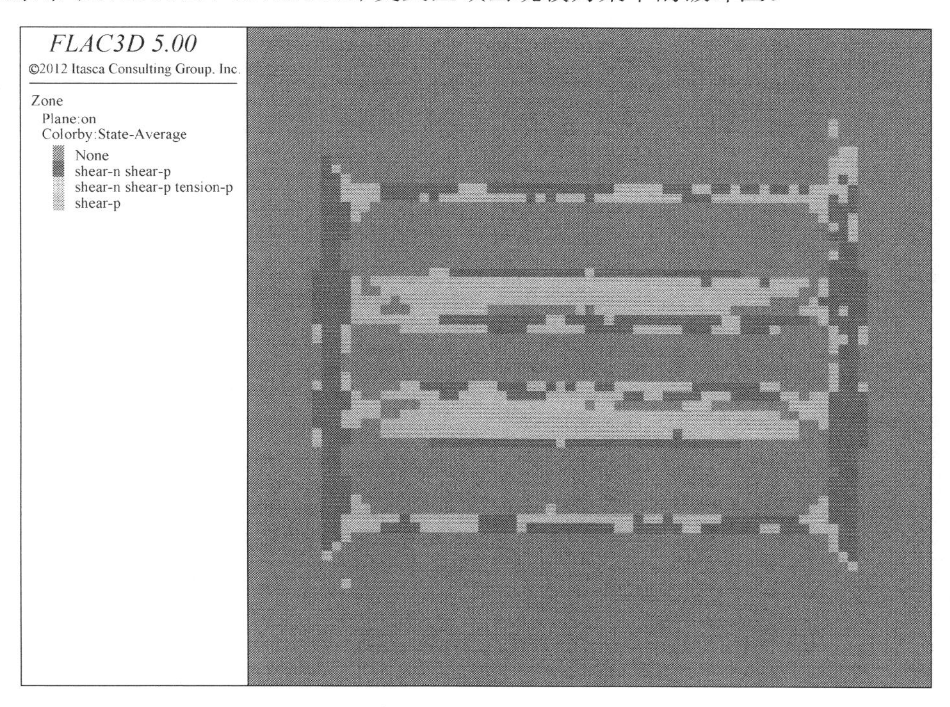

图 4-20　工作面回采前上覆岩层塑性区分布

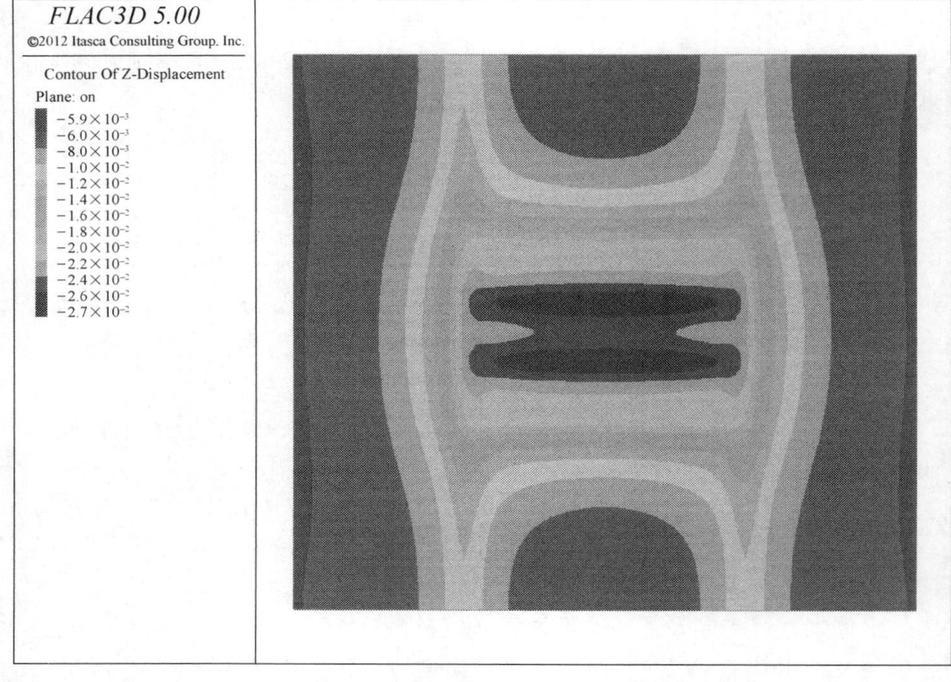

图 4-21　工作面回采前直接顶垂直位移

(2) 工作面各回采阶段上覆岩层的破断过程和失稳规律。

连采工作面依次回采 XV231801 采硐①→XV231801 采硐②→XV231802 采硐①→XV231802 采硐②。各回采阶段直接顶破断过程和失稳情况分析如下。

图 4-22 为依次回采各区域直接顶塑性变形区域分布，由图可知，受 XV231801 采硐①开挖影响，开挖区域直接顶完全进入塑形变形，覆岩应力逐渐向条带煤柱转移，引起中间条带煤柱直接顶塑形区域扩张；随着 XV231802 采硐①②的开挖，直接顶塑性区域进一步扩大，除 XV231802 工作面直接顶局部，回采区域内直接顶均已进入塑性变形区。随着 XV231802 工作面开挖，四条支巷包围范围内直接顶全部进入塑性变形区。

图 4-23、图 4-24 为各回采阶段回采区域及条带煤柱 Z 轴位移剖面图，由图可知，XV231801 采硐①开挖期间，开挖区域中部位移较大，介于 5.5～5.9cm，同时工作面底板存在一定程度的底鼓，介于 3～3.14cm；随着 XV231801 采硐②的开挖，覆岩中部顶沉加大，达到 20～21cm，最大位移增幅 257.63%。受中间条带煤柱的影响，XV231802 工作面开挖期间其 Z 轴方向位移变化与 XV231801 类似，但双翼开挖后最大位移增幅降低为 159.71%。

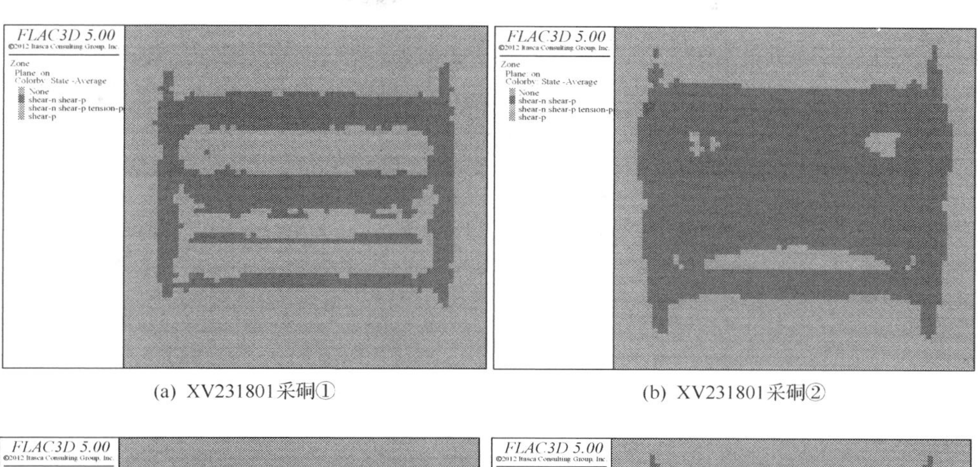

(a) XV231801采硐①　　(b) XV231801采硐②

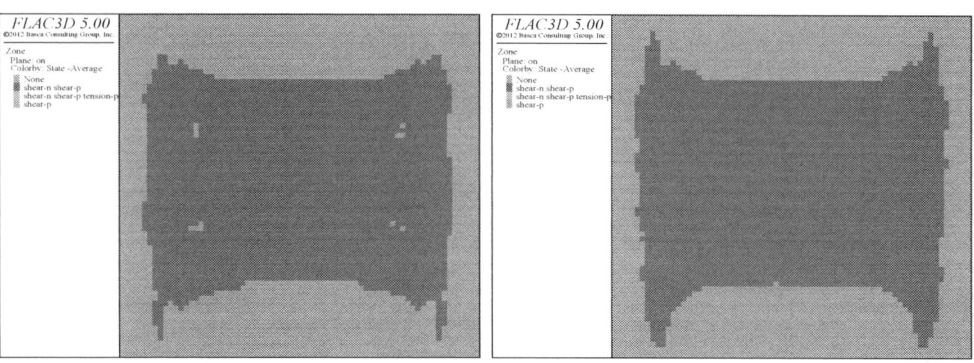

(c) XV231802采硐①　　(d) XV231802采硐②

图 4-22　直接顶模拟塑形区域分布

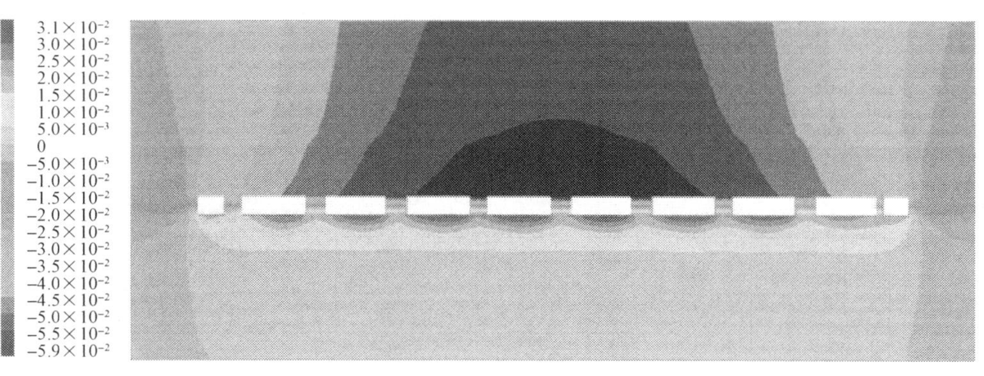

(a) XV231801采硐① (Y=132)

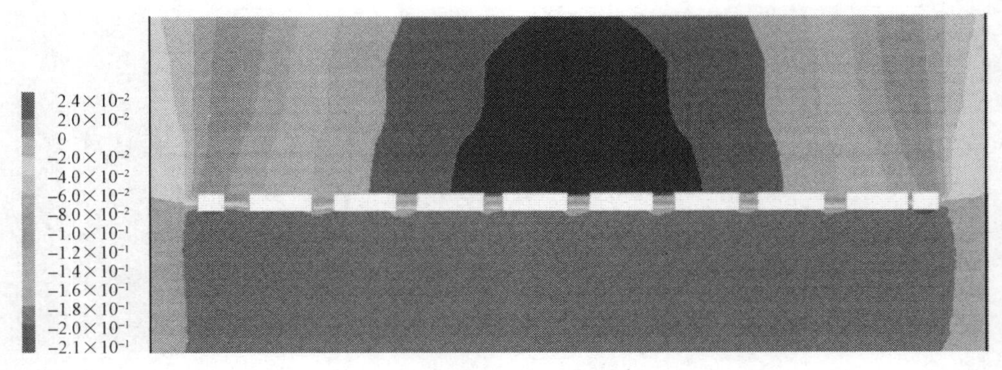

(b) XV231801采硐② (Y=123)

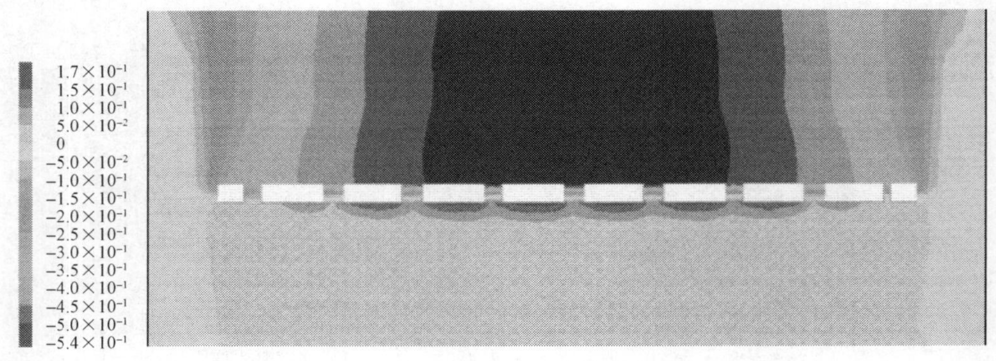

(c) XV231802采硐① (Y=87)

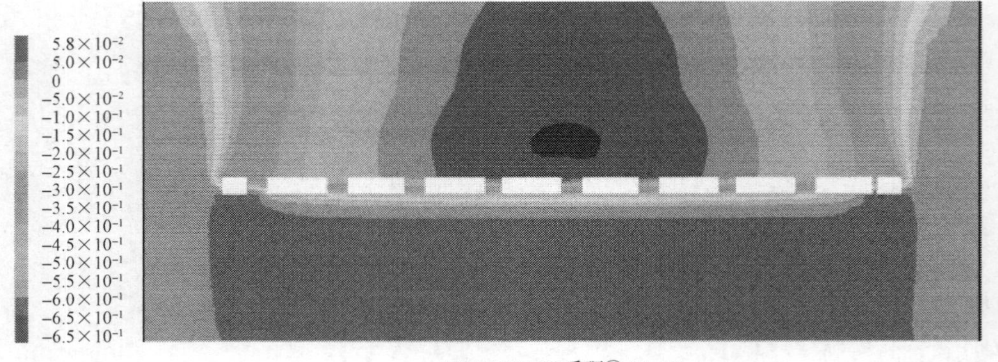

(d) XV231802采硐② (Y=78)

图 4-23　工作面回采区域垂直位移分布

(a) XV231801采硐①

(b) XV231801采硐②

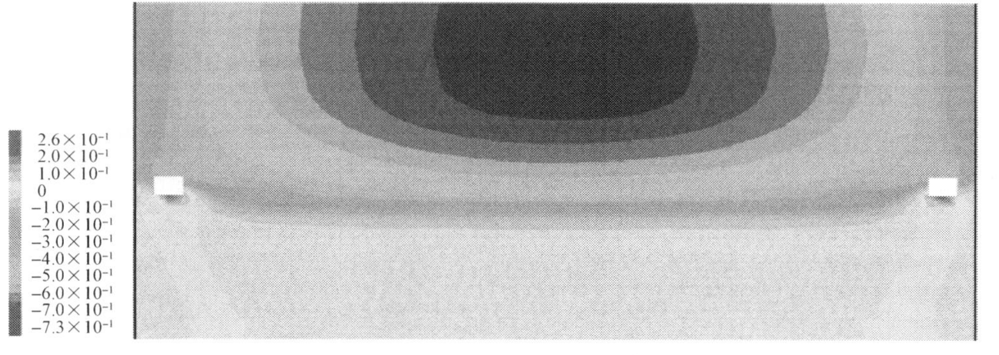

(c) XV231802采硐①

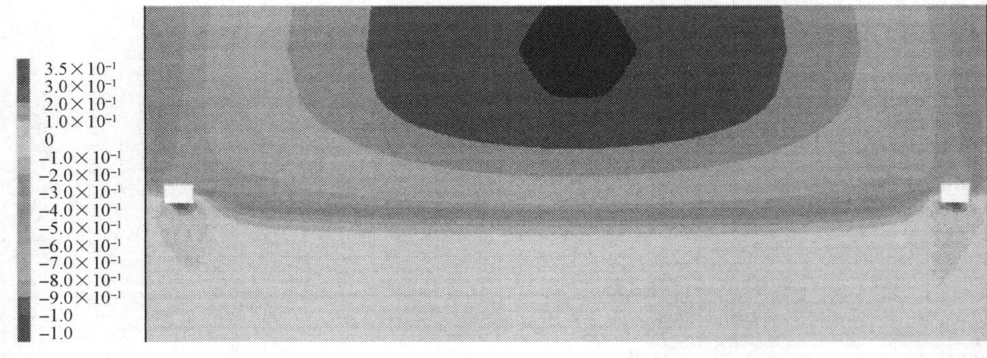

(d) XV231802采硐②

图 4-24 各回采阶段条带煤柱垂直位移分布

2) 条带式 Wongawilli 采煤法工作面应力分布特征与围岩塑性屈服破坏特征

图 4-25～图 4-27 分别为各回采阶段煤层及回采区域内煤柱的垂直应力、水平应力和剪切应力分布图。由图可知：在 XV231801 工作面到 XV231802 工作面开挖的过程中，煤柱内的应力是在不断的变化的，垂直应力、水平应力和剪切应力的变化趋势基本一致。以垂直应力为例，XV231801 采硐①回采后，不规则连采煤柱局部已经产生破坏，其承载能力逐渐降低，部分应力转移到了 XV231801 采硐②的煤体内，在回采的该采硐的过程中，由于应力场不断转移，可能会造成局部煤柱破坏的现象；随着采场空间跨距逐渐增大，上覆的重量逐渐向两侧条带煤柱及 XV231802 煤体内转移并在其内部产生高应力，在回采 XV231802 采硐①后，不规则连采煤柱内应力比 XV231801 采硐①回采后更高，因此在回采 XV231802 采硐②时，不规则煤柱破坏的可能性更大。

总体来看，XV231801 工作面开挖后，支巷应力集中程度不大，高应力主要集中分布在条带煤柱及 XV231802 煤体内，且随着 XV231801 两翼的开采，支巷侧向隔离煤柱应力集中程度也逐渐增加，尤其在条带煤柱及 XV231802 工作面，侧煤柱应力接近 8.5MPa；随 XV231802 工作面开挖，受到上覆采场空间的作用，高应力主要集中在条带煤柱和隔离煤柱内，在采动的影响下可能会发生动力失稳。

如图 4-28 所示，由 XV231801 和 XV231801 采硐可以看出，不规则煤柱以混合破坏为主，其两翼刀间煤柱既有剪切破坏又有拉伸破坏，破坏程度比较大，结合刀间煤柱的尺寸进行理论计算和现场调查来看，刀间煤柱基本已经失去支撑顶板的作用；而不规则煤柱中部菱形煤体呈现单一的剪切破坏，根据不规则煤柱应力分布特征，在菱形煤体上依然存在一定的应力峰值。由此可见，不规则煤柱的

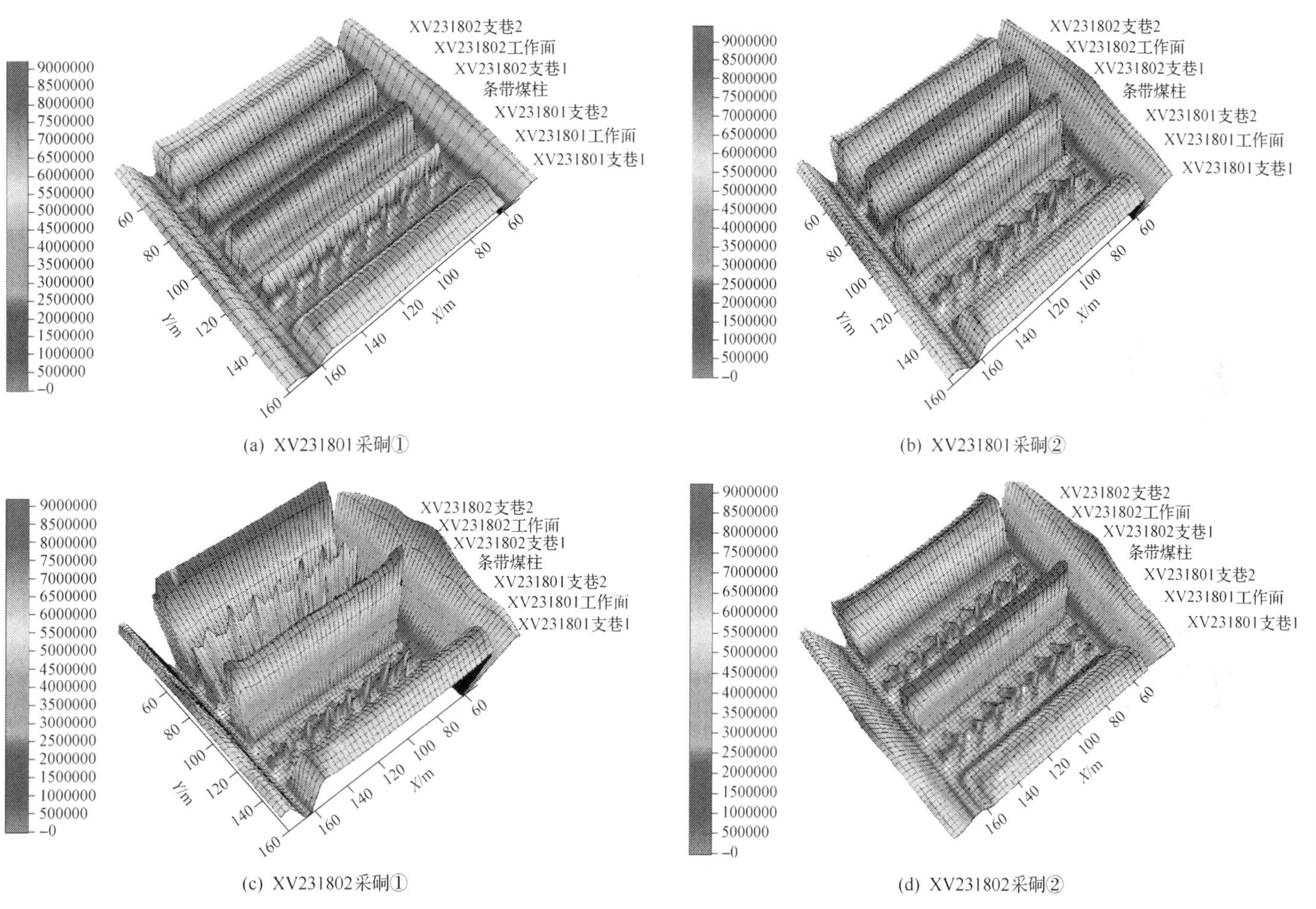

(a) XV231801采硐①

(b) XV231801采硐②

(c) XV231802采硐①

(d) XV231802采硐②

图4-25　各阶段采硐回采后垂直应力分布

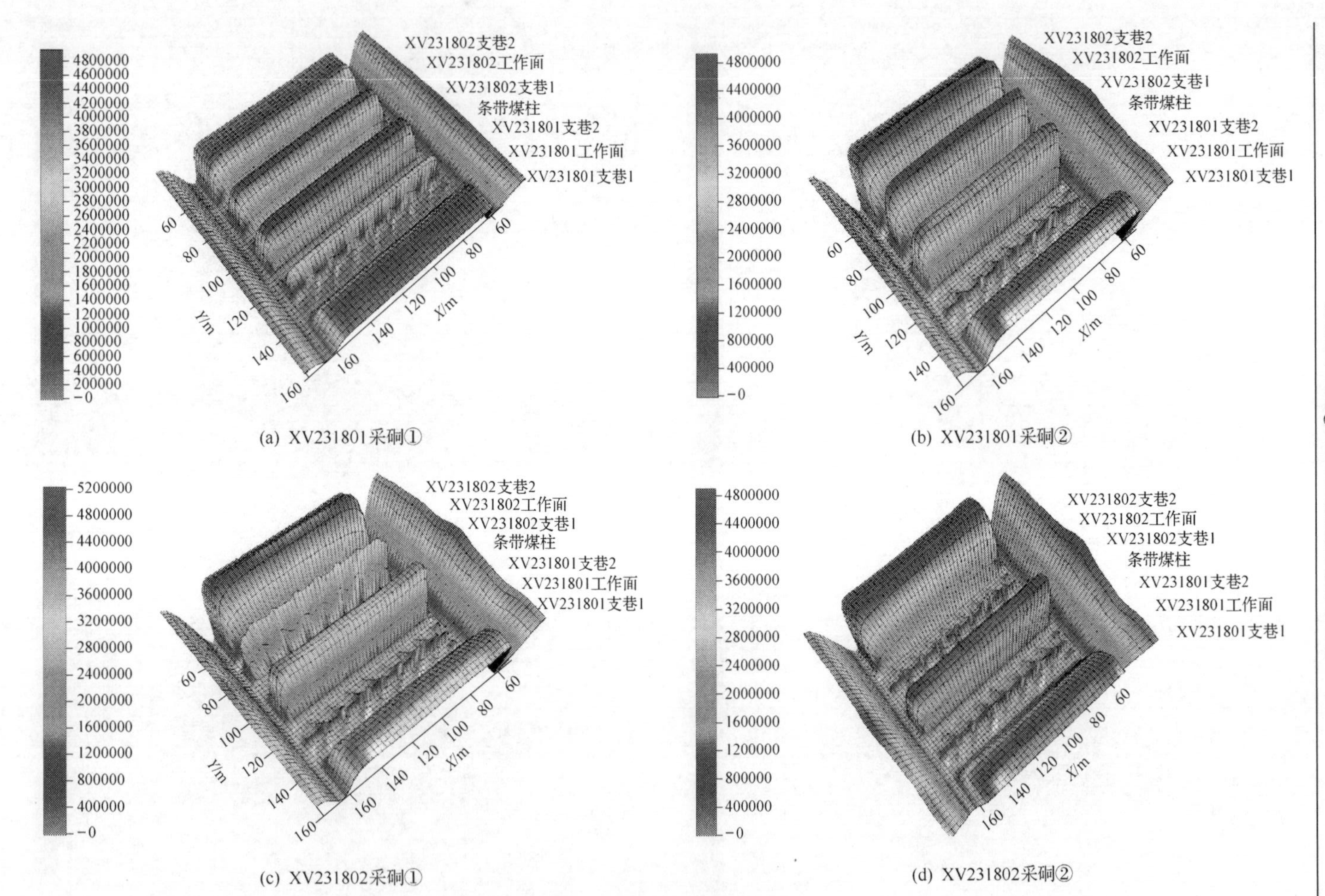

(a) XV231801采硐①

(b) XV231801采硐②

(c) XV231802采硐①

(d) XV231802采硐②

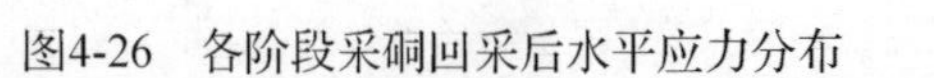

图4-26　各阶段采硐回采后水平应力分布

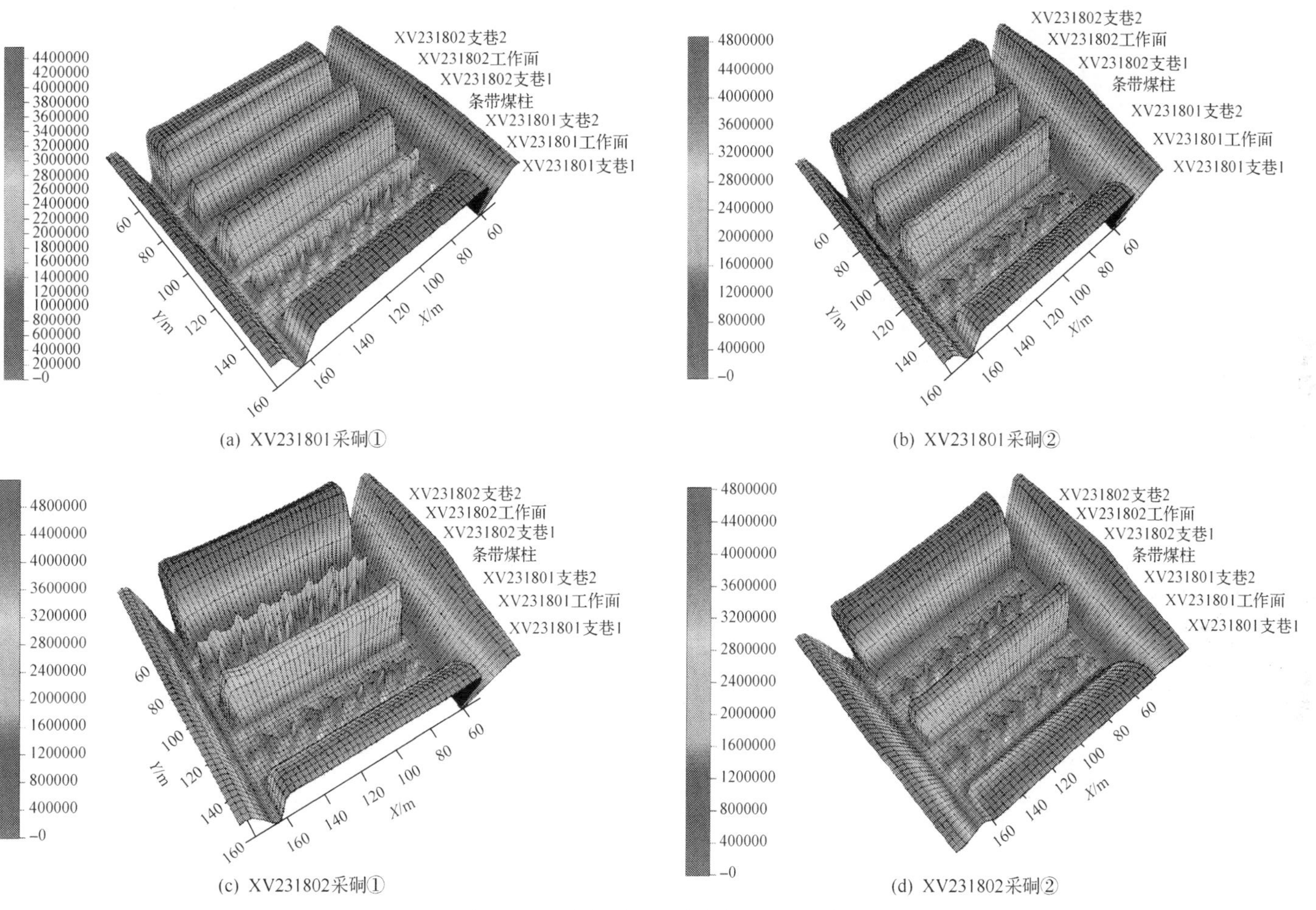

(a) XV231801采硐①

(b) XV231801采硐②

(c) XV231802采硐①

(d) XV231802采硐②

图4-27　各阶段采硐回采后剪切应力分布

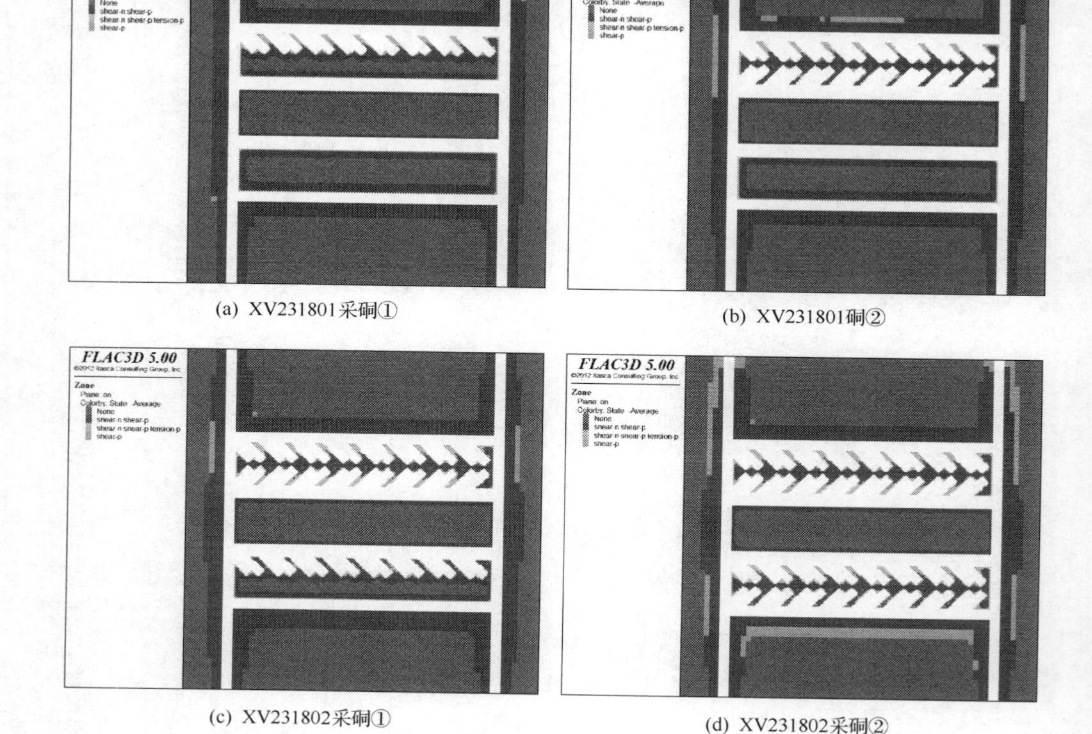

(a) XV231801采硐①　(b) XV231801硐②

(c) XV231802采硐①　(d) XV231802采硐②

图 4-28　工作面各回采阶段塑形区域分布

菱形煤体上还是存在一定的残余强度用于支撑顶板压力。此外，对比图 4-28(b)与图 4-28(d)不难发现，第一个回采条带结束后，在不规则煤柱中心存在小范围未破坏区，但随着第二个开采条带的回采，第一个条带的不规则煤柱破坏范围加大，甚至完全破坏。

从隔离条带煤柱应力分布特征看，煤柱内部的剪切和垂直应力都呈现应力集中现象；从塑性区分布看，隔离条带煤柱的中央存在一定的弹性核区，且其破坏区域小于开采条带区域，这是由于隔离煤柱在支护的作用下承载能力提高，这也验证了支护能提高煤柱承载强度的观点。

图 4-29 为 XV231801 和 XV231802 工作面回采后条带煤柱垂直应力的分布情况(支巷方向)。由图可知，煤柱中应力基本在 6～9MPa 之间，XV231801 工作面回采后在煤柱边角处应力集中程度较大，达到了 9MPa；随着 XV231802 工作面开挖，条带煤柱中央应力逐步上升，呈现与边角高应力区域贯通的趋势。

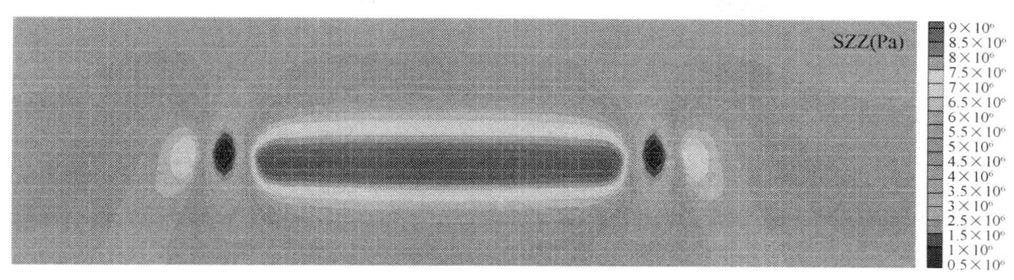

(a) XV231801①回采后

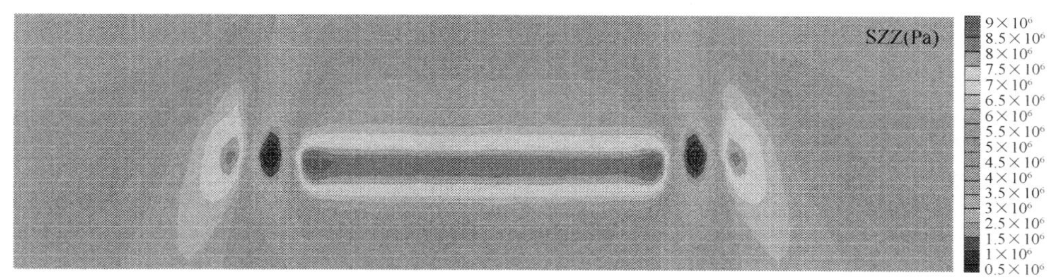

(b) XV231801②回采后

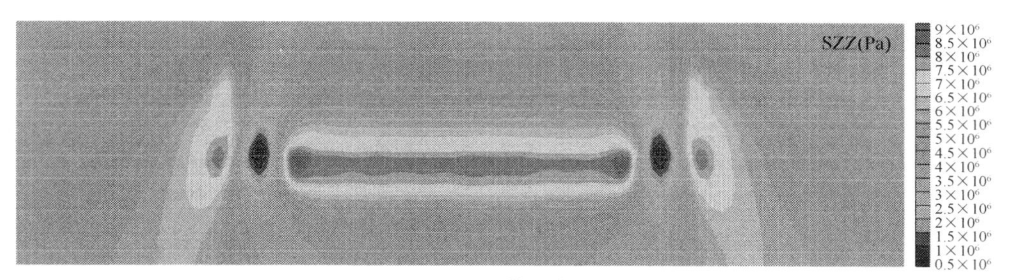

(c) XV231802①回采后

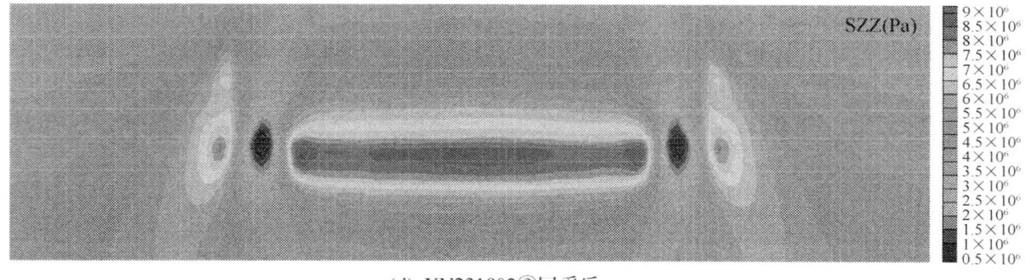

(d) XV231802②回采后

图 4-29　工作面开挖期间条带煤柱应力变化(沿支巷方向 Y=105)

图 4-30 为 XV231801 和 XV231802 工作面回采后条带煤柱垂直应力的分布情况(支巷垂直方向)，采硐处应力在 0.5～2.5MPa 之间，不规则煤柱应力在 4～5.5MPa 之间，条带煤柱应力在 6～9.5MPa 之间。随着采硐的开采，采硐处压力变

化区域增大，不规则煤柱处区域较低，条带煤柱基本稳定。说明随着开采的进行，不规则煤柱破坏失稳，条带煤柱基本保持稳定。

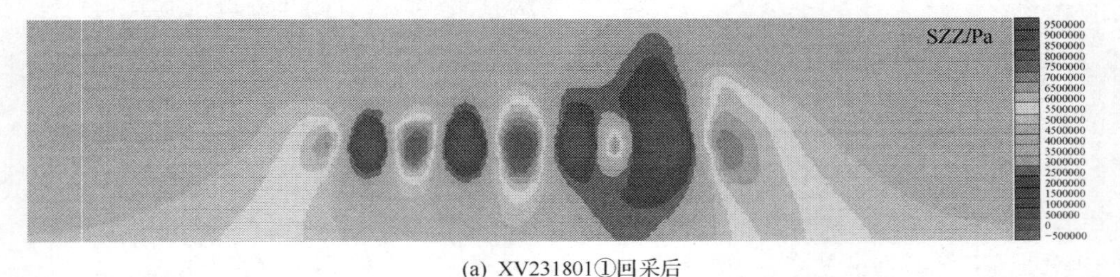

(a) XV231801①回采后

(b) XV231801②回采后

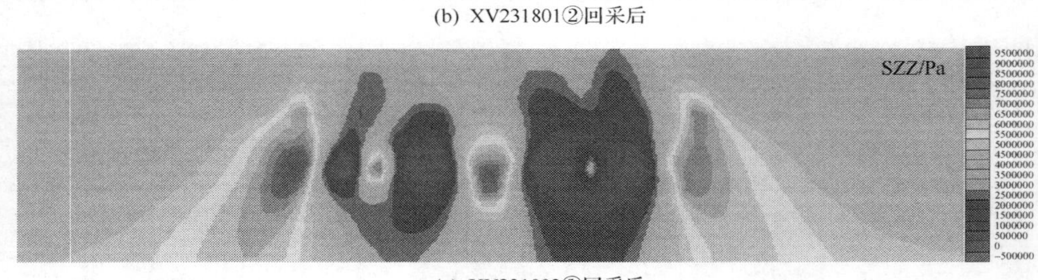

(c) XV231802①回采后

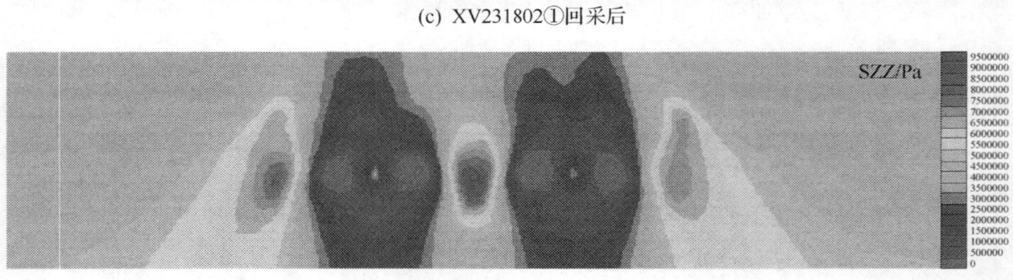

(d) XV231802②回采后

图 4-30　工作面开挖期间条带煤柱应力变化(垂直支巷方向 X=113)

图 4-31 为 XV231801 工作面回采后，不规则煤柱垂直应力得到释放，原岩应力由 4MPa 减小到 1MPa，降低率达到 75%，覆岩重量主要由两边的原始煤区支撑，原始煤区的垂直应力由 4MPa 增大为 6.5MPa，应力集中为 1.62。由 60～160m 垂直应力曲线可知，垂直应力在 1MPa 左右，上、下波动不大，说明在垂直方向上煤体的破坏程度几乎是一样的，与不规则煤柱的形状大小关系不大。

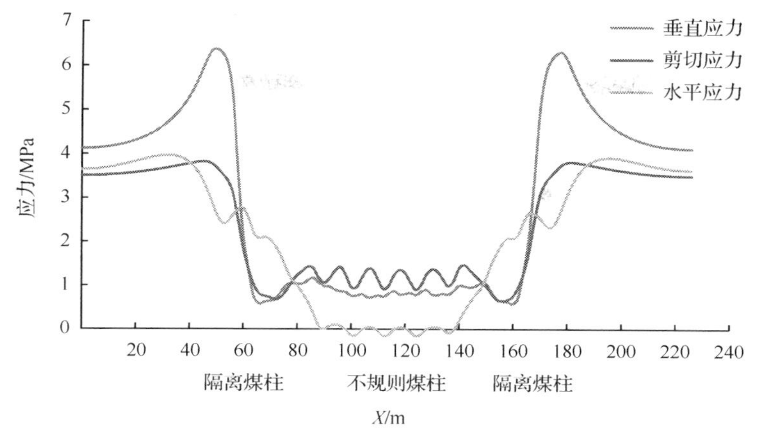

(a) XV231801不规则煤柱应力(沿支巷方向)

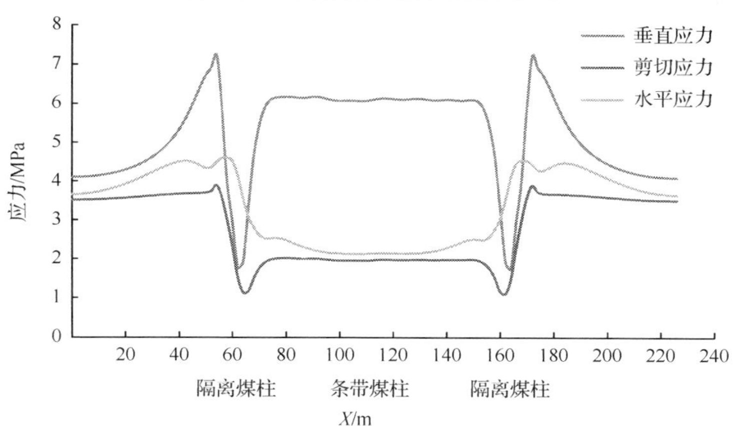

(b) 条带煤柱应力分布(沿支巷方向)

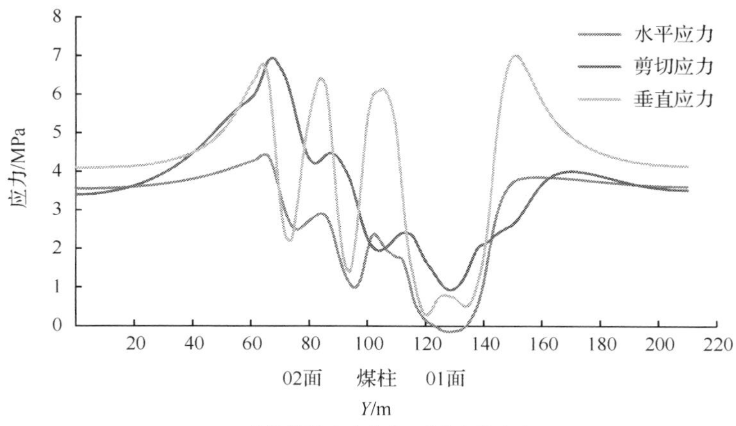

(c) 条带煤柱应力分布(垂直支巷方向)

图 4-31　XV231801 工作面回采后煤柱应力分布

煤体中水平应力无集中现象，水平应力由原岩应力逐渐减小为 0MPa，40～90m 和相对称的 150～200m 为水平应力减小区间，90～150m 基本为 0MPa，说明尽管不规则煤柱为孤立煤柱，但是水平应力还是可以通过顶底板传递，同时可推测如果支巷较短，则不规则煤柱就不会出现水平应力为 0MPa 的情况，即支巷的长短决定其抵抗水平应力的大小。

煤体中的剪切应力亦无应力集中现象，衰减速度类似于垂直应力，在煤体中内聚力由 3.5MPa 减小为 0.8MPa，然后增大到 1.2MPa，减小到 1MPa，呈现有规律波动曲线。可推测剪切应力的大小与不规则煤柱的形状大小有较大的关系，煤柱越大，剪切应力就越大。由此可知，对不规则煤柱进行注浆加固、锚固均可以增强煤柱的强度，减小煤柱的剪切破坏。

图 4-32 为 XV231802 工作面回采后，其不规则煤柱及中间条带煤柱内应力分布情况。其应力分布与图 4-31(a)相似，不规则煤柱内切向应力相对 XV231801 工作面较大，条带煤柱内各方向应力均有一定程度提升。

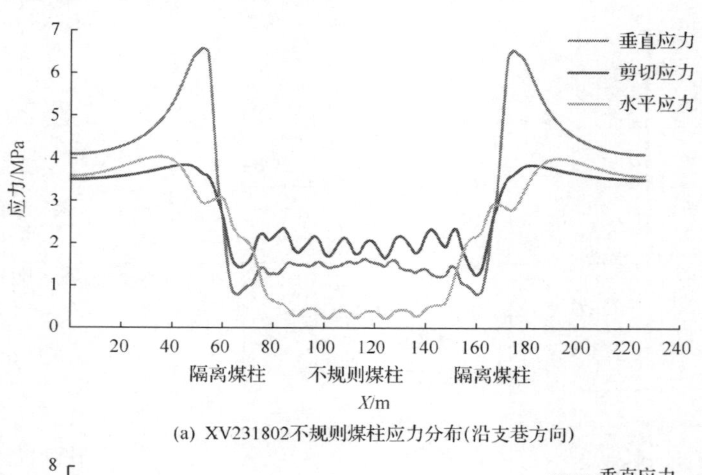

(a) XV231802不规则煤柱应力分布(沿支巷方向)

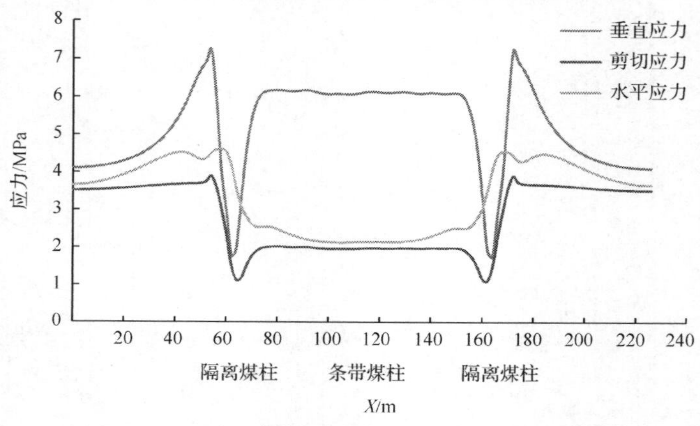

(b) 条带煤柱应力分布(沿支巷方向)

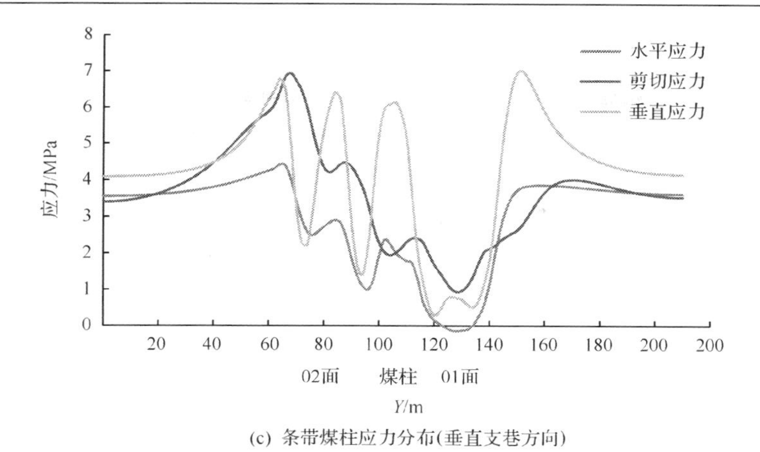

(c) 条带煤柱应力分布(垂直支巷方向)

图4-32　XV231802工作面回采后煤柱应力分布

综上分析可知，随着开采的进行，条带式Wongawilli采煤法煤柱应力出现变化和转移，不规则煤柱以混合破坏为主，其两翼刀间煤柱既有剪切破坏又有拉伸破坏；各个煤柱边缘存在剪切及拉伸破坏，中央则以拉伸破坏为主；煤柱内部的剪切应力以及垂直应力都呈现应力集中现象；隔离条带煤柱的中央存在一定的弹性核区，且其破坏区域小于开采条带区域，这是由于隔离煤柱在支护的左右下承载能力提高，验证了支护能提高煤柱承载强度的观点。

(1)工作面主巷直接顶以塑形变形为主，受主巷开挖影响，支巷直接顶塑形变形同样较发育，且中间两支巷Z向位移明显较大，破碎较完全。整体来看，主巷及四条支巷直接顶垮落较完全，交叉区域出现较为集中的破坏区。

(2)条带式Wongawilli采煤法顶、底板位移量较小，最大位移量位于开挖区域中央，介于5.5～5.9cm，底鼓量介于3～3.14cm，且顶、底板位移量在回采区域呈对称分布，开采条带的最大位移量是条带煤柱最大位移量的9.25倍。

(3)条带式Wongawilli开采中，支巷单侧回采时，在不规则煤柱支承作用下(不规则煤柱主体应力大于刀间煤柱应力)，支巷侧应力集中程度不大，高应力主要集中分布在条带煤柱内，且随着XV231801两翼的开采，主巷侧向隔离煤柱应力集中程度也逐渐增加；随着XV231802工作面开挖，XV231801不规则煤柱内应力小于原岩应力，并在应力集中下破坏、卸载，高应力主要在条带煤柱和隔离煤柱内积聚。

(4)单一条带回采结束后，不规则煤柱内应力以垂直应力(SZZ)和切向应力(SYY)为主，但均不超过2MPa，水平应力(SXX)接近0；中间条带煤柱以垂直应力为主，接近6MPa，水平应力和切向应力较低(2MPa左右)。随着下一条带开采的进行，不规则煤柱及条带煤柱应力都出现小幅度的增加。

(5) 相对于不规则煤柱的应力分布，条带煤柱应力分布相对简单，由各个曲线可知，应力集中出现在两边的侧巷附近，但是相对于剪切应力和水平应力减小的趋势，垂直应力却呈现应力集中的状况，说明条带煤柱可以承受较大的垂直应力，水平应力和剪切应力则会由于周围煤体的开挖而释放；而煤体中残留的水平应力和剪切应力又有所不同，水平应力越靠近煤体中间越小，剪切应力则呈现平稳状态。

(6) 随着开采的进行，刀间煤柱很快就失去支撑顶板的作用，不规则煤柱中部菱形部分存在一定的残余强度，用于支撑顶板压力。条带煤质是整个煤柱系统支撑的关键。

3. 煤柱破坏阶段分析

通过对不同尺寸、不同类型煤柱的实验，条带式 Wongawilli 采煤法煤柱因类型及尺寸不同而承载不同，刀间煤柱的承载能力最小，也最容易发生破坏，不规则煤柱的承载能力次之，条带煤柱稳定性最好，在整个煤柱系统稳定中起主要作用，煤柱极限承载能力及稳定性随着煤柱尺寸的增大而增加，结合试件的应力–时间曲线特征，各类煤柱破坏可分为如下 4 个阶段：

(1) 原生裂纹压合阶段：试件制作过程中，不可避免的会存在裂纹，在加载初期，试件内微裂隙在荷载的作用逐渐减小并闭合。因此，试件在该阶段未见裂纹产生，应力变化呈波浪式增加，其应力随时间的变化较为缓慢。

(2) 裂纹发育阶段：随着荷载不断增加，原被压实的局部微裂隙继续扩展，新的裂缝不断发育形成，试件出现一些不可逆破坏，该阶段试件易在三角区域出现裂纹，应力随时间变化加快。

(3) 裂纹扩展阶段：随着载荷的增加，煤柱细小裂继续扩展增大，裂纹在垂直方向相互贯通发展，应力开始急剧增加。

(4) 煤柱破裂阶段：随着裂纹的不断贯通，试件出现宏观裂缝并急剧贯通而产生大面积破裂，煤柱大范围出现剪切破坏，发生剥落，最后失稳。该阶段应力随时间急剧增加，直达煤柱承载峰值，然后出现断崖式突跳。

4.2 条带式 Wongawilli 采煤法煤柱稳定性

4.2.1 条带式 Wongawilli 采煤法煤柱形式及特点

煤柱一般可分为起永久隔离作用的“永久煤柱”和开采期间支撑顶板的“临时煤柱”两类。永久隔离煤柱能有效地隔离出一个较小的开采区域，减少或避免已开采区域对采掘活动的影响，如房柱式开采中的刀型煤柱，用于一个区域与另一个区域的永久隔离；临时支撑煤柱，其作用是在小区域开采期间支撑顶板，采后能够及时垮落。

研究条带式 Wongawilli 采煤法煤柱破坏机理及稳定性，首先需要认识其煤柱形式及特点。根据条带式 Wongawilli 采煤法的五种巷道布置方式，条带式 Wongawilli 采煤法煤柱形式共有三种：采硐与采硐之间起隔离作用的刀间煤柱，采硐留下的不规则煤柱，支巷之间起主要顶板控制的条带煤柱，三种煤柱因其尺寸、形式等不同，其在回采过程中的作用、支护时间效应存在诸多区别(图 4-33)。

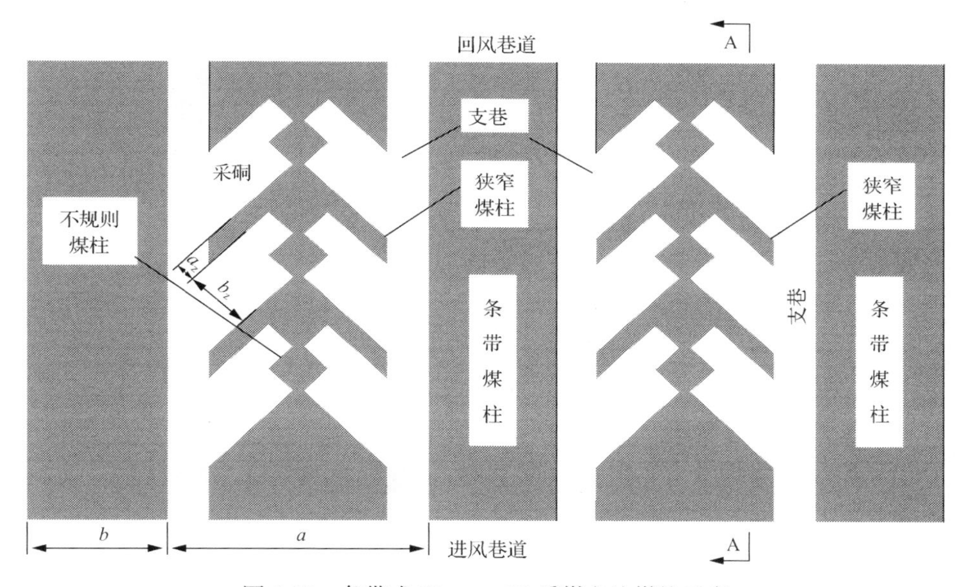

图 4-33　条带式 Wongawilli 采煤方法煤柱示意

(1) 刀间煤柱。

支巷掘进完成后，按照设计对回采条带进行回采，每刀宽度为 3.3m，采硐每次割一刀或两刀，一般情况下，在采硐与采硐之间留设 2m 左右的狭窄煤柱用于临时支撑，形成了与支巷成 45°的刀间煤柱。从现场来看，刀间煤柱一般不对老顶起到支撑作用，仅对直接顶起临时支撑作用，且随着工作面的推进，刀间煤柱随采随垮或者短时间内就失去支撑能力。

(2) 不规则煤柱。

无论巷道如何布置，在回采过后，采硐将剩下不规则的煤柱带。以双巷单翼布置为例，两支巷开采完成后，将形成如图 4-33 的菱形+箭头形的不规则煤柱带。在开采过程中，不规则煤柱能对顶板起到一定的维护作用，同时隔离相邻两个支巷采硐，保证通风系统的稳定，确保采煤工作顺利进行。

(3) 条带煤柱。

在支巷单侧或双侧开采完成后，留下非充分采动的采空区，支巷间留设下的长条式带式煤柱将对顶板控制效果起到决定性的作用，且在一个支巷回采完成后，通过在回采顺槽构筑的密闭设施，起到封闭采空区、减少煤矿自燃的作用。

4.2.2 条带式 Wongawilli 采煤法单一煤柱突变失稳分析

1. 条带式 Wongawilli 煤柱尖点突变模型

煤柱破坏的产生和破坏机理，可采用非线性科学中的突变理论，将开采中的内外因变量作为控制参数进行分析，探讨突变成因及产生的影响。目前，突变理论被应用于研究硐室岩爆、空场法矿柱破坏规律、房式或块段式开采煤柱稳定性、冲击地压、边坡滑坡预测等问题。

突变理论是基于拓扑学、奇点理论来研究存在非连续性现象的一门系统理论，该理论关注于奇点附近的不连续性和突跳现象，利用数学模型讨论系统中变量在临界点位置出现的跳跃性变化规律。R.Thom 研究表明，在控制变量不超过四维、状态变量不超过三维的系统中存在不超过 7 种突变形式，而尖点突变模型具有突跳、滞后、发散、双模态、不可达的性质，对于内部作用情况未知的系统，该模型可以不依赖其他内在机制直接处理不连续问题，在煤岩体稳定性分析中应用广泛。尖点模型主要针对势函数、一个状态变量和两个控制变量进行分析，观察流形平衡曲面的空间几何特征，以尖点为标准，找出系统由稳定平衡到失稳状态的变化规律，其势函数的标准形式为：

$$f(x)=\frac{1}{4}x^4+\frac{1}{2}px^2+qx \tag{4-2}$$

式中，x 为系统的状态变量，p、q 为控制变量。

系统的平衡曲面与奇点集方程分别为：

$$x^3+px+q=0 \tag{4-3}$$

$$3x^2+p=0 \tag{4-4}$$

由式(4-3)、(4-4)可得到平衡曲面折痕在控制平面上的分叉集方程为：

$$4p^3+27q^2=0 \tag{4-5}$$

由式(4-5)可知，只有 $p\leqslant 0$，该方程才有实数解，控制平面才可出现分叉曲线，平衡点才有跨越分叉集产生突跳的可能。因此，变量 $p\leqslant 0$ 是系统产生突变的必要条件。在必要条件成立时，式(4-5)为系统突变失稳的临界条件，在应用尖点突变理论对力学模型分析过程中，控制变量的变化直接影响系统的稳定性，而变量本身由研究对象所处的力学环境影响。

2. 条带式 Wongawilli 采煤法煤柱失稳模型研究

1) 采硐狭窄煤柱力学与尖点突变模型

结合条带式 Wongawilli 开采工艺特点，采硐的宽度一般为 3.3m，采硐深度为 12m，两条带煤柱之间的尺寸宽度约为 25m，根据条带式 Wongawilli 采煤方法煤柱示意图(图 4-33)做剖面图 A-A，由于进、回风顺槽之间宽度一般为 200～500m，采硐深度一般不超过 15m，开采条带长度远大于采硐深度及采硐宽度，则采硐狭窄煤柱力学模型简化为图 4-34。

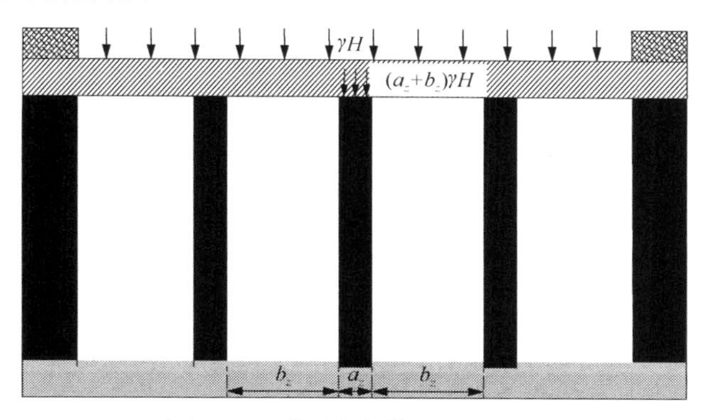

图 4-34　采硐狭窄煤柱力学模型

采硐间窄煤柱的作用类似点柱支撑，在短壁工作面回采之初，顶板弯曲下沉量较小，煤柱同步压缩量也相对较小，可以用线弹性应力–应变关系作为本构关系。而实际生产中更关注于顶板产生较大变形、煤柱失稳时的压缩变形量，此时应考虑其弱化的非线性本构关系，短壁工作面采硐煤柱宽度很小，狭窄煤柱压缩量远大于两侧保留不规则三角煤体，故可将保留未采煤层视为刚性体，考虑采硐煤柱宽度 2m 的条件下，根据 A.H.Wilson 理论，煤柱的塑性区宽度为 0.0049mH，在采深 100m 以上，采高超过 2m 的条件下，该类窄煤柱可采用损伤本构方程：

$$\sigma = E\varepsilon e^{-\frac{\varepsilon}{\varepsilon_0}} \tag{4-6}$$

式中，E 为初始弹性模量；ε_0、ε 分别为为峰值应力对应应变、任意时刻应变。

考虑回采条带内的采硐尺寸一般为 3～4m，根据冒落带高度计算公式，可知冒矸高度 h_m<采高 m，在短壁小回采空间内，矸石无法接顶，冒落堆不承担载荷，因此可认为采硐顶板岩层载荷转移至窄煤柱上，则采硐狭窄煤柱所受载荷可由下

式计算：

$$p_0 = a_z \gamma H(1-\varphi) \tag{4-7}$$

式中，a_z 为窄煤柱宽度，m；φ 为采出率，$\varphi=b_z/(a_z-b_z)$；b_z 为采硐宽度，m；γ 为上覆岩层重度，H 为开采深度，m。

将窄煤柱看成具有损伤软化性质的一维体，根据式(4-6)可得窄煤柱内载荷 p_z 与某一时刻压缩量 u 的关系：

$$p_z = \frac{Ea_z u}{m} e^{\frac{-u}{u_0}} \tag{4-8}$$

式中，u_0 为峰值载荷压缩量；m 为采高。

因此，窄煤柱内压缩变形能 V_{sz} 和上覆岩层重力做功 V_{pz} 分别为：

$$V_{sz} = \frac{1}{2} p_z u = \frac{Ea_z}{2m} u^2 e^{\frac{-u}{u_0}} \tag{4-9}$$

$$V_{pz} = p_0 u = (a_z + b_z)\gamma H u \tag{4-10}$$

由以上对采硐内窄煤柱模型的分析可知，该损伤系统的总势能 V_z 为：

$$V_z = V_{sz} - V_{pz} = \frac{Ea_z}{2m} u^2 e^{\frac{-u}{u_0}} - (a_z + b_z)\gamma H u \tag{4-11}$$

进一步可得到流形平衡曲面方程为 M 的空间函数方程：

$$V_z' = \frac{Ea_z}{2m} e^{\frac{-u}{u_0}} \left(2u - \frac{u^2}{u_0} \right) - (a_z + b_z)\gamma H = 0 \tag{4-12}$$

式(4-12)为系统内力平衡条件，而工程应用中更为关注的是系统的临界和失稳条件，当曲面上的点满足时：

$$V_z'' = \frac{Ea_z}{2m} e^{\frac{-u}{u_0}} \left(\frac{u^2}{u_0^2} - \frac{4u}{u_0} + 2 \right) = 0 \tag{4-13}$$

系统处于突变的临界状态，一旦受到扰动便会产生失稳，同时伴随能量释放。根据前文的分析，在流形光滑曲面尖点处：

$$V_z'''=\frac{Ea_z}{2m}e^{\frac{-u}{u_0}}\left(\frac{u^2}{-u_0^3}+\frac{6u}{u_0^2}-\frac{6}{u_0}\right)=0 \tag{4-14}$$

由上式所得解，取压缩量较小值可得尖点处

$$u=u_1=(3-\sqrt{3})u_0 \tag{4-15}$$

故将平衡曲面 M 的方程在尖点 u_1 处进行 Taylor 级数展开，根据突变理论，截取前 3 次项不影响方程的定性性质，可得：

$$\begin{aligned}V_z'=&\frac{Ea_z}{2m}e^{\sqrt{3}-3}(4\sqrt{3}-6)u_0-(a_z+b_z)\gamma H+\\&\frac{Ea_z}{2m}e^{\sqrt{3}-3}(2-2\sqrt{3})(u-u_1)+\frac{\sqrt{3}Ea_z}{6mu_0}e^{\sqrt{3}-3}(u-u_1)^3=0\end{aligned} \tag{4-16}$$

引入无量纲常量 $x=u-u_1$，得到尖点模型平衡曲面标准方程式(4-2)所示，其中 p、q 为控制变量。

$$p=2(\sqrt{3}-3)u_0=2C_z \tag{4-17}$$

$$q=-6u_0(C_z+L) \tag{4-18}$$

式(4-18)中，$L\,(L=u_0+p_0/\sqrt{3}\,k_s)$ 是由窄煤柱所受载荷 $p_0\,(p_0=(a_z+b_z)\gamma H)$ 介质屈服刚度 $k_s(k_s=Ea_ze^{-(3-\sqrt{3})}/m)$ 和峰值载荷压缩量 u_0 所决定的影响参数。由于 $p<0$，所以采硐窄煤柱满足发生突变失稳的必要条件，根据式(4-15)、式(4-17)、式(4-18)可得窄煤柱系统的临界失稳状态判别式为：

$$\varDelta=8C_z^3+243u_0^2(C_z+L)^2=0 \tag{4-19}$$

当煤柱所受载荷 p_z、介质屈服刚度 k_s 与峰值载荷压缩量 u_0 满足式(4-19)时，狭窄煤柱将发生突变失稳，煤柱压缩量将产生突跳。在条带 Wongawilli 采煤中，采硐窄煤柱对采硐短壁工作面起支撑保护作用，因此，窄煤柱的压缩量突跳将影响回采工作面的稳定性与生产安全，在式(4-19)成立的条件下，由于 $p<0$，则方程(4-3)有三个实根，对应两个临界压缩量和一个突跳后压缩量，即 $x_1=\sqrt{2(-p/3)}$，$x_2=x_3=\sqrt{-(-p/3)}$。

窄煤柱压缩量突增量：

$$\varDelta x=3\left(-\frac{p}{3}\right)^{\frac{1}{2}}=\sqrt{6(3-\sqrt{3})u_0} \tag{4-20}$$

2) 条带煤柱力学与尖点突变模型

在非充分采动条件下，工作面顶板冒落后，形成了冒落矸石与条带煤柱共同支撑顶板，在此种条件下条带煤柱承受的线载荷为：

$$p = \gamma H\left[a + \frac{b}{2}\left(2 - \frac{b}{0.6H}\right)\right] \tag{4-21}$$

条带煤柱系统总势能 V 可由其核区弹性势能 V_t、屈服区压缩变形能 V_s 和上覆岩层重力势能 V_g 表示，$V = V_s + V_t - V_g$，由式(3-5)可知，条带式 Wongawilli 开采的条带煤柱载荷在式(4-21)基础上 p 增加了 $(0.5a - \Sigma l)\left(\dfrac{\lambda b}{0.6} - \Sigma h\right)$ 的载荷，p 为一个与 u 无关量，在总势能 V 对 M 方程在尖点 $u = u_1 = (3 - \sqrt{3})u_0$ 处进行 *Taylor* 级数展开对叉集方程无影响。根据现场实际生产观测，条带式 Wongawilli 开采采硐窄煤柱只能临时承载支撑顶板，在一段时间后产生渐变或突变失稳，当窄煤柱失稳后，短壁工作面顶板近一步产生一定程度的冒落，其力学模型如图 4-35 所示，并就突变分析而言满足式(4-21)。

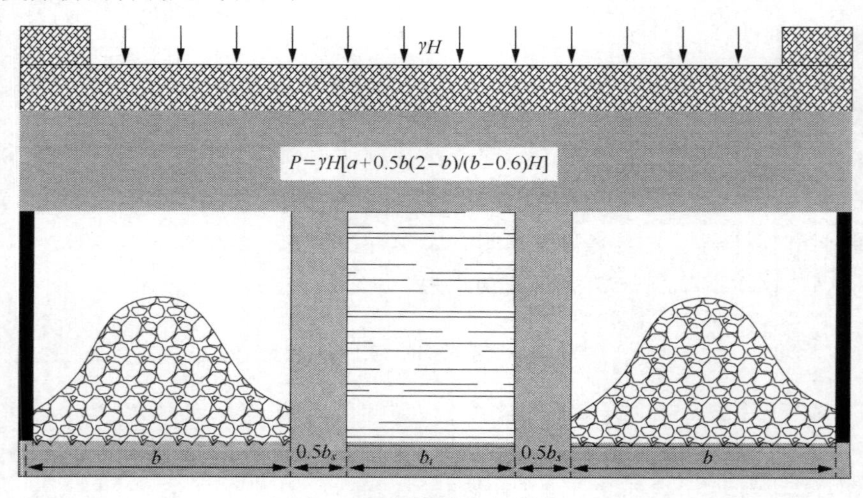

图 4-35　条带煤柱力学模型

在宽度为 b 的条带煤柱内，存在宽为 b_t 的高强度弹性核区和宽为 b_s 的屈服带，在弹性核区内符合线性本构关系，而对于屈服区可采用 Weibull 分布模型，该区域具有弱化的非线性本构关系，如图 4-36 所示。在弹性核区内与屈服带内，载荷与条带煤柱压缩量 u 的关系式分别为：

$$p_t = \frac{Eb_t u}{m} \tag{4-22}$$

$$p_s = \frac{Eb_s u}{m} e^{\frac{-u}{u_0}} \tag{4-23}$$

因此，条带煤柱系统总势能 V 可由其核区弹性势能 V_{t}、屈服区压缩变形能 V_{s} 和上覆岩层重力势能 V_{g} 表示：

$$V = V_s + V_t - V_g = \frac{1}{2}\frac{Eb_s u}{m}\mathrm{e}^{-\frac{u}{u_0}}u + \frac{1}{2}\frac{Eb_{\mathrm{t}}u}{m}u - \gamma H\left[a + \frac{b}{2}\left(2 - \frac{b}{0.6H}\right)\right]u \tag{4-24}$$

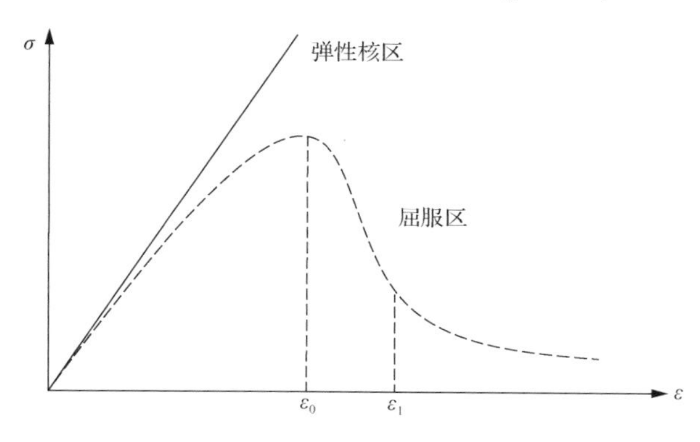

图 4-36　条带煤柱本构关系

根据(4-24)可得：

$$V''' = \frac{Eb_{\mathrm{s}}}{m}\mathrm{e}^{\frac{-u}{u_0}}\left(\frac{u^2}{-2u_0^3} + \frac{3u}{u_0^2} - \frac{3}{u_0}\right) = 0 \tag{4-25}$$

故可将条带煤柱平衡曲面 M 方程在尖点 $u = u_1 = (3-\sqrt{3})u_0$ 处进行 Taylor 级数展开，取前 3 次项可得：

$$\begin{aligned} V' = & \frac{Eb_{\mathrm{s}}}{m}\mathrm{e}^{(\sqrt{3}-3)}\left[(3-\sqrt{3})u_0 - \frac{(3-\sqrt{3})^2 u_0}{2}\right] + \frac{Eb_{\mathrm{t}}}{m}(3-\sqrt{3})u_0 \\ & + \left[(1-\sqrt{3})\frac{Eb_{\mathrm{s}}}{m}\mathrm{e}^{(\sqrt{3}-3)} + \frac{Eb_{\mathrm{t}}}{m}\right](u-u_1) + \frac{\sqrt{3}Eb_{\mathrm{s}}}{6mu_0^2}\mathrm{e}^{(\sqrt{3}-3)}(u-u_1)^3 - \gamma H\left[a + \frac{b}{2}\left(2 - \frac{b}{0.6H}\right)\right] \\ = & 0 \end{aligned} \tag{4-26}$$

令 $y=u-u_1$，可得到形式如式(4-3)的尖点模型平衡曲面标准方程，其中 p、q 作为控制变量。

$$p = 2\sqrt{3}u_0^2(C+K) \tag{4-27}$$

$$q = -Cu_0^3\left[3C + 6K - \frac{(3+\sqrt{3})P}{u_0 K_s}\right] \tag{4-28}$$

式中，$C = 1-\sqrt{3}$，K 是由核区介质刚度 $K_t = Eb_t / m$ 和屈服带介质屈服刚度 $K_s = Eb_s e^{-(3-\sqrt{3})} / m$ 之比。当 $C+K<0$ 时，系统平衡曲面才有分叉的可能，条带煤柱系统的分叉集方程为：

$$\Delta = 32\sqrt{3}(C+K)^3 + 9C^2\left(3C + 6K - \frac{(3+\sqrt{3})P}{u_0 K_s}\right)^2 = 0 \tag{4-29}$$

由于条带式 Wongawilli 开采为建筑物下减沉开采技术，条带煤柱对顶板岩层与地表的稳定性控制起主要作用，若煤柱发生突变失稳，压缩量的突然急骤增加将伴随顶板或地表的突然下沉，因此，突跳压缩量对地表沉陷参数的计算有重要影响。条带煤柱发生突变失稳时煤柱的压缩量突增量为：

$$\Delta y = y_1 - y_3 = 3\left(-\frac{p}{3}\right)^{\frac{1}{2}} = u_0[-6\sqrt{3}(C+K)]^{\frac{1}{2}} \tag{4-30}$$

3. 条带式 Wongawilli 开采煤柱失稳机理及内外影响因素分析

1）条带式 Wongawilli 开采煤柱失稳机理

根据标准方程(4-2)可建立如图 4-37 所示的平衡曲面 M，当控制变量 $p>0$ 时，煤柱系统势能取极小值 $f''(x)>0$，平衡点处于稳定状态，随着开采过程的不断进行及控制变量的变化，状态变量会沿着渐变路径 I 变化，由曲面下叶逐步过渡到上叶，即煤柱体压缩量稳步变化，不会产生突然增大的压缩量。而当变量 $p\leqslant 0$ 时，平衡曲面出现尖点与折痕，对应的控制变量平面出现分叉集曲线，在分叉集式(4-5)里，若 $p=0$，则 $q=0$，状态变量 $x=0$ 为方程(4-3)的三重零根，对应于光滑平衡曲面的尖点和分叉集曲线的分叉起始点，控制点变化路径若通过尖点，则表明煤柱内出现了小部分的微破裂，产生了一个震动声发射，但突跳量为 0，即破裂后整体又恢复了稳态平衡。系统沿渐变路径 I 变化或产生微破裂对煤柱或采场的影响要远小于突变量带来的影响。对于煤柱突变模型，当介质具有应变软化特性且 $p<0$ 时，平衡点将沿着路径 II 变化时，开采初始阶段平衡点处于下叶位置，随着势能的不断积累，在控制平面上当控制点运动到分叉集左支时，系统处于临界状态，随着外界开采扰动因素的进一步影响，系统产生突变失稳，同时煤柱压缩量出现突跳激增，可能造成冲击矿压、顶板突然下沉，对地表及建筑物稳定性造成影响。

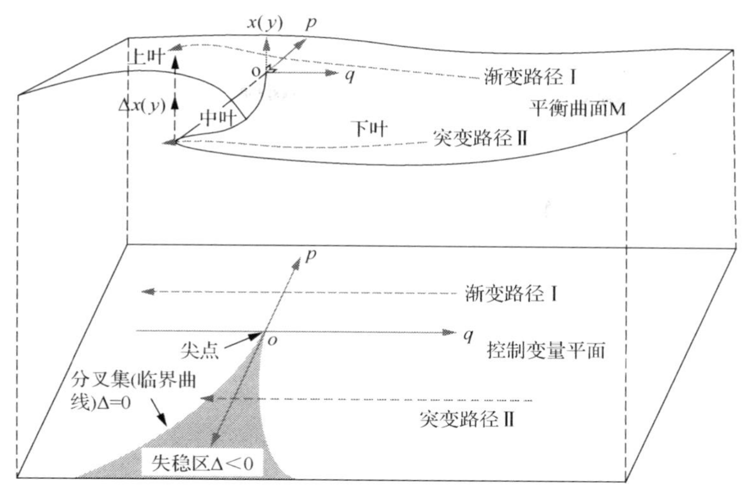

图 4-37　平衡曲面 M 与系统突变演化过程

对于本文考虑条件下的采硐狭窄煤柱尖点突变模型，其参数 $p<0$，满足发生尖点突变失稳的必要条件，而其突变失稳的产生还要取决于采硐设计尺寸、开采深度、覆岩容重、煤层屈服刚度及峰值载荷压缩量 u_0 等因素的影响，当上覆岩层载荷 P_0 足够大使得窄煤柱内应力达到峰值强度且 $P_0>0.464k_su_0$ 时，若各参数满足式(4-19)的临界条件，窄煤柱系统在进一步开采扰动下将发生突变失稳，煤柱压缩量将产生 $\sqrt{6(3-\sqrt{3})u_0}$ 的突增量。

条带煤柱与窄煤柱的稳定性是相互关联的，窄煤柱的失稳将改变条带煤柱的受力状态和顶板的下沉量，使其产生失稳的可能，而条带煤柱的尺寸又影响着窄煤柱的承载，式(4-27)是条带煤柱系统突变的必要条件，即当煤柱弹塑性区宽度比 $b_t/b_s<0.206$ 时，尖点模型控制平面可出现分叉集曲线，控制点才可能沿路径 II 移动，若条带煤柱所受载荷使得窄煤柱内应力达到峰值强度且 $P>0.63(2k_t-0.732k_s)u_0$，同时煤柱刚度比 K、峰值强度所对应的压缩量 u_0 使得(4-29)成立时，则控制点(p，q)可以到达左支临界曲线，在进一步采掘影响下条带煤柱会产生突变失稳，煤柱的压缩量突增量为 $u_0[-6\sqrt{3}(C+K)]^{\frac{1}{2}}$。

在条带式 Wongawilli 采场中，采硐窄煤柱与条带煤柱突变失稳与否受开采设计尺寸参数、煤层埋深、岩层重度、介质弹性模量与刚度等复杂因素的影响，煤柱所受载荷越集中、软化性质越强、屈服刚度越大屈服区所占比例越大越容易失稳。对于条带煤柱，若核区率小于 17%，煤柱则有可能产生突变失稳，由此可见条带式 Wongawilli 采煤法对于保留煤柱的核区率要求要高于传统条带开采和块段式开采，产生突变的必要条件由系统自身尺寸和内部性质决定；而对突变造成的窄煤柱压缩量大小取决煤柱峰值载荷压缩量 u_0，条带煤柱突变压缩量受峰值载荷压缩量 u_0、材料刚度比 K 影响。

2) 突变失稳影响内外因素分析

前文定性地得出了煤柱系统突变失稳的影响因素，当系统满足突变失稳的必要条件时，煤柱内部自身物理力学性质、煤层赋存条件及开采技术参数等因素的变化决定着失稳的发生以及失稳带来的突跳沉降量大小，因此，需对系统内外部因素的变化规律和工程影响性进一步分析。对于窄煤柱系统，根据式(4-19)可知，当上覆岩层平均容重 γ、埋深 H、采高 m、留采宽度比 a_z/b_z 等外部因素参量与峰值载荷压缩量 u_0、弹性模量 E 等煤体内部力学参量满足式(4-31)时，煤柱系统就会在采掘工程的扰动下产生失稳。

$$\left[-0.268u_0+\left(1+\frac{a_z}{b_z}\right)\frac{2.05\gamma Hm}{E}\right]^2=0.067u_0 \tag{4-31}$$

实际生产中针对于具体煤层，其埋深、岩层容重、煤体弹性模量及峰值载荷压缩量为确定条件，而保留宽度、开采宽度和采高为可变化的设计参数。为了便于分析，取 H=400m、γ=25kN/m^3、E=2.05GPa、u_0=14.925cm 为例，对开采技术参数的变化与影响规律进行研究。

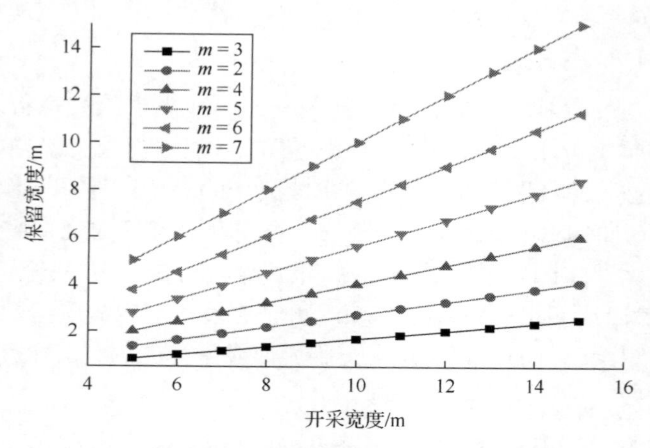

图 4-38　不同采高条件下开采宽度与临界保留宽度关系

由图 4-38 可以看出，在一定采高条件下，若留设煤柱宽度低于临界曲线，系统则会产生突变失稳，曲线以上为非突变区域，随着开采宽度的增加，煤柱的非突变临界宽度不断增大；随着采高 m 的不断增大，系统不产生突变失稳所需的最小煤柱宽度不断增大；若已确定开采宽度，采高越大，对留设煤柱的宽度要求越高，临界宽度值增量越大；针对一定宽度的煤柱，若采高较大则需适当减小开采宽度。通过计算可知，当采高在 2～6m 间变化时，为保证系统不产生突变失稳，采留比需控制在 0.16～0.75 之间。

4. 采硐窄煤柱与条带煤柱稳定性数值模拟分析

1) 数值计算模型建立

模拟采用 $FLAC^{3D}$ 软件，数值模型以王台铺矿 15 号开采条件为模拟条件，建立模型尺寸为 85m×65m×65m，模型底边界竖直方向固定，上部施加应力边界，左、右边界水平方向位移固定，前、后边界水平方向位移固定，采用摩尔-库伦模型准则作为岩体破坏准则，煤层采用应变软化模型，对支巷掘进及掘进后单翼及双翼 45°斜切进刀回采采硐进行了模拟，支巷宽度 4.6m，高 2.5m，硐间留设 2m 左右的狭窄煤柱，采硐宽度在 3.3m 左右，煤岩层力学参数如表 4-3 所示。

2) 模拟结果分析

如图 4-39 所示，在开采条带两侧掘进支巷后，开采条带上产生了应力集中，在条带两侧出现最大值为 13.87MPa 的垂直应力，在两侧条带煤柱位置掘进支巷后，保留 20m 条带煤柱，应力产生转移，在条带煤柱上形成最大为 17.5MPa 的应

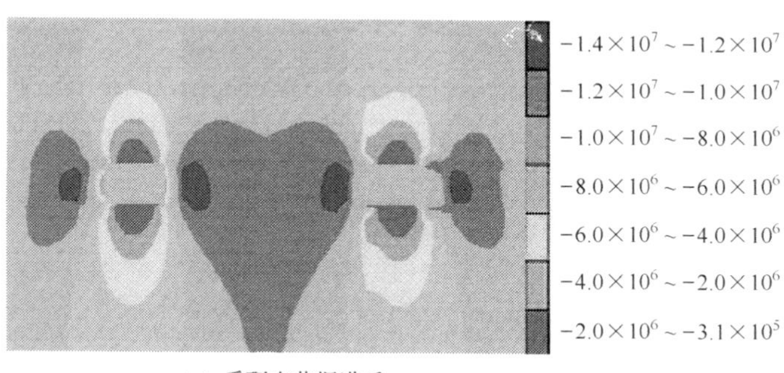

(a) 采硐支巷掘进后

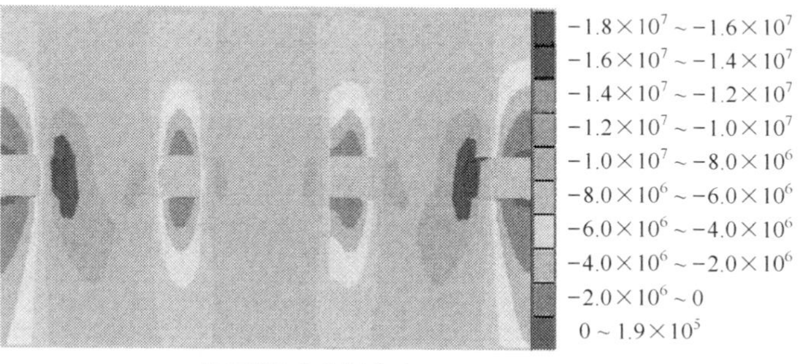

(b) 条带煤柱支巷掘进后

图 4-39　支巷掘进后煤体垂直应力分布特征

力集中，采硐条带上的应力集中分布现象有明显改变，在实际生产中为了防止采硐煤柱位置支承压力过大，剧烈来压对采场工作造成影响，可考虑先掘进条带煤柱侧支巷，使支承压力转移至条带煤柱，较小压力对工作面的影响。在回采单翼采硐的初始阶段仅在采硐煤柱边界位置出现小部分塑性区域，两侧条带煤柱弹性核区占 73%，在承受一段时间的集中应力作用后狭窄煤柱产生破坏失稳，顶底部不规则煤柱也产生了破坏，同时未采一翼煤体及两侧条带煤柱受到影响，条带煤柱屈服区域增加 13%。采用双翼进刀回采采硐后两翼狭窄煤柱及不规则煤体边缘出现小范围塑性破坏，而承载一段时间后，采硐保留煤柱大面积出现塑性破坏，塑性区贯通后煤柱失去承载能力，与现场窄煤柱只能短暂支撑顶板的情况相符合，双翼窄煤柱失稳对条带煤柱造成明显影响，但条带煤柱的破坏是逐步形成的，并未发生突然出现大面积屈服区域，条带煤柱核区率保持在 34%左右，这也验证了尖点突变理论模型中得出的条带煤柱突变失稳核区率临界值为 17%的合理性。

短壁工作面回采采硐后垂直应力在采硐煤柱内集中，最大值达到 13.7MPa，应力集中系数在 3.14 以上，由于采硐煤柱尺寸影响，在集中应力作用一段时间后，采硐煤柱产生了突然屈服破坏，与理论计算中窄煤柱满足突变失稳必要条件的相符合，由图 4-40、图 4-41 可以看出，在窄煤柱突变失稳后，其压缩量出现了激增，由最大值 8×10^{-2}m 增大到 16×10^{-2}m 左右，同时伴随着短壁工作面顶板的突然下沉。对条带式 Wongawilli 采煤减沉效果起主要作用的是条带煤柱，虽然采硐煤柱产生了失稳，但 20m 条带煤柱只是渐进的产生了部分破坏，整体依然保持稳定，对采场和巷道顶板提供有效的支撑力，其压缩量在初始阶段成线性增加，一段时间后保持稳定值，未出现突跳现象。

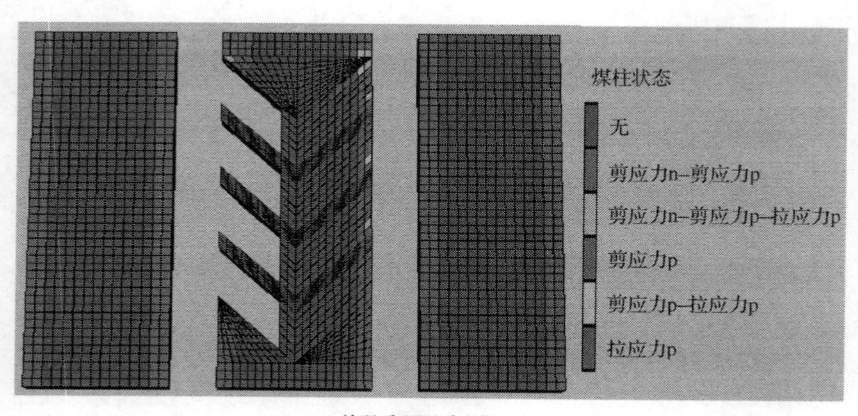

(a) 单翼采硐回采之切

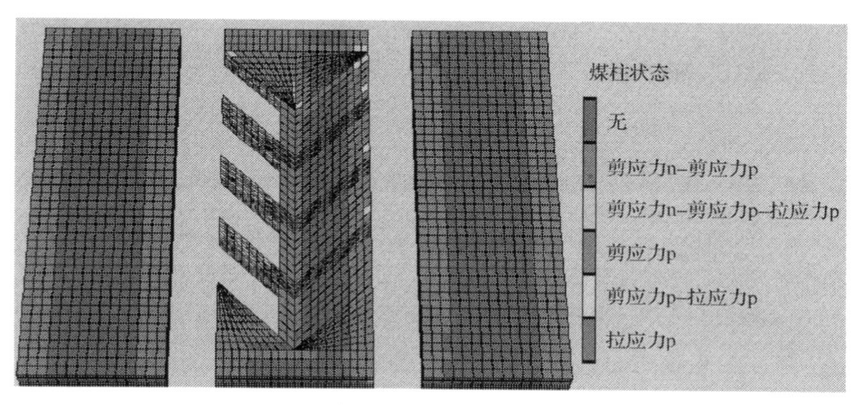

(b) 单翼采硐煤柱失稳后

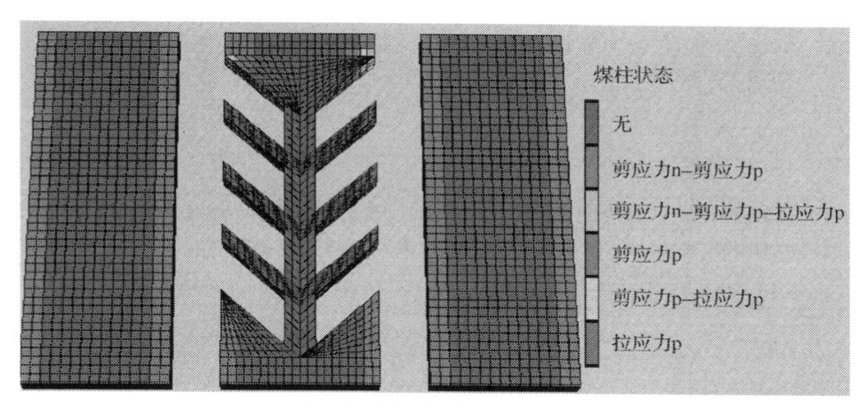

(c) 双翼采硐回采之切

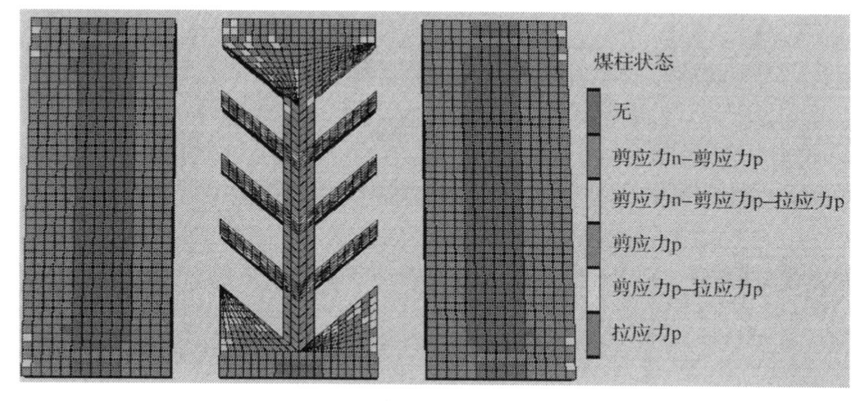

(d) 双翼采硐煤住失稳后

图 4-40　采硐煤柱及条带煤柱弹塑性状态

(a) 采硐煤柱突跳前压缩量

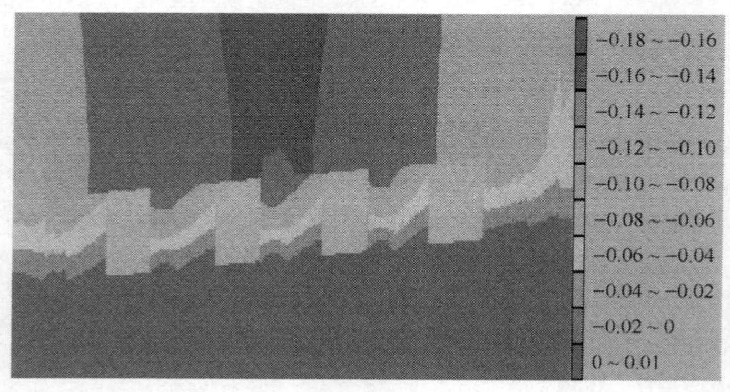

(b) 采硐煤柱突跳后压缩量

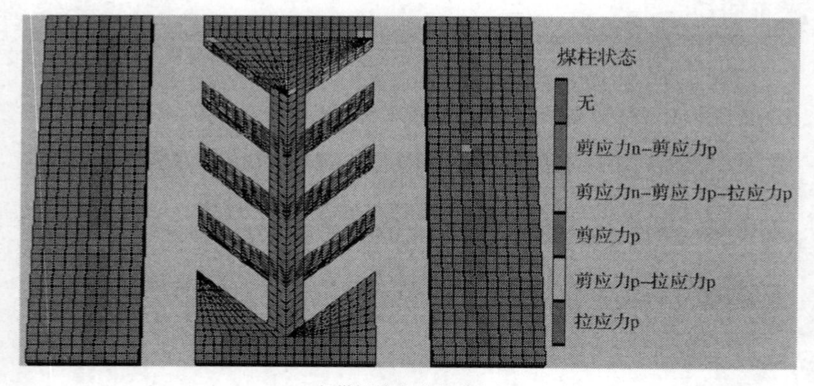

(c) 条带煤柱突变失稳塑性区分布

图 4-41　采硐煤柱压缩量及条带煤柱突变塑性区

为了对比分析不同宽度下条带煤柱的稳定性，实验模拟了留设 12m 条带煤柱时煤柱系统的稳定性。由图 4-42 可知，窄煤柱产生失稳破坏后，条带煤柱也产生了突变失稳，此时 12m 条带煤柱的核区率约为 20%，大于 17%的理论极限核区率，但条带煤柱压缩量由 7×10^{-2}m 突跳为 18×10^{-2}m，煤柱可能发生突然失稳。因此，为了保证条带式 Wongawilli 煤柱的稳定性，在开采参数设计中，条带煤柱的留设宽度应选取核区率 k 不小于 1 的安全系数，防止煤柱产生突变失稳造成煤柱突然压缩和顶板急剧下沉。

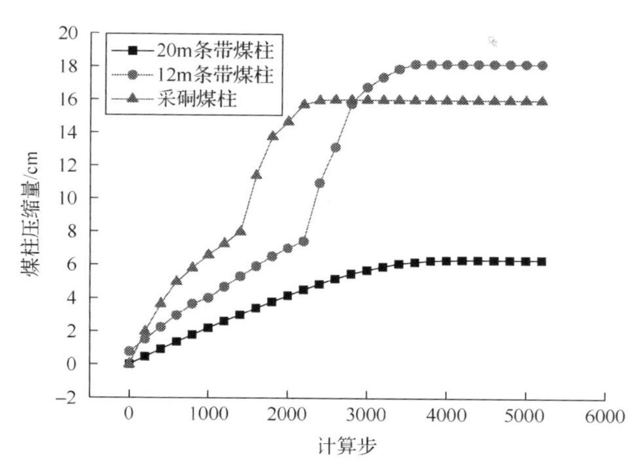

图 4-42　煤柱压缩量变化曲线

4.2.3　条带式 Wongawilli 采煤法煤柱系统失稳分析

1. 煤柱系统失稳模型及机理分析

井下各类煤柱是一个煤柱系统，单一煤柱的稳定性直接影响煤柱系统的稳定性，单一煤柱一旦发生失稳，其对应覆岩将失去支撑，上部应力向周边煤柱转移，诱发相邻煤柱失稳，从而可能导致采空区及地表的大面积突然垮塌甚至引发矿震。

条带式 Wongawilli 回采后留下的由刀间煤柱组成的不规则煤柱带、条带煤柱及隔离煤柱组成的煤柱系统，刀间煤柱形成的不规则煤柱带只能临时承载支撑顶板，在一段时间后产生渐变或突变失稳，当窄煤柱失稳后，短壁工作面顶板近一步产生一定程度的冒落，其上覆岩层主要有条带煤柱支撑。为了研究留设煤柱对覆岩破坏的控制情况，对留设煤柱进行研究，如图 4-43 所示。煤矿开采后留下的条带煤柱系统能够保持稳定(图 4-43(a))，在受到外界影响或者本身存在地质缺陷的情况下发生失稳，对上覆岩层失去了支撑作用，原支撑的上覆岩层发生垮落(图 4-43(b))，应力向相邻煤柱转移，若相邻煤柱不能支撑应力转移后的压力，则单一煤柱失稳诱发相邻煤柱失稳(图 4-43(c))，从而产生多米诺骨牌效应引发整个煤柱系统的失稳，最终导致已开采区域大面积垮塌，造成地表沉陷和建构筑物的损害(图 4-43(d))。

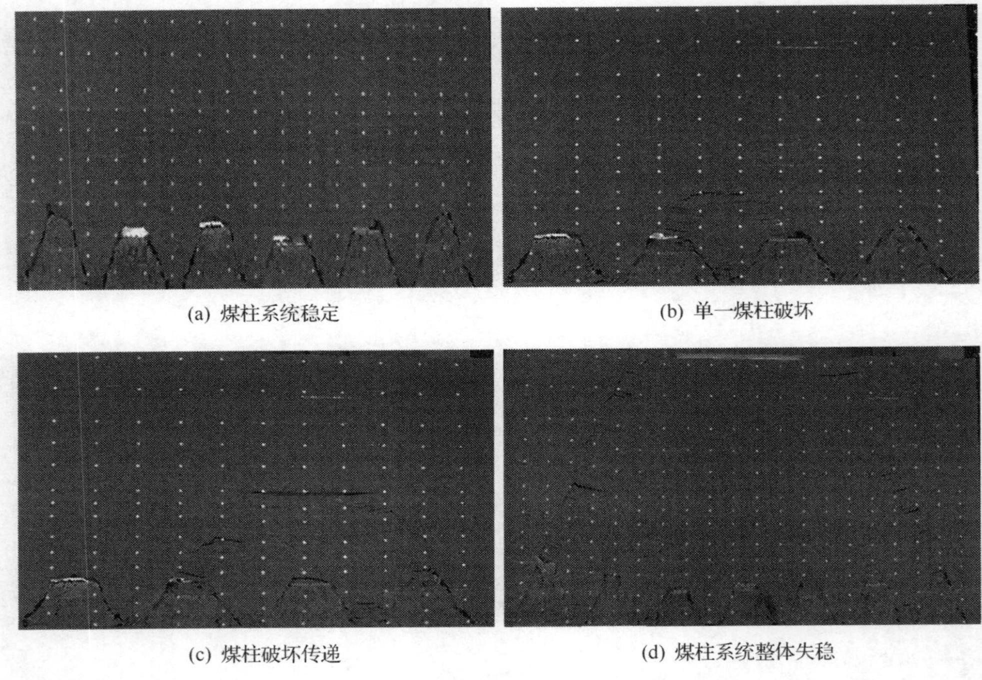

(a) 煤柱系统稳定　(b) 单一煤柱破坏

(c) 煤柱破坏传递　(d) 煤柱系统整体失稳

图 4-43　煤柱系统渐进破坏模拟

为方便分析，上述煤柱系统破坏过程可简化成如图 4-44 所示煤柱破坏示意图，条带式 Wongawilli 开采结束后，起主要支撑作用的条带煤柱系统中，煤柱 1 在不利因素的作用下承载能力降低，不能承载上覆岩层分担给它的重量发生剥落、破坏，原来由其支撑的覆岩重量向相邻煤柱 2 转移，应力拱范围扩大(从 A 扩大到 B)，引起相邻煤柱 2 应力急剧增大；如果 2 的承载强度足以承担增加后应力值，煤柱 2 保持稳定，破坏不再进一步扩展；若煤柱 2 承载强度不足以支撑增加后的

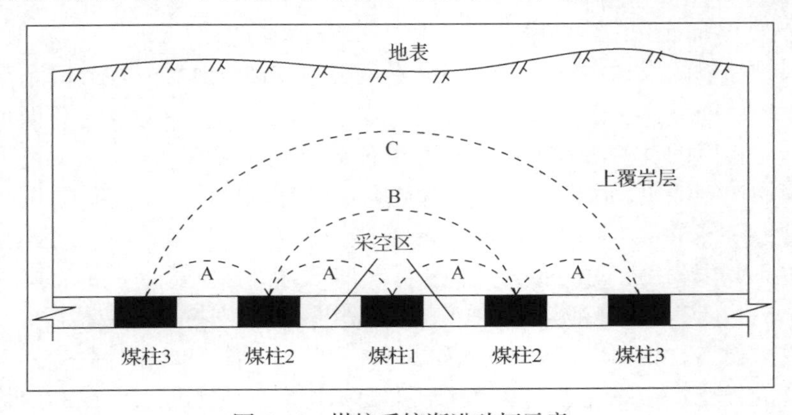

图 4-44　煤柱系统渐进破坏示意

应力，煤柱 2 破坏，矿山压力继续向相邻的煤柱 3 传递，产生“多米诺骨牌效应”，采空区上方岩层剧烈变形及破坏，地表形成大范围的塌陷坑。

综上可知，条带式 Wongawilli 采空区煤柱系统失稳，即是单一煤柱失稳诱发相邻煤柱失稳，进而产生多米诺骨牌效应，引发整个煤柱系统的失稳。

2. 煤柱系统失稳应力转移分析

结合煤矿采场围岩控制理论及浅埋坚硬覆岩下开采地表塌陷机理，浅埋深坚硬顶板采场上方覆岩应力呈“复合应力拱”的特征。“复合应力拱”可分为形成、扩展、失效三个阶段，三个阶段是渐进发展的，其内在动力即是上覆岩层应力的相互转移。回采结束初期，相邻煤柱之间形成小范围的规则“内应力拱”，煤柱系统边缘形成较大范围的“外应力拱”(图 4-45(a))；由于煤柱系统中煤柱 1 存在缺陷、不规则(有尖角)或者在外力扰动的影响下发生失稳，其原承载的上覆载荷向相邻煤柱转移，内应力从 A 扩大到 B，内应力拱合并、扩大，当增加后应力值超过该煤柱 2 强度时将引起煤柱 2 破坏(图 4-45(b))，进而引起煤柱 3 应力高度集中，逐渐发展为与外应力拱合并，同时又诱发煤柱 3 失稳，煤柱系统内发生多米诺骨牌效应(图 4-45(c))，最终导致上覆关键层破坏，地表出现大面积沉陷(图 4-45(d))。

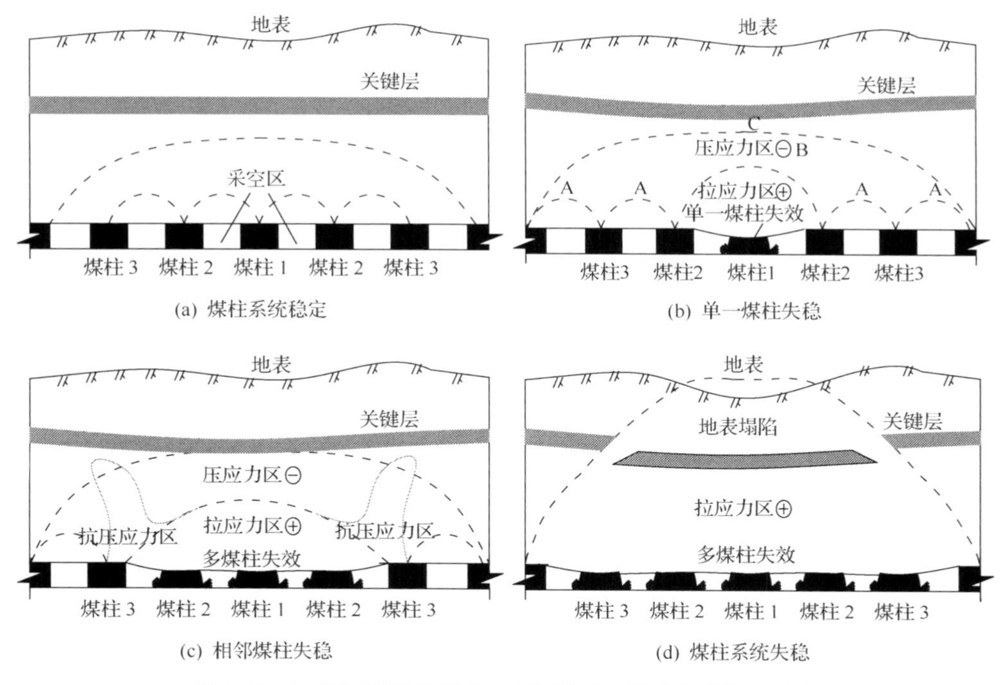

图 4-45　浅埋坚硬覆岩下开采覆岩移动、断裂失稳模式示意

4.3 煤柱稳定性控制技术

4.3.1 基本原理

煤炭开采过程中，上部覆岩原岩应力状态被打破并发生变化，引起煤柱变形，其变形量由两个部分组成：一是顶板下沉压缩煤柱，产生的变形量；二是煤柱向巷道被整体挤出，产生变形量。

回采工作面内单一开采条带被采出，煤柱一侧出现采空区，即煤柱一侧为采空区。一侧为下一开采支巷。煤柱一侧受掘进巷道支承压力影响，其应力分布状态不发生改变，一侧受采空区支承压力影响，影响范围增大，出现高峰值应力，应力集中系数高，受采动影响煤柱破裂区、塑性区范围增大，整个煤柱弹性区范围减小，煤柱核区率降低，采空区侧煤帮出现明显片帮等压力显现特征。随着开采的继续，回采工作面内煤柱、采空区交替出现情况，煤柱两侧出现采空状态，受采空区支承压力影响，影响范围增大，均出现高峰值应力，应力集中系数高。受采动影响煤柱破裂区、塑性区范围增大，整个煤柱弹性区范围进一步减小，煤柱稳定性降低，煤柱核区率降低，煤柱压力显现明显甚至出现失稳。因此，考虑煤柱失稳因素，着重避免或减少煤柱应力集中、保证煤柱核区率是保证煤柱稳定的关键。

4.3.2 控制技术

1) 煤柱失稳因素

煤柱失稳就是其丧失维持当前系统稳定平衡的能力，煤柱的稳定性不仅受地质条件的影响，而且与采矿因素关系密切，这些影响因素涉及方面诸多，总的来说可以归纳为不可控因素和可控因素两类：

(1) 不可控因素是指不可能或者很难改变的因素，如采矿地质条件、构造及煤层顶底板属性等；

(2) 可控因素是指可通过人为改变的因素，如采煤方法、煤柱的宽高比、巷道布置、煤柱面积比率、煤柱的形状、承载时间及锚杆加固作用等。

2) 煤柱控制技术

(1) 合理确定采煤方法。

不同的采煤方法对周边围岩的影响程度不同，炮采的煤柱裂隙大于机械开采，煤柱的承载能力也越低，通过减少采动影响对煤柱的破坏，从而提高煤柱的整体稳定性。

(2) 合理控制载荷大小。

煤柱动载荷的大小，主要与垮落后直接顶碎胀系数有关，碎胀系数越大，直接顶在采空区的充填程度越大，动载显现越低。若直接顶板的垮落高度大于采厚的 3～5 倍时，采空区充填程度较好，采场动载显现不明显；相反，若直接顶不易垮落，采空区的充填程度较差，采场动载显现也将更加显著。通过选择合理顶板管理方式，通过充填或注浆增大采空区支撑能力，能有效减少煤柱载荷集中程度，降低煤柱失稳风险。

(3) 合理确定宽高比。

宽高比对煤柱自身应力的分布及其强度有着不可忽视的影响。研究发现，宽高比越大(煤柱宽度大、高度小)的煤柱，煤柱的中部处于三向压缩状态，抗压强度较高。研究发现，煤柱宽高比与煤柱的强度有如下关系式：

$$S_{\mathrm{p}}=\left(\frac{B_{\mathrm{p}}}{h}\right)^{\frac{1}{2}}S_{\mathrm{c}} \tag{4-32}$$

式中，S_{p} 为煤柱宽高比为 B_{p}/h 时的强度。

(4) 合理确定煤柱面积比率。

煤柱的面积比率即煤柱核区率，是衡量煤柱稳定的一个重要指标，研究表明：煤柱弹性核率越大，煤柱的屈服带宽度就越小，也就越不易发生破坏失稳；稳定性越好，煤柱煤柱的核区率小于或等于一定比率时，煤柱才可能发生突变破坏，保证煤柱核区率是保证煤柱稳定的根本。

(5) 合理煤柱的形状。

煤柱形状越规整，煤柱越不容易发生破坏或发生破坏的部分较少；煤柱的夹角越小，煤柱尖端部分越容易出现应力集中，煤柱的承载能力越小，容易出现自上而下的贯通裂隙，从而造成煤柱失稳破坏。因此，要减少形状不规则永久煤柱，避免煤柱应力集中。

(6) 合理确定承载时间系数。

流变失稳是造成煤柱失稳的一个主要因素，在流变效应的作用下，随煤柱承载时间的增加，煤柱承载强度逐渐降低，当井下巷道服务时间较长时，需要对煤柱强度用长时强度系数进行修正，长时强度系数取为 0.7～0.8。

(7) 合理对煤柱支护加固。

巷道掘进改变煤层受力状态，煤柱应力改变、移动，在煤柱侧面形成低应力破坏区，煤柱核区率降低，稳定性显著减小，通过喷射混凝土、锚杆支护和注浆加固等技术，可以提高煤柱表面的支护强度，从而提高煤柱整体稳定性。

此外，根据相应地质采矿条件，通过间隔设置较大尺寸的煤柱；设置非单一方向煤柱，比如隔离煤柱与条带煤柱的垂直布置，阻断应力单方向转移；煤柱尺寸设计过程中选取一定的安全系数，从而预防或阻断单一煤柱失稳时诱发相邻煤柱失稳的多米诺骨牌效应。

将上述因素结合，可以确保条带式 Wongawilli 采煤法煤柱系统的稳定，建立煤柱稳定性控制技术体系，如图 4-46 所示。

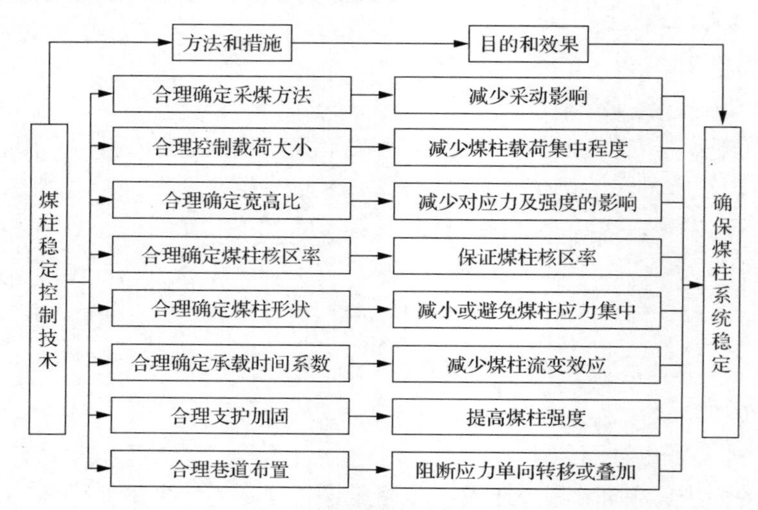

图 4-46　煤柱稳定性控制技术

4.4　本 章 小 结

本章首先通过相似模拟、数值模拟研究了条带式 Wongawilli 采煤法刀间煤柱、不规则煤柱、条带煤柱的破坏演化特征。然后引入突变理论，分别建立了刀间煤柱、条带煤柱的突变模型，系统的进行了条带式 Wongawilli 采煤法单一煤柱突变失稳、煤柱系统失稳分析。最后基于条带式 Wongawilli 采煤法失稳机理，制定了其煤柱稳定性控制技术措施。

第5章　条带式Wongawilli采煤法覆岩与地表移动变形分析

5.1　条带式Wongawilli采煤法覆岩移动规律

5.1.1　条带式Wongawilli采煤法关键层判断

为分析上部载荷，煤柱上部顶板关键从的判定至关重要。钱鸣高1996年提出的“关键层理论”认为：关键层即是对采场上覆岩层局部或者直至地表的全部岩层活动起控制作用的岩层，前者称为亚关键层，后者称为主关键层。采场覆岩中关键层有如下特征：

(1)几何特征方面，相比其它同类岩层厚度较厚；

(2)岩性特征方面，相比其它岩层坚硬，其弹性模量、强度较大；

(3)变形特征方面，关键层发生下沉变形时，其上部全部或者局部岩层的下沉量是同步的；

(4)破断特征方面，关键层的破断将引起上覆全部或局部岩层的同步破断，引起大范围的岩层移动；

(5)承载特性方面，关键层破断前以“板”(或者简化成“梁”)的形式存在，其作为上部岩体主要承载体，发生破断后转即化为“砌体梁”或“悬臂梁”等“梁”式结构，并继续成为承载上部载荷的主体。

关键层理论认为，采动覆岩中的任一岩层除受自重载荷其外，一般还受上覆临近岩层的相互作用产生的载荷。岩层载荷为均匀分布，第1层岩与n层岩层将同步变形，形成组合梁。

如图5-1所示，根据关键层的定义与变形特征，若第一层为关键层，它的控制范围达第n层，则第n+1层成为第二层关键层必然满足：

$$q_{n+1} < q_n \tag{5-1}$$

式中，q_n、q_{n+1}分别为计算到第n层与n+1层时，第1层关键层所受载荷。

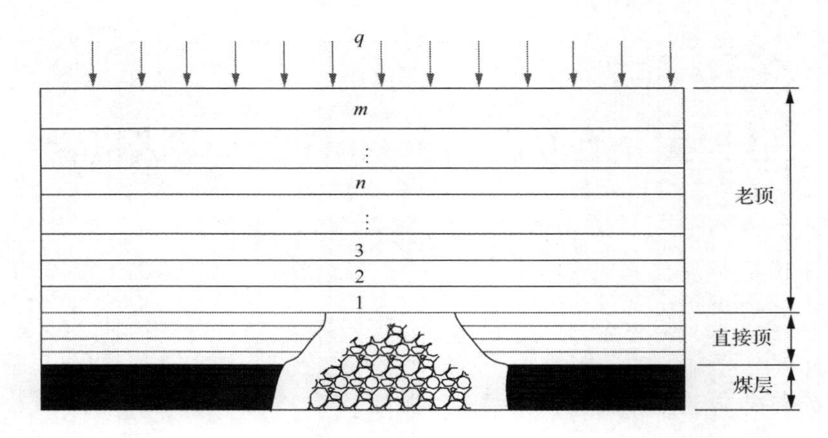

图 5-1　岩层载荷计算图

根据组合梁原理，可求得计算到第 n 层时，第 1 层关键层所受载荷：

$$(q_n)_1 = \frac{E_1 h_1^3 (\gamma_1 h_1 + \gamma_2 h_2 + \cdots + \gamma_n h_n)}{E_1 h_1^3 + E_2 h_2^3 + \cdots + E_n h_n^3} \tag{5-2}$$

式中，$(q_n)_1$ 为第 n 层对第 1 层载荷，kN；E_n 为第 n 层弹性模量，MPa；h_n 为第 n 层岩层厚度，m；γ_n 为第 n 层岩层体积力，N/m^3。

按照上述公式(5-2)，对岩层依次判别，从第一层岩层开始，依次计算第 n 层岩层对第 1 层岩层的载荷，当第 k+1 层载荷计算值小于第 k 层载荷计算值时，第 k+1 层不对第 1 层起作用。

若根据公式(5-2)可确定覆岩共有 m 层硬岩层满足要求，这 m 层硬岩层还必须满足关键层的强度条件，即下层硬岩层的破断距应小于上层硬岩层的破断距，即

$$l_m < l_{m+1} (m=1，2，\cdots，k) \tag{5-3}$$

式中，l_m 为第 m 层的破断距，m；k 为式(5-1)确定的硬岩层层数。

5.1.2　覆岩移动规律

1. 数值模拟模型的建立

1) 数值模型建立的基本原则

为了简化计算，拟对数值模型的建立做以下假定：

(1) 不考虑巷道掘进对岩石力学指标的影响，不考虑渗流影响；

(2)岩体本构关系采用莫尔-库仑(Mohr-Coulomb)准则模拟；

(3)计算过程：先让岩体在原岩应力状态下达到初始平衡，再将初始位移设置为零；把开挖部分用 null 模型代替，计算开挖后的地表垂直位移。

2)数值模型范围的确定

在选取模型的尺寸时，应该考虑多方面的因素，首先考虑到边界条件对于计算结果的影响。根据著名的圣维南原理，当模型尺寸合适时，边界约束的形式仅仅改变局部应力的分布，在距边界约束作用区足够远的地方，其计算结果不受影响；同时，模型尺寸的选取还要充分考虑研究问题本身所需要的尺寸范围，对于本章要研究的模型来说，由于条带式 Wongawilli 采煤技术的特殊性，如果模型高度达到地表，所需要划分的块比较密，计算机本身的运行能力尚不能满足此种需求，故本次模拟仅取煤层的上、下四层进行模拟；并且根据实际情况，将区域表土层和基岩的应力求出并在模型的上边界施加应力。

本文以漳村煤矿地质采矿条件为原型建立模型。由于巷道布置方式不同，故建立两个模型进行对比。模型以 X 轴方向为煤层走向、Y 轴方向为煤层倾向、Z 轴方向为铅锤方向。模型尺寸大小取为：长(x)×宽(y)×厚(z)=119m×94m×43m。单巷双翼布置方式数值模型的网格划分见图 5-2；双巷单翼布置方式数值模型的网格划分见图 5-3。

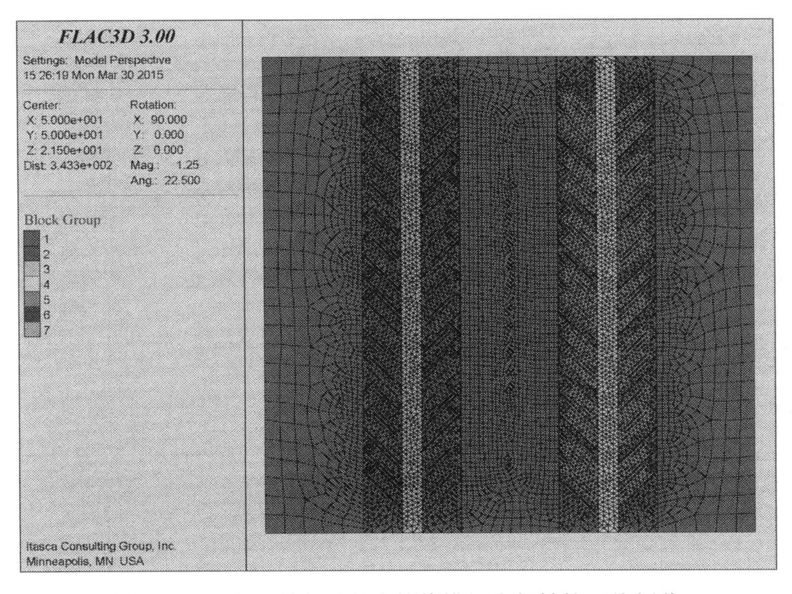

图 5-2　单巷双翼布置方式数值模拟内部结构网格划分

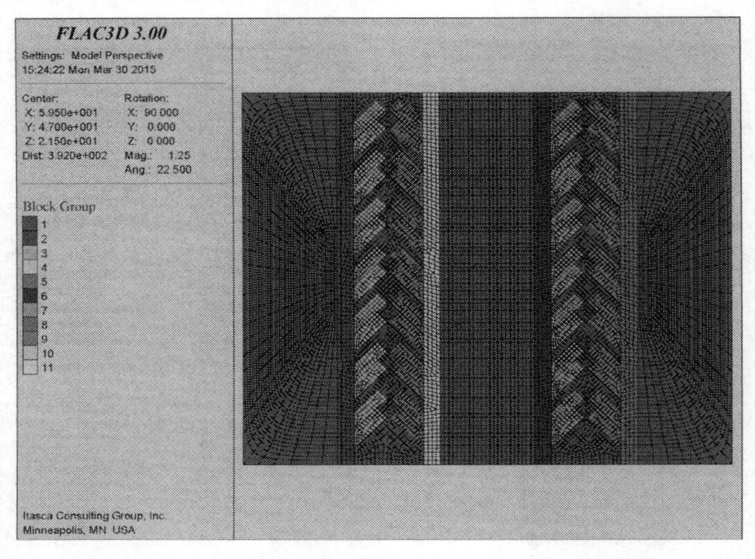

图 5-3　双巷单翼布置方式数值模拟内部结构网格划分

3) 边界条件及初始应力场的确定

(1) 模型边界条件。

①模型左右两个侧面使用位移边界进行约束，即在 x 方向上施加链杆约束，限定其在 x 方向位移为 0，在 y、z 方向上自由；

②模型的前侧和右侧两个侧面使用位移边界进行约束，即在 y 方向上施加链杆约束，限定其在 y 方向位移为 0，在 x、z 方向上自由；

③模型的底部边界限定其在 z 方向位移为 0，在 x、y 方向上自由；

④模型顶部边界自由。

(2) 模型的初始应力场。

合理选取初始地应力条件是计算分析得到可靠结果的基础。本文施加地应力是通过对模型在 z 方向上施加重力场来实现。一般情况下，可以使用上覆岩层的自身重量作为铅垂方向的地应力大小，其值与采深基本成正比，而水平方向和铅垂方向地应力存在线性关系，x 方向侧压系数 λ_x 为 0.75，y 方向测压系数 λ_y 为 1.25。所需参数为：工作面平均采深为 146.5m，上覆岩体平均容重 2500kg/m^3；需要加的模型上的上覆岩体的自重应力为：水平应力 σ_x 为 2.75MPa，σ_y 为 4.56MPa，铅垂应力 σ_z 为 3.66MPa。

4) 煤岩力学参数的确定

在数值模拟的过程中，煤岩体力学参数对其模拟结果的准确性及可靠性具有很大的影响。本次数值模型模拟以漳村煤矿综合柱状图为基础，根据地质力学评价分析岩体强度的各个参数与实验室测的岩块强度参数之间的转换关系，将岩性相似岩层进行合并，从下到上依次是：页岩、砂岩、砂质页岩、砂岩、3 号煤、页岩、泥页岩、砂岩、中粒砂岩。各岩层物理力学参数见表 5-1 所示。

表 5-1　岩层物理力学参数表

岩性	内摩擦角 φ/(°)	体积模量/GPa	剪切模量/GPa	粘聚力 C/MPa	抗拉强度/MPa	容重 ρ/(kg · m^{-3})
中粒砂岩	26	6.63	3.2	3.0	2.05	2550
砂岩	25	5.18	3.02	2.4	2.0	2700
泥页岩	21	3.7	1.4	2.0	0.6	2480
页岩	20	3.1	1.3	2.5	1.0	2540
3 号煤	20	0.85	0.3	0.5	0.59	1460
砂岩	25	5.98	3.0	2.4	1.5	2700
砂质页岩	20	4.1	2.0	1.9	0.7	2620
砂岩	23	4.7	2.3	2.0	1.0	2700
页岩	22	3.8	1.65	1.5	0.8	2580

2. 模拟结果及分析

1) 单巷双翼巷道布置方式

在模型中做切片后可得到围岩的垂直剖面位移云图，见图 5-4。如图 5-4(a)所示，垂直位移量随着距离与支巷中心的减小而增大，在支巷掘进后，巷道顶板移近量 17.19mm，底板移近量 3.85mm，顶底板相对移近量 21.04mm，造成底板移近量明显低于顶板的主要原因是底板为砂岩，岩性比顶板的泥岩强度较大。如图 5-4(b)所示，在支巷两翼采硐开挖后，位移量发生了显著的增大，顶板移近量 36.43mm，底板移近量 7.69mm，顶底板相对移近量为 44.12mm，最大位移量基本分布在巷道断面的中央。由距离煤层顶板不同距离的下沉曲线图 5-5 所示，在两次开挖完成后，顶板的下沉曲线呈现出波浪形下沉，这是由于在两次循环间留设煤柱所致，并且离煤层顶板距离越远，波浪形越平缓的。说明此种采煤方法由于开采尺寸相对较小，所引起的围岩下沉量小。

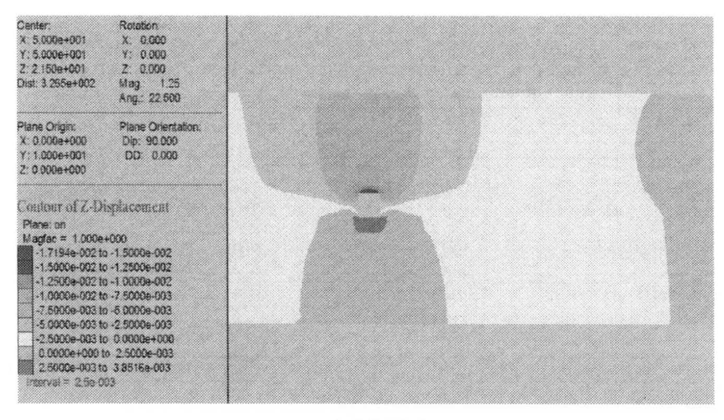

(a) 支巷掘进后

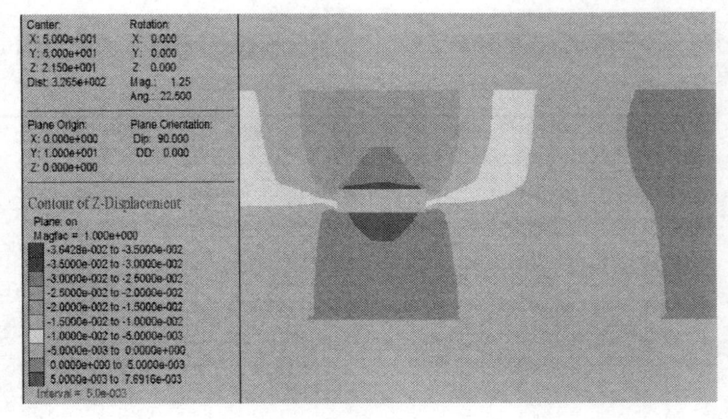

(b) 两翼采硐后

图 5-4　单巷双翼巷道布置围岩垂直位移变化

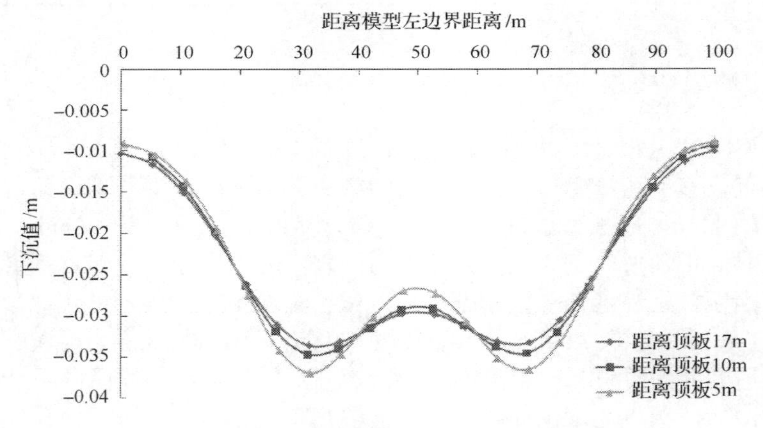

图 5-5　与煤层顶板不同距离的下沉曲线图

2) 双巷单翼巷道布置方式

由对所建模型进行切片所得围岩垂直剖面位移云图(图 5-6)所知，垂直位移量与单巷双翼布置方式规律基本相同(图 5-6(a))，也是随着与巷道中心距离的减小而增大，在左支巷掘进后，巷道顶板移近量 18.25mm，底板移近量 3.49mm，顶底板相对移近量 21.74mm，主要由于底板的砂岩岩性较顶板的泥岩岩性强度大所造成的。在左支巷右侧采硐开采后(图 5-6(b))，位移量发生了明显的变化，所引起的位移范围明显增大，位移量随着采硐的进行而增大，顶板移近量 26.48mm，底板移近量 5.71mm，顶底板相对移近量为 32.19mm。在右支巷开挖后(图 5-6(c))，顶板最大移近量约为 35.43mm，底板最大移近量约为 5.49mm，顶底板相对移近量 40.92mm，右侧的位移量增幅相对于左侧的较大。在右支巷的左侧采硐开挖后(图 5-6(d))，此时整个回采过程已经结束，巷道周围及煤柱的垂直位移进一步增大，顶板最大下沉量 56.40mm，出现向中心不规则煤柱转移的趋势，底板移近量 6.61mm。由距离煤层顶板不同距离的下沉曲线图 5-7 可知，在两次开挖完成后，规律与单巷双翼开采时相同，即顶板的下沉曲线呈现出波浪形下沉，但双巷单翼

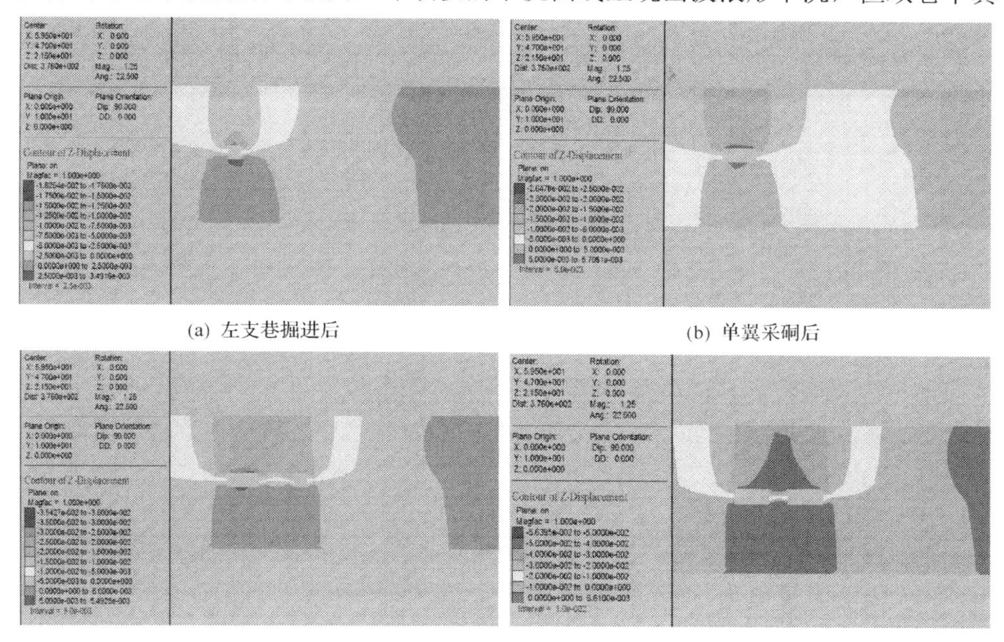

(a) 左支巷掘进后　　(b) 单翼采硐后

(c) 右支巷掘进后　　(d) 双巷单翼采硐后

图 5-6　双巷单翼巷道布置围岩垂直位移变化

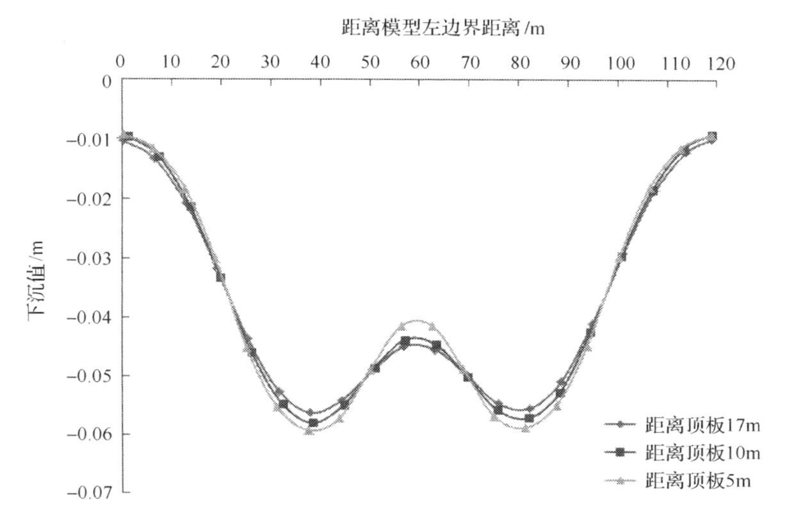

图 5-7　与煤层顶板不同距离的下沉曲线图

布置方式波浪形减缓速率要比单巷双翼式布置方式的大，也就是说双巷单翼布置方式进入单一盆地的时间要早于单巷双翼式的。由分析可知，底板砂岩岩性强度较大，故底板的移动量要小于顶板的移动量，这样能够减少开采过程中出现底鼓的几率，对安全回采具有重要的作用。

5.1.3 覆岩移动相似模拟

1. 相似材料模拟实验设计

1) 实验目的

本次实验的主要目的是依据山西漳村煤矿 1309 工作面实际地质采矿条件，研究条带式 Wongawilli 采煤法煤层开采所引起的覆岩及地表沉陷特征。

2) 原型地质条件

原型工作面是以漳村煤矿 1309 工作面实际地质采矿条件为依据。该工作面未开采部分推进长度为 420m，工作面长度为 200m，煤层平均埋藏深度约为 146.5m。该工作面煤层平均倾角 3°，为近水平煤层，容重 $1.46t/m^3$；煤层平均厚度约为 6.3m。煤层顶板岩层主要为泥岩、中粒砂岩、细粒砂岩、砂质泥岩、粉砂岩，煤层底板为砂岩、砂质页岩、页岩，从地表到工作面所有岩层的平均容重为 $2.5\times10^4N/m^3$。

3) 相似材料的选取

相似材料的确定是相似模拟实验中的一个重要环节，选择相似材料一般要求：

(1) 力学性能稳定，不因大气温度、湿度变化而发生较大的改变；

(2) 改变配比后，能使其物理力学指标大幅度变化，便于选择使用；

(3) 材料来源丰富，制作方便，凝固时间短，成本低；

(4) 相似材料强度、变形均匀，便于测量，且材料本身无毒无害；

(5) 模型材料与原型材料的变形及破坏特征相符合。

根据经验及本实验所模拟的岩层性质，决定以细河砂为骨料，以碳酸钙和石膏为胶结材料，用四硼酸钠(硼砂)作为缓凝剂。

4) 相似系数的确定

模型架要求有足够大的刚度，且具有一定的宽度，以保证模型的稳定性。根据现有实验条件，决定在 4m×0.3m×2.2m(长×宽×高)规格的钢模型架上进行实验，根据选定模型架尺寸及其他条件综合考虑，确定相似系数如下：

(1) 模型几何相似系数(几何比)。

本次模型实验采用平面应力模型，长度相似系数：

$$a_L=L_m/L_p=1/100$$

式中，L_m 模型尺寸；L_p 原型尺寸。

(2)时间相似系数。

取时间相似系数为：

$$a_t = t_m / t_p = \sqrt{a_l} = \sqrt{1/100} = 1/10$$

式中，t_m模型过程时间；t_p原型过程时间。

(3)容重相似系数。

要求模型与原型的所有作用力都相似，考虑重量影响，则：

$$a_r = \gamma_m / \gamma_p = 0.6$$

式中，γ_m模型容重，取$1.5\times10^4\text{N/m}^3$；$\gamma_p$原型容重，取$2.5\times10^4\text{N/m}^3$。

(4)其他力学参数相似系数。

由相似定理及以上个基本参数的相似系数，可导出如下相似系数：

强度比：$a_\sigma = \dfrac{\sigma_m}{\sigma_p} = \dfrac{\gamma_m \cdot L_m}{\gamma_p \cdot L_p} = a_r a_L = 0.006$

外力比：$a_p = a_r \cdot a_L^3 = 6\times10^{-7}$

弹模比：$a_E = a_r \cdot a_L = 0.006$

泊松比：$a_\mu = 1$

根据相似理论并且通过计算，所取的模型与原型的几何相似比$a_L = 1/100$，容重相似比$a_r = 0.6$，强度与弹模相似比均为0.006，外力相似比为6×10^{-7}。

(5)相似材料的配比。

参照《矿山压力的相似模拟实验》中的材料配比，通过调整相似材料配比实验，得到了模型的相似材料配比(表5-2)。各分层材料总用量由下式计算可得：

$$Q_i = L\times b\times m_i \times r_i$$

式中，Q_i分层材料总用量，kg；L模型架长度，m；b为模型架宽度，m；m_i模型分层厚度，m；r_i材料容重，kg/m^3。

由配比号确定各分层中各种材料的用量，计算公式如下：

砂：碳酸钙：石膏为：A∶B∶(1–B)

细河砂：$W_{砂} = \dfrac{A}{A+1}Q_i$　　石膏：$W_{石膏} = \dfrac{1-B}{A+1}Q_i$　　水：$W_{水} = \dfrac{Q_i}{9}$

碳酸钙：$W_{水泥} = \dfrac{B}{A+1}Q_i$　　硼砂：$W_{硼砂} = \dfrac{1}{100}W_{水}$

由以上公式算出来模型上各分层的各种材料用量明细表，见表5-2所示。

表 5-2　模型相似材料配比表

序号	岩性	原型		模型		配比号	各层总重/kg	材料用量				
		厚度/m	抗压强度/MPa	厚度/cm	抗压强度/kPa			砂/kg	碳酸钙/kg	石膏/kg	水/kg	硼砂/g
35	黄土	18.95	11.67	18.95	70.02	773	341.1	298.5	298.5	128	37.9	379
34	泥岩	3.5	12.65	3.5	75.9	673	63	54	63	27	7	70
33	细粒砂岩	4.8	30.85	4.8	185.1	537	86.4	72	43.2	100.8	9.6	96
32	泥岩	4.2	12.65	4.2	75.9	673	75.6	64.8	75.6	32.4	8.4	84
31	中粒砂岩	10.75	32.70	10.75	196.2	537	193.5	161.3	96.8	225.8	21.5	215
30	泥岩	0.9	12.65	0.9	75.9	673	16.2	13.9	16.2	7	1.8	18
29	细粒砂岩	3.8	30.85	3.8	185.1	537	68.4	57	34.2	80	7.6	76
28	中粒砂岩	1.4	32.70	1.4	196.2	537	25.2	21	12.6	30	2.8	28
27	泥岩	15.55	12.65	15.55	75.9	673	279.9	240	280	120	31.1	311
26	粉砂岩	0.9	21.90	0.9	131.4	737	16.2	14.2	6	14	1.8	18
25	泥岩	2.7	12.65	2.7	75.9	673	48.6	41.7	48.6	20.8	5.4	54
24	细粒砂岩	4.15	30.85	4.15	185.1	537	74.7	62.3	37.4	87	8.3	83
23	泥岩	1.45	12.65	1.45	75.9	673	26.1	22.3	26	11.2	2.9	29
22	细粒砂岩	6.7	30.85	6.7	185.1	537	120.6	100.5	60.3	140.7	13.4	134
21	泥岩	10.55	12.65	10.55	75.9	673	189.9	162.8	190	81.4	21.1	211
20	细粒砂岩	3.45	30.85	3.45	185.1	537	62.1	51.7	31	72.5	6.9	69
19	泥岩	3.05	12.65	3.05	75.9	673	54.9	47	55	23.5	6.1	61
18	细粒砂岩	1.25	30.85	1.25	185.1	537	22.5	18.7	11.3	26.3	2.5	25

续表

序号	岩性	原型		模型		配比号	各层总重/kg	材料用量				
		厚度/m	抗压强度/MPa	厚度/cm	抗压强度/kPa			砂/kg	碳酸钙/kg	石膏/kg	水/kg	硼砂/g
17	泥岩	1.4	12.65	1.4	75.9	673	25.2	21.6	25.2	10.8	2.8	28
16	细粒砂岩	0.75	30.85	0.75	185.1	537	13.5	11.3	6.8	15.8	1.5	15
15	泥岩	8.9	12.65	8.9	75.9	673	160.2	137.3	160.2	68.6	17.8	178
14	中粒砂岩	0.65	32.70	0.65	196.2	537	11.7	9.8	5.8	13.7	1.3	13
13	泥岩	4.05	12.65	4.05	75.9	673	72.9	62.5	73	31.2	8.1	81
12	砂质泥岩	4.7	12.88	4.7	77.28	673	84.6	72.5	84.6	36.3	9.4	94
11	粉砂岩	1.55	21.90	1.55	131.4	737	27.9	24.4	10.5	24.4	3.1	31
10	泥岩	8.2	12.65	8.2	75.9	673	147.6	126.5	147.5	63.3	16.4	164
9	细粒砂岩	0.6	30.85	0.6	185.1	537	10.8	9	5.4	12.6	1.2	12
8	泥岩	0.8	12.65	0.8	75.9	673	14.4	12.4	14.4	6.2	1.6	16
7	中粒砂岩	2.15	32.70	2.15	196.2	537	38.7	32.3	19.4	45	4.3	43
6	泥岩	9.8	12.65	9.8	75.9	673	176.4	151.2	476.4	75.6	19.6	196
5	煤	6.3	12.50	6.3	75	673	113.4	97.2	113.4	48.6	12.6	126
4	砂岩	2.13	21.53	2.13	129.18	737	38.34	33.5	14.4	33.5	4.26	42.6
3	砂质页岩	2.55	36.77	2.55	220.62	537	45.9	38.3	23	53.6	5.1	51
2	砂岩	5.04	21.53	5.04	129.18	737	90.72	79.4	34	79.4	10.08	100.8
1	页岩	10.19	31.64	10.19	189.84	537	183.42	152.9	91.7	214	20.38	203.8

2. 关键层位置的判别

根据 1309 工作面附近的 67 号钻孔资料和矿方提供的数据可知，该工作面煤层上覆岩层岩性以及力学性能参数如表 5-3 所示。

表 5-3　上覆岩层力学性能参数表

层位	岩性	厚度 h/m	体积力 γ/(MN · m^{-3})	抗压强度/MPa	抗拉强度/MPa	弹性模量 E/MPa	泊松比
29	泥岩	3.5	0.025	50.6	3.73	12700	0.24
28	细粒砂岩	4.8	0.027	123.4	3.65	28300	0.22
27	泥岩	4.2	0.025	50.6	3.73	12700	0.24
26	中粒砂岩	10.75	0.028	130.8	6.63	35800	0.21
25	泥岩	0.9	0.025	50.6	3.73	12700	0.24
24	细粒砂岩	3.8	0.027	123.4	3.65	28300	0.22
23	中粒砂岩	1.4	0.028	130.8	6.63	35800	0.21
22	泥岩	15.55	0.025	50.6	3.73	12700	0.24
21	粉砂岩	0.9	0.026	87.6	4.19	8680	0.25
20	泥岩	2.7	0.025	50.6	3.73	12700	0.24
19	细粒砂岩	4.15	0.027	123.4	3.65	28300	0.22
18	泥岩	1.45	0.025	50.6	3.73	12700	0.24
17	细粒砂岩	6.7	0.027	123.4	3.65	28300	0.22
16	泥岩	10.55	0.025	50.6	3.73	12700	0.24
15	细粒砂岩	3.45	0.027	123.4	3.65	28300	0.22
14	泥岩	3.05	0.025	50.6	3.73	12700	0.24
13	细粒砂岩	1.25	0.027	123.4	3.65	28300	0.22
12	泥岩	1.4	0.025	50.6	3.73	12700	0.24
11	细粒砂岩	0.75	0.027	123.4	3.65	28300	0.22
10	泥岩	8.9	0.025	50.6	3.73	12700	0.24
9	中粒砂岩	0.65	0.028	130.8	6.63	35800	0.21
8	泥岩	4.05	0.025	50.6	3.73	12700	0.24
7	砂质泥岩	4.7	0.026	51.5	3.83	13200	0.26
6	粉砂岩	1.55	0.026	87.6	4.19	8680	0.25
5	泥岩	8.2	0.025	50.6	3.73	12700	0.24

续表

层位	岩性	厚度 h/m	体积力 γ/(MN·m^{-3})	抗压强度/MPa	抗拉强度/MPa	弹性模量 E/MPa	泊松比
4	细粒砂岩	0.6	0.027	123.4	3.65	28300	0.22
3	泥岩	0.8	0.025	50.6	3.73	12700	0.24
2	中粒砂岩	2.15	0.028	130.8	6.63	35800	0.21
1	泥岩	9.8	0.025	50.6	3.73	12700	0.24
0	3号煤	6.3	0.014	18.2	1.6	2600	0.29

根据关键层的定义以及特征，分析15号煤上覆岩层的岩性和强度。在表5-3中，有可能成为关键层的岩层有五层：关键层一为3号煤层顶板9.8m厚的泥岩(模型中第6层泥岩)；关键层二为第10层8.9m厚的泥岩(模型中第15层泥岩)；关键层三为第16层10.55m厚的泥岩(模型中第21层泥岩)；关键层四为第22层15.55m厚的泥岩(模型中第27层泥岩)；主关键层为第26层10.75m厚的中粒砂岩(模型中第31层中粒砂岩)。

1)关键层一位置判别

首先计算各上覆岩层对第1层的载荷，以判断第1层岩层是否为关键层及其对上覆岩层的控制范围。

第1层岩层(相似模拟模型中第4层石灰岩)本身的载荷 q_1 为：

$$q_1 = \gamma_1 h_1 = 25 \times 9.8 = 245\text{kPa}\ ;$$

考虑第2层对第1层的作用，则 $(q_2)_1$ 为296.38kPa;

考虑第3层对第1层的作用，则 $(q_3)_1$ 为315.63kPa;

考虑第4层对第1层的作用，则 $(q_4)_1$ 为331.39kPa;

考虑第5层对第1层的作用，则 $(q_5)_1$ 为337.98kPa;

考虑第6层对第1层的作用，则 $(q_6)_1$ 为362.31kPa;

考虑第7层对第1层的作用，则 $(q_7)_1$ 为408.82kPa;

考虑第8层对第1层的作用，则 $(q_8)_1$ 为448.94kPa;

考虑第9层对第1层的作用，则 $(q_9)_1$ 为458.82kPa;

考虑第10层对第1层的作用，则 $(q_{10})_1$ 为411.39kPa $<(q_9)_1$ =458.82kPa。

由上面计算可知 $(q_{10})_1 < (q_9)_1$，说明第10层岩层强度高、岩层厚，对第1层岩层载荷不起作用，第1层岩层为关键层一，关键层一控制的上覆岩层范围为第1层至第9层的岩层。

2) 关键层二位置判别

同理，应用关键层一判别方法，计算第 10 层以上岩层对该岩层的载荷作用，以判断第 10 层岩层是否为关键层及其对上覆岩层的控制范围。

第 10 层岩层(相似模拟模型中第 15 层石砂质泥岩) 本身的载荷 q_{10} 为:

$$q_{10}=\gamma_{10}h_{10}=25\times 8.9=222.5\text{kPa}\ ;$$

考虑第 11 层对第 10 层的作用，则 $(q_{11})_{10}$ 为 242.43kPa;

考虑第 12 层对第 10 层的作用，则 $(q_{12})_{10}$ 为 276.31kPa;

考虑第 13 层对第 10 层的作用，则 $(q_{13})_{10}$ 为 307.99kPa;

考虑第 14 层对第 10 层的作用，则 $(q_{14})_{10}$ 为 368.71kPa;

考虑第 15 层对第 10 层的作用，则 $(q_{15})_{10}$ 为 407.04kPa;

考虑第 16 层对第 10 层的作用，则 $(q_{16})_{10}$ 为 261.55kPa $<(q_{15})_{10}$=407.04kPa。

由上面计算可知 $(q_{16})_{10}<(q_{15})_{10}$，说明第 16 层岩层强度高、岩层厚，对第 10 层岩层载荷不起作用，第 10 层岩层(相似模拟模型中第 15 层石砂质泥岩) 为关键层二，关键层二控制的上覆岩层范围为第 10 层至第 15 层的岩层。

3) 关键层三位置判别

同理应用关键层一判别方法，计算第 16 层以上岩层对该岩层的载荷作用，以判断第 16 层岩层是否为关键层及其对上覆岩层的控制范围。

第 16 层岩层(相似模拟模型中第 21 层石砂质泥岩) 本身的载荷 q_{22} 为:

$$q_{16}=\gamma_{16}h_{16}=25\times 10.55=263.75\text{kPa}\ ;$$

考虑第 17 层对第 16 层的作用，则 $(q_{17})_{16}$ 为 283.08kPa;

考虑第 18 层对第 16 层的作用，则 $(q_{18})_{16}$ 为 305.65kPa;

考虑第 19 层对第 16 层的作用，则 $(q_{19})_{16}$ 为 346.96kPa;

考虑第 20 层对第 16 层的作用，则 $(q_{20})_{16}$ 为 382.71kPa;

考虑第 21 层对第 16 层的作用，则 $(q_{21})_{16}$ 为 396.17kPa;

考虑第 22 层对第 16 层的作用，则 $(q_{22})_{16}$ 为 217.64kPa $<(q_{21})_{16}$ =396.17kPa。

由上面计算可知 $(q_{22})_{16}<(q_{21})_{16}$，说明第 22 层岩层强度高、岩层厚，对第 16 层岩层载荷不起作用，第 16 层岩层(相似模拟模型中第 21 层石泥岩) 为关键层三，关键层三控制的上覆岩层范围为第 16 层至第 21 层的岩层。

4) 关键层四位置判别

同理应用关键层一判别方法，计算第 22 层以上岩层对该岩层的载荷作用，以判断第 22 层岩层是否为关键层及其对上覆岩层的控制范围。

第 22 层岩层(相似模拟模型中第 21 层石砂质泥岩) 本身的载荷 q_{22} 为:

$$q_{22}=\gamma_{22}h_{22}=25\times15.55=388.75\text{kPa};$$

考虑第 23 层对第 16 层的作用，则 $(q_{23})_{22}$ 为 427.07kPa；

考虑第 24 层对第 16 层的作用，则 $(q_{24})_{22}$ 为 512.82kPa；

考虑第 25 层对第 16 层的作用，则 $(q_{25})_{22}$ 为 534.47kPa；

考虑第 26 层对第 16 层的作用，则 $(q_{26})_{22}$ 为 434.38kPa$<(q_{25})_{22}$=534.47kPa。

由上面计算可知 $(q_{26})_{22}<(q_{25})_{22}$，说明第 26 层岩层强度高、岩层厚，对第 22 层岩层载荷不起作用，第 22 层岩层（相似模拟模型中第 27 层石砂质泥岩）为关键层四，关键层四控制的上覆岩层范围为第 22 层至第 25 层的岩层。

5）主关键层位置判别

同理应用关键层一判别方法，计算第 26 层以上岩层对该岩层的载荷作用，以判断第 26 层岩层是否为关键层及其对上覆岩层的控制范围。

第 26 层岩层（相似模拟模型中第 31 层中粒砂岩）本身的载荷 q_{26} 为：

$$q_{26}=\gamma_{26}h_{26}=28\times10.75=301\text{kPa};$$

考虑第 27 层对第 26 层的作用，则 $(q_{27})_{26}$ 为 397.59kPa；

考虑第 28 层对第 26 层的作用，则 $(q_{28})_{26}$ 为 490.69kPa；

考虑第 29 层对第 26 层的作用，则 $(q_{29})_{26}$ 为 564.52kPa；

根据计算分析，第 26 层 10.75m 厚的中粒砂岩控制第 26～29 层，第 29 层泥岩上方为 18.95m 厚的黄土层，说明第 26 层 10.75m 厚的中粒砂岩对其上方直至地表的岩层起控制作用，则其为主关键层。

6）关键层判别强度条件验证

根据式（5-1）确定的关键层还必须满足关键层的强度条件，即满足式（5-3）的要求，下层硬岩层的破断距应小于上层硬岩层的破断距。因此，分别对上述五个关键层的破断距进行计算，破断距为顶板达到极限跨度时的初次破断距，按材料力学中的固支梁理论进行计算。计算公式为：

$$l_i=h_i\sqrt{\frac{2(R_{\text{T}})_i}{(q_n)_i}} \tag{5-4}$$

关键层一破断距：

$$l_1=h_1\sqrt{\frac{2(R_{\text{T}})_1}{(q_9)_1}}=39.52\text{m}$$

关键层二破断距：

$$l_{10}=h_{10}\sqrt{\frac{2(R_{\mathrm{T}})_{10}}{(q_{15})_{10}}}=41.10\mathrm{m}$$

关键层三破断距：

$$l_{16}=h_{16}\sqrt{\frac{2(R_{\mathrm{T}})_{16}}{(q_{21})_{16}}}=45.78\mathrm{m}$$

关键层四破断距：

$$l_{22}=h_{22}\sqrt{\frac{2(R_{\mathrm{T}})_{22}}{(q_{25})_{22}}}=48.09\mathrm{m}$$

主关键层破断距：

$$l_{26}=h_{26}\sqrt{\frac{2(R_{\mathrm{T}})_{26}}{(q_{29})_{26}}}=52.10\mathrm{m}$$

由上关键层强度条件验证，$l_1<l_{10}<l_{22}<l_{26}$，因此确定在 3 号煤上覆岩层中，第 1 层泥岩、第 10 层泥岩、第 16 层泥岩以及第 22 层泥岩均为关键层，第 26 层中粒砂岩为主关键层。与之对应的相似模拟模型中第 6 层泥岩、第 15 层泥岩、第 21 层泥岩以及第 27 层泥岩均为关键层，第 31 层中粒砂岩为主关键层。

3. 模型的制作及观测

1) 模型的制作

在实验前，首先要买够实验所计算的各种材料，其次要对实验室中的实验架及其配件进行清理检查，最后要准备好磅秤、装砂工具(铁锹、铁盆)、电子天平(用来称硼砂)，装水及溶解硼砂容器、捣实铁块及其他工具。

模型的制作按以下步骤进行：

(1) 在护板内表面涂机油，并将其安装固定在模型架两侧；

(2) 根据表 5-2 计算出的分层材料用量，分别称量所需砂、碳酸钙、石膏的重量，倒入搅拌机内，混合搅拌；

(3) 向混合料中加入一定量的缓凝剂(硼砂)和水，搅拌均匀；

(4) 将配制好的材料倒入模型架，抹平并捣固压实；

(5) 边上护板，边倒入材料，重复步骤(1)～(4)，直至设计高度；

(6) 干燥一周后，拆掉两侧护板，待干燥后便可进行开采和观测。

制作时应注意以下问题：层与层之间用云母片隔开。同时对于比较厚的岩层，在模型制作时每 2～3cm 分一层，分层之间亦用云母片隔开。模型制作完成后如图 5-8 所示。

图 5-8　模型制作全貌

2) 测点布置

为了研究岩层的移动、上覆岩层的破坏特征以及煤柱的稳定性。在模型上布置 6 条测线，从上到下依次为测线 A 至测线 F，在模型中，测线 A 至测线 F 距离煤层顶板的距离依次为 137cm、110cm、93.5cm、62cm、41.5cm 和 9.8cm，每条测线布置 21 个测点，测点间距 20cm，共 126 个测点。观测线具体布置情况见表 5-4 和图 5-9 所示。

表 5-4　测点布置表

测线编号	测点数	测点间距/cm	距 3 号煤煤层顶板/cm	布置的岩层层位
A	21	20	137	黄土层
B	21	20	110	中粒砂岩
C	21	20	93.5	泥岩
D	21	20	62	泥岩
E	21	20	41.5	泥岩
F	21	20	9.8	石灰岩

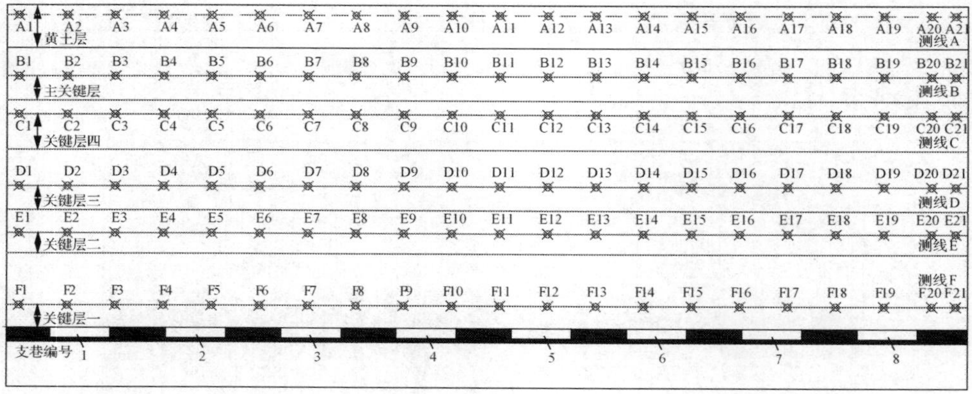

图 5-9　测线及测点的布置图

由图 5-9 可知，测线 F 位于关键层一控制的岩层内，测线 E 位于关键层二控制的岩层内，测线 D 位于关键层三控制的岩层内，测线 C 位于关键层四控制的岩层内，测线 B、测线 A 位于主关键层控制的岩层内。每个测点上布置有光膜反光片，用拓普康电子全站仪(图 5-10)观测煤层顶板各侧线上的测点随煤层开采的位移变化情况。

图 5-10　电子全站仪

3)模型开挖

本次相似模拟在双翼采硐最接近的位置做剖面，由于左翼采硐与右翼采硐间所剩煤柱很小，煤柱所能支撑的时间不长，故在开挖过程中，不保留煤柱，即在左右支巷间全采。如图 5-9 所示，从左至右巷道编号为 1#、2#、……、8#。分 4 轮进行开挖：第一轮开掘 1#、2#支巷及采硐；第二轮开掘 3#至 4#支巷及采硐；第三轮开掘 5#至 6#支巷及采硐；第四轮开掘 7#至 8#支巷及采硐。每一轮的开挖顺序为：左支巷-左支巷采硐-右支巷-右支巷采硐，每一轮开挖后进行一次测量，并记录开掘时间，每一步开掘均照一张照片。

4. 实验结果及分析

1)第一轮开挖

开挖过程及完成后的整体如图5-11所示。

(a) 1#第一步开挖

(b) 1#第二步开挖

(c) 1#第三步开挖

(d) 1#第四步开挖

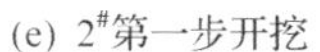

(e) 2#第一步开挖

(f) 2#第二步开挖

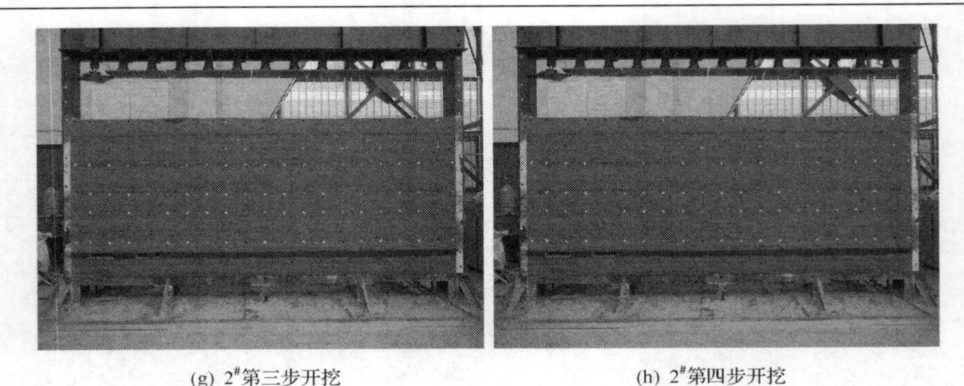

(g) 2#第三步开挖　　(h) 2#第四步开挖

图 5-11　第一轮开挖图

在 1#巷道开挖前，先测量一次全部测点，记录原始数据，在第一轮开挖完成后，再测量一次全部测点，所得即是第一轮开挖的各测线的下沉曲线。在第一轮巷道开挖结束后，各测线下沉量曲线如图 5-12 所示。

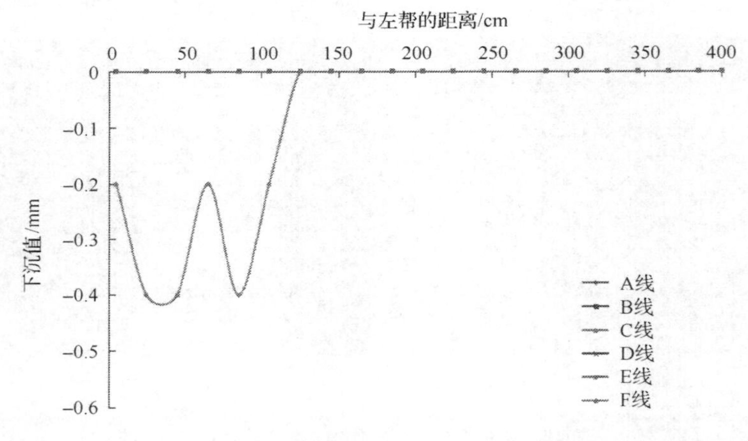

图 5-12　第一轮开挖后测线下沉曲线图

如图 5-12 所示，第一轮巷道开挖后，测线 F 上最大下沉值出现在测点 2、3 和 5 位置处，为 0.4mm，测线 E、测线 D、测线 C、测线 B、测线 A 均无下沉，主要因为每一条测线所处于不同的关键层中。测点 1、4 及测点 6 位于第一轮开挖巷道斜上方或留设煤柱正上方，这些测点出现少量的下沉，与地表沉陷的一般规律相符。在第一轮巷道开挖后，关键层一未出现变形和裂缝，可判断关键层一没有发生破断。根据上述分析，认为在第一轮巷道开挖完成后，顶板下沉量为 0.4mm，按相似比(1∶100)推算，实际下沉 40mm，与数值模拟中开采两个循环顶板下沉的数值基本相同。

2) 第二轮开挖

图 5-13 为第二轮巷道开挖图。由图 5-13 可知，在第二轮巷道开挖过程中，上覆岩层没有出现明显的裂缝和变形，与第一轮巷道开挖相比，也看不出覆岩有明显的变形。

根据第二次观测数据可知，第二轮巷道开挖结束后各测线下沉量曲线如图 5-14 所示。

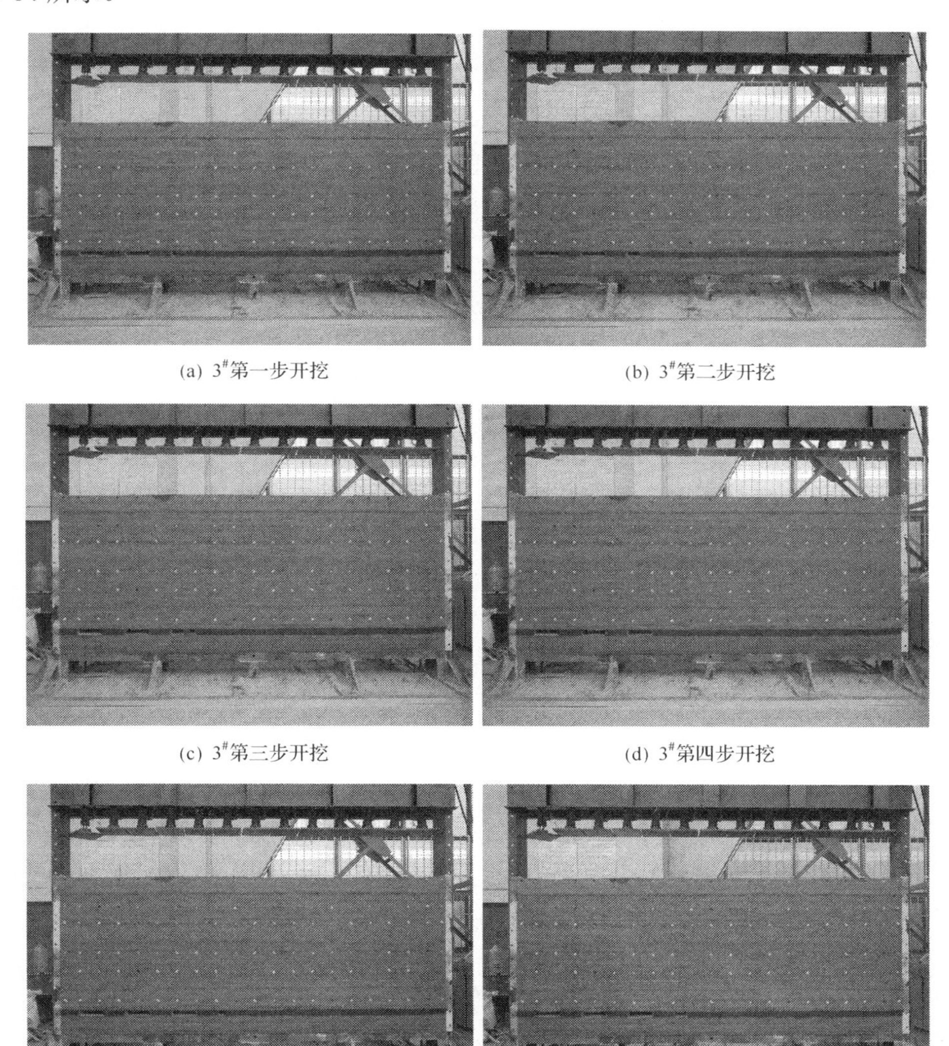

(a) 3#第一步开挖　(b) 3#第二步开挖

(c) 3#第三步开挖　(d) 3#第四步开挖

(e) 4#第一步开挖　(f) 4#第二步开挖

(g) 4#第三步开挖 (h) 4#第四步开挖

图 5-13 第二轮开挖图

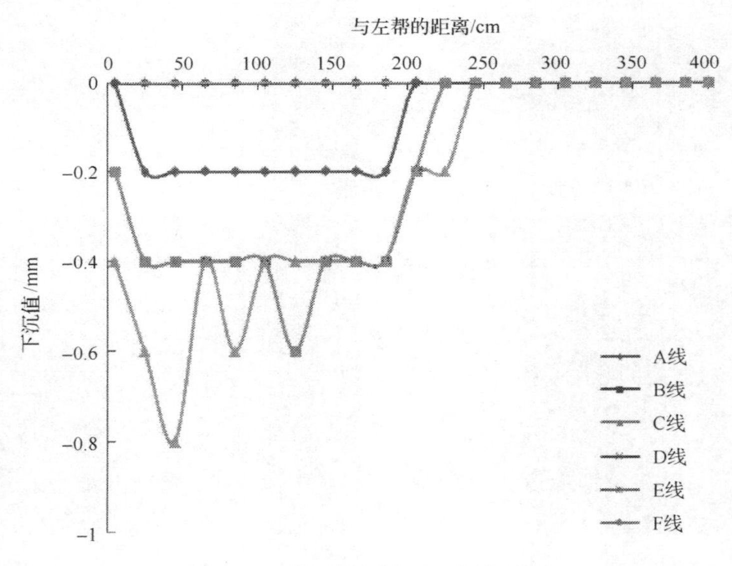

图 5-14 第二轮开挖后下沉曲线图

如图 5-14 所示，第二轮巷道开挖后下沉曲线图与第一轮下沉曲线相似，测线 F 测点出现最大下沉值 0.8mm，测线 E 上的最大下沉值为 0.6mm，测线 D 上的最大下沉值为 0.4mm，测线 C、测线 B 与测线 A 均无下沉。测点 F 中的测点 4 由于位于煤柱上方，故相对于邻近的测点，该点的下沉幅度不大，这说明在巷道的开挖过程中，留设煤柱的稳定性较好，没有遭到破坏。测线 E 中的测点 7 下沉 0.6mm，与邻近测点及测线 F 上对应的测点相比，下沉值较大，这可能是由于测量过程中的仪器及人为误差造成的。由测线 D 可知，随着测线与煤层顶板距离的增加，下沉曲线由波浪形逐渐消失，达到了静态“零”变形的效果，说明选取的尺寸能够达到保护地表建筑的目的。由前文可知，测线 D 位于关键层三控制的岩层内，由于煤柱稳定较好且测线 D 下沉较小，可判断第二轮巷道开挖后，关键层三未发生破断。根据上述分析，认为第二轮巷道开挖模拟后，顶板下沉量比第一轮有所增加，最大下沉量为 0.8mm，按 1∶100 比例推算实际下沉为 80mm。

3) 第三轮开挖

图 5-15 为第三轮巷道开挖图，由图 5-15 可知，同样在第三轮的巷道开挖过程中，上覆岩层未出现明显的裂缝和变形，也不能直观得看出覆岩变形相比前两轮巷道开挖时有模型变化。

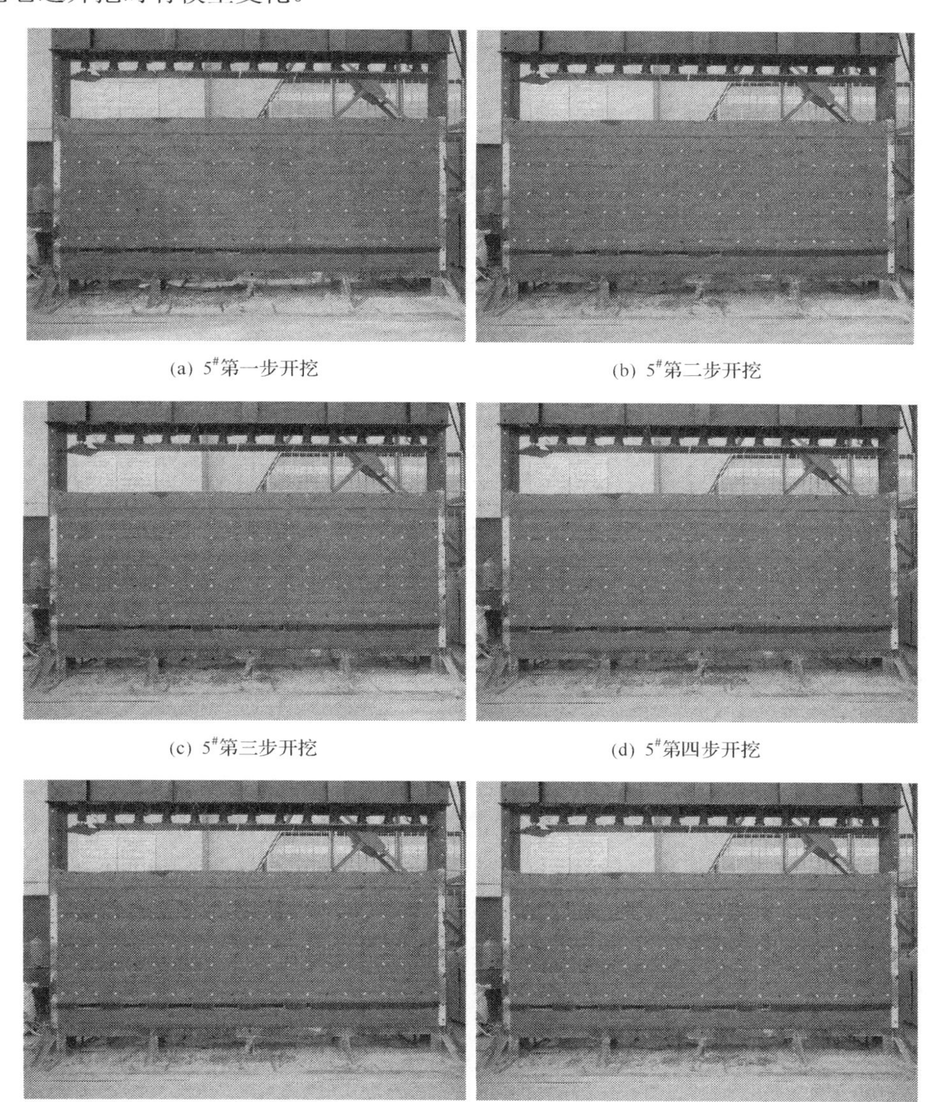

(a) 5#第一步开挖　(b) 5#第二步开挖

(c) 5#第三步开挖　(d) 5#第四步开挖

(e) 6#第一步开挖　(f) 6#第二步开挖

(g) 6#第三步开挖　　(h) 6#第四步开挖

图 5-15　第三轮开挖图

第三轮巷道开挖结束后，各测线下沉曲线如图 5-16 所示。

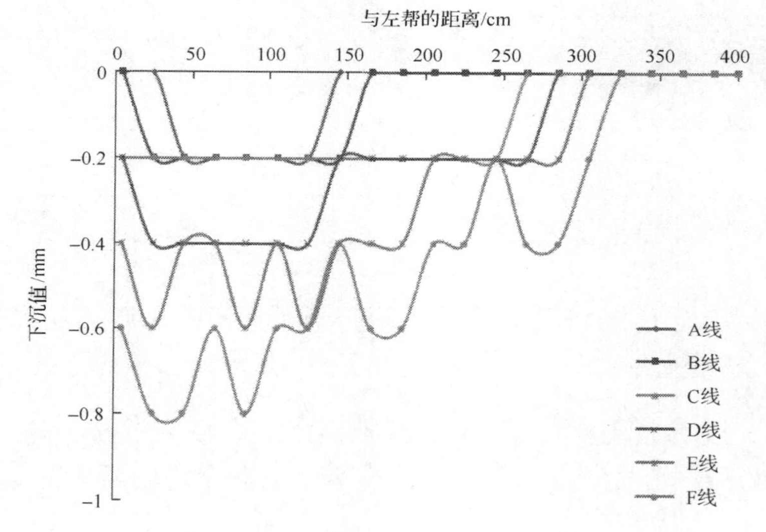

图 5-16　第三轮开挖后测线下沉曲线图

如图5-16所示，第三轮巷道开挖后各测线下沉曲线图与前两轮下沉曲线相比，部分测点下沉值在数值上有所增加，测线 F、测线 E 上最大下沉值点数目增加，测线 D 上的最大下沉值为 0.4mm，测线 C、测线 B 和测线 A 上的最大下沉值为 0.2mm。测线 F 上的测点 15 与邻近测点呈现出不同的变化，可能是由于测量过程中的观测误差造成的。测线 A～C 的下沉值说明支巷煤柱的稳定性较好，没有发生损坏。现场模型中主关键层没有发现裂缝和变形，可说明主关键层完好，未发生破坏。根据上述分析，认为第三轮巷道开挖模拟后，6 条观测线均出现不同程度的下沉，按 1∶100 比例推算实际下沉为 80mm，在模型中覆岩变形特征体现的不是十分明显。

4）第四轮开挖

图 5-17 为第四轮巷道开挖图。由图 5-17 可知，与前三轮相比，在第四轮巷道开挖过程中，上覆岩层没有出现明显的裂缝和变形，也不能直观得看出覆岩变形相比前三轮巷道开掘时有明显变化。

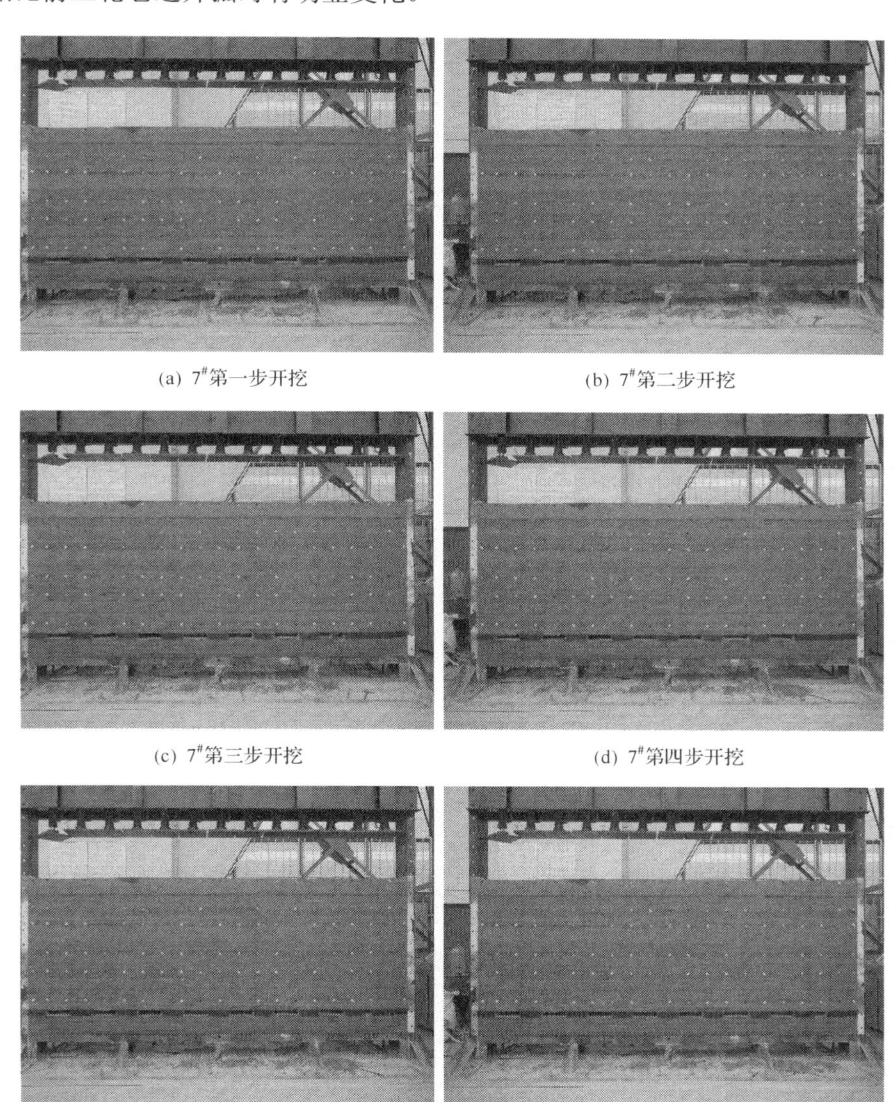

(a) 7#第一步开挖　(b) 7#第二步开挖

(c) 7#第三步开挖　(d) 7#第四步开挖

(e) 8#第一步开挖　(f) 8#第二步开挖

(g) 8#第三步开挖　　(h) 8#第四步开挖

图 5-17　第四轮开挖图

在模型巷道开挖结束后，进行观测一次，等待两天后，再进行一次最终观测，最后各测线下沉量曲线如下图 5-18 所示。

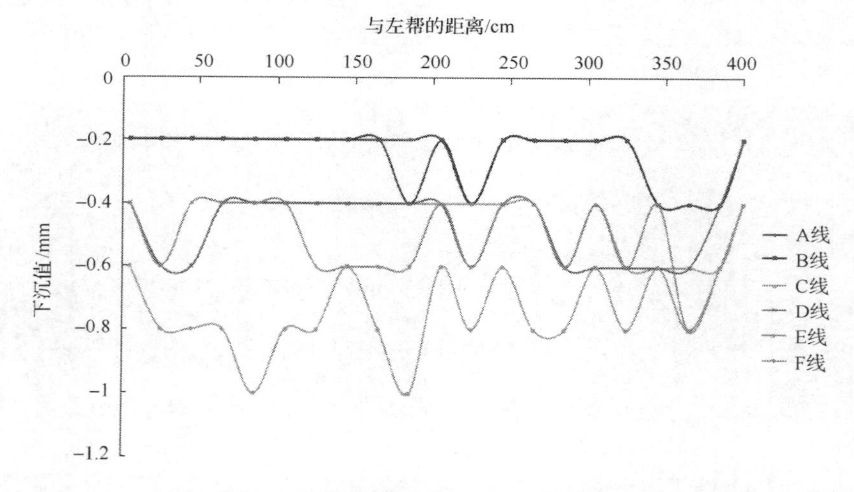

图 5-18　第四轮开挖后测线下沉曲线图

如图 5-18 所示，第四轮巷道开挖后下沉曲线图，同第三轮下沉曲线相比，下沉值进一步增大；测线 F 测点的最大下沉值，为 1.0mm，测线 E 上的最大下沉值为 0.8mm，测线 D 和测线 C 上的最大下沉值均为 0.6mm，测线 B 和测线 A 上的最大下沉量均为 0.4mm。支巷煤柱上方的测点整体下沉量较小，进一步说明煤柱的稳定性较好，没有发生破坏。按 1∶100 比例推算，煤层顶板实际下沉为 100mm，而地表推算出下沉值在 40mm 左右，测线 A 的下沉曲线与地表沉陷规律相符。在现场模型中覆岩变形特征体现的不是十分明显。

综合分析并通过对现场模型的观察可知，在所布置工作面进行开掘的过程中，关键层均未被破坏，上覆岩层较稳定且下沉量小，裂缝非常不明显；说明条带式

Wongawilli 采煤技术能够很好地控制覆岩变形。此次用物理实验证明条带式 Wongawilli 采煤技术能解放村庄下压煤，既能有效的保护地表建筑物，又能提高煤炭资源的采出率。

5.2　地表移动变形计算及分析

5.2.1　预计方法

1. 概述

1) 预计的概念

对一个计划进行开采的一个或多个工作面，根据其地质采矿条件和选用的预计函数、参数，预先计算出受此开采影响的地表移动和变形的工作，称为地表移动和变形预计(cround movement and deformation prediction)。在预计函数(解析公式或图形等)中用到的一系列常数，称为预计参数(predicting parameters)。对一个特定的地质采矿条件而言，预计参数是一定的。

2) 预计的意义

地表移动和变形预计是开采损害与保护的核心内容之一，它对开采沉陷的理论研究和生产实践都有重要的意义。

利用预计结果可以定量地研究受开采影响的地表在时间和空间的分布规律。为了提高预计的准确性，必须对预计方法所采用的理论模型及其参数与地质采矿条件之间的定性、定量关系进行深入的研究，这些研究又进一步加深了对地表移动和变形基本规律的认识。

利用预计结果可以指导建筑物下、铁路下和水体下(简称为“三下”)的开采实践。在建筑物下开采时，预计结果可以用来判别建筑物是否受开采影响及其影响的程度，作为受影响建筑物进行维修、加固，搬迁或就地重建的依据；在铁路下开采时，可以根据预计结果判断铁路下开采的可能性，估算铁路维修的工作量和材料用量，安排维修计划；在水体下开采时，预计结果被用来判断矿井受水患威胁的程度以及研究开采对受影响的堤坝等水工建筑物的破坏和影响的程度，以便进行必要的维修和保护。

3) 预计的内容

根据预计的要求、保护对象的空间位置和开采煤层的情况，地表移动和变形预计的内容主要有如下方面：

(1) 地表下沉、倾斜、曲率、水平移动和水平变形的最大值及其出现的位置；

(2) 地表沿走向或倾向主断面或任意剖面上的移动和变形值；

(3) 地表上任意点、任意方向的移动和变形值;

(4) 多工作面或多煤层开采时地表移动和变形值。

4) 预计方法的分类

(1) 经验方法。

经验方法是在特定的地质采矿条件下，通过大量的开采沉陷实测资料的数据处理，确定各种移动变形的预计函数形式(解析公式、曲线或表格)和预计参数的经验公式。这种方法是当前最可靠、预计精度比较高的方法。经验方法主要有典型曲线法、剖面函数法和威布尔分布法等。

(2) 理论模型方法。

理论模型方法是把岩体抽象为某个数学的、力学的或数学—力学的理论模型，按照这个模型计算出受开采影响岩体产生的移动、变形和应力的分布情况。该法所用的理论模型分两种：连续介质模型和非连续介质模型(如弹性梁弯曲、弹塑性模型、有限元和边界元模拟等)。连续介质模型认为，岩层和地表是一种连续的、无间断的一种固体，按力学方法进行求解，公式比较复杂，所用的参数常用实验室实验或理论推导求得，一般与现场实测资料没有直接关系，难以确定，至今没得到广泛的应用。理论模型方法主要有有限元法、边界元法、离散元法等。

(3) 影响函数法。

影响函数法是介于经验方法和理论模型方法之间的一种比较有效的预计方法。其实质是把整个开采对岩层和地表的影响看作采区内所有微小单元开采影响的总和，并据此计算整个开采引起的岩层和地表的移动和变形，此方法所用的预计参数常根据实测资料求定。影响函数法主要有概率积分法、布德雷克-克诺特法和柯赫曼斯基法。目前，我国应用最多的是概率积分法。

概率积分法由刘宝琛和廖国华提出，其预计参数意义明确，而且实测资料丰富，是我国应用最广泛的预计方法之一，也是“三下”规程中唯一的预计方法。它适用于任意形状工作面、地表任意点的移动和变形预计，使用方便，适应性强，预计精度高，因此成为我国当前主导的预计方法。

2. 概率积分法

1) 基本概念

概率积分法(probability integral method)是根据随机介质理论，把开采引起的地表移动看作随机事件，用概率积分(或其导数)来表示微小单元开采引起地表移动和变形的预计公式(影响函数)，从而用叠加原理计算出整个开采引起的地表移动和变形。

2) 随机介质理论

如图 5-19(a)所示，假设方格中的小球大小相同、质量均一，它们的移动被看作是随机过程。当第 1 层中方格 a_1 内的小球被移走时，由于重力作用，第 2 层中两个相邻方格 b_1 和 b_2 内的小球之中的一个将滚入此方格，并且它们滚入的概率均为 1/2；若 b_1 格中小球滚入 a_1，则 b_1 将被从第 3 层中 c_1 或 c_2 格中滚来的小球所占据；同样，若 b_2 格中小球滚入 a_1，则 b_2 将被从第 3 层中 c_2 或 c_3 格中滚来的小球所占据。根据概率中的乘法和加法定理，a_1 格内的小球被移走引起 c_1、c_2 和 c_3 格排空的概率分别是 1/4、1/2 和 1/4；同理，排空第 4 层 d_1、d_2、d_3 和 d_4 的概率是 1/8、3/8、3/8 和 1/8；依次类推，把各个格子由于 a_1 的移出引起排空的概率写在相应的格子中，就可以构成其概率分布直方图，如图 5-19(b)所示。若格子的尺寸非常小，则这个直方图就趋近于一条光滑的正态分布概率密度曲线。

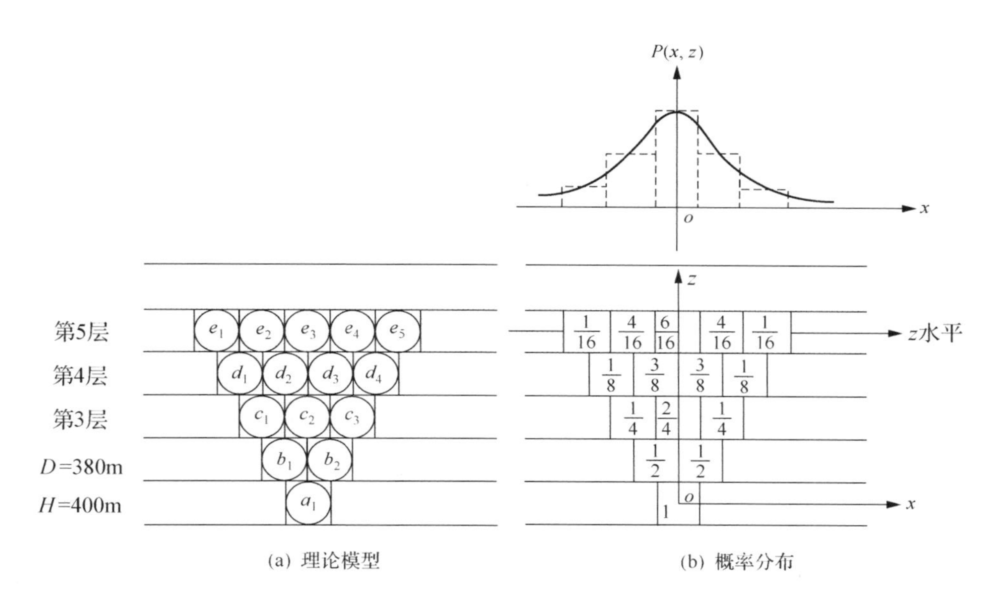

图 5-19　随机颗粒体介质模型

随机介质理论模型也可以用砂箱模型进行验证。如图 5-20 所示，砂从箱子底部中间的小孔排出，在一定体积的砂粒被排出后，沙的移动与上述理论模型描述的情况是一致的。也就是说，如果从小孔放出总体积为单位体积的小球(相当于单元开采)，则移动后砂的顶面曲线可以表示单元开采引起的下沉曲线。

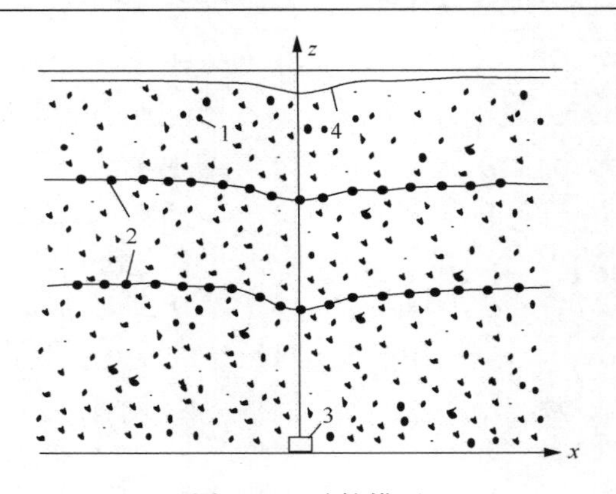

图 5-20　砂箱模型

1-砂；2-铝丝；3-排砂小孔；4-移动后砂的顶面

3) 单元下沉和水平移动曲线

(1) 单元下沉曲线。

从砂箱模型实验(图 5-20)可知，开采引起的地表移动规律与随机颗粒体介质模型所描述的规律在宏观上相似。因此，可以用正态分布概率密度函数表达地表单元下沉曲线，对于平面问题，则其表达式为：

$$w_e(x,z)=\frac{1}{r^2}e^{-\pi\frac{x^2}{r^2}} \tag{5-5}$$

式中，r 为主要影响半径；w_e 为下沉量；x 为水平方向距离；z 为竖直方向距离。

(2) 单元水平移动曲线。

根据弹性力学，假设在单元开采影响下，岩体产生的移动和变形很小。对于平面问题，设总应变为 ε，沿 x 和 z 轴应变分别为 ε_x 和 ε_z，则有

$$\varepsilon=\varepsilon_x+\varepsilon_z=0 \tag{5-6}$$

如图 5-21 所示，设岩体内 (x, z) 点受单元开采影响产生的水平移动曲线为 $u_{\mathrm{e}}(x, z)$，根据弹性力学公式并考虑本理论模型的假设，则有：

$$\begin{cases}\varepsilon_x=\dfrac{\partial u_e\left(x,z\right)}{\partial x}\\[2ex]\varepsilon_z=-\dfrac{\partial w_e(x,z)}{\partial z}\end{cases} \tag{5-7}$$

式中，“－”号是由于 w 轴与 z 轴方向相反。

对式(5-6)和式(5-7)进行数学推导，则有：

$$u_e(x,z) = B(z) \cdot \frac{\partial w_e(x,z)}{\partial x} \tag{5-8}$$

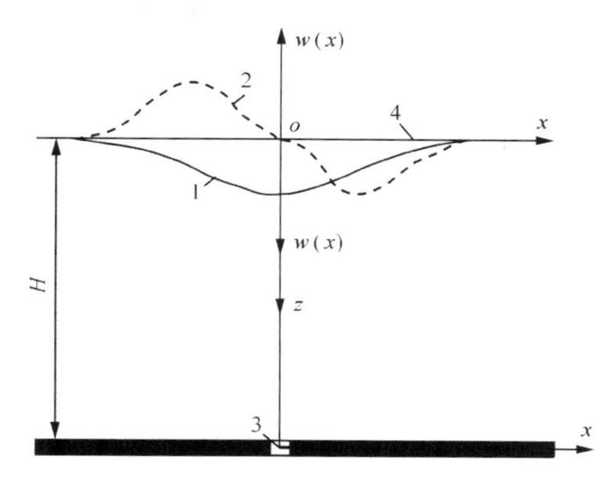

图 5-21　地表单元下沉和水平移动曲线

1-下沉曲线；2-水平移动曲线；3-开采单元；4-地表

式(5-8)表明，单元开采引起的水平移动与倾斜成正比，比例系数对同一个 z 水平来说是常数。对于地表来说，z 等于开采深度 H，$B(z)$ 为常数，令其为 B，则地表单元水平移动曲线的表达式为：

$$u_e(x) = -B \cdot \frac{2\pi x}{r^3} \cdot e^{-\pi \cdot \frac{x^2}{r^2}} \tag{5-9}$$

4) 半无限开采时走向主断面地表移动和变形预计

(1) 地表移动和变形预计公式。

煤层和地表坐标系统如图 5-22 所示，半无限开采是指从开切眼处 o_1，沿工作

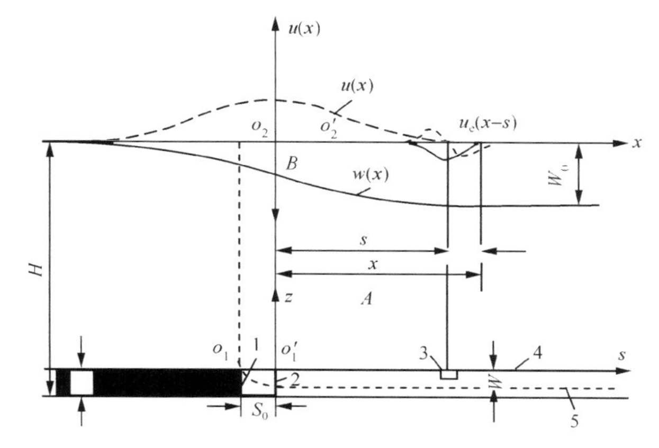

图 5-22　半无限开采时地表的下沉和水平移动

A-地表任意点；1-实际煤壁；2-假想煤壁；3-开采单元；

4-下沉前顶板原始位置；5-下沉后顶板位置；W_0-顶板下沉量；B-拐点

面推进方向(开切眼的右侧)已全部被开采，开切眼的左侧没有开采，沿垂直于工作面推进方向的开采尺寸足够大，达到充分采动。设煤层的开采厚度为 m，开采深度为 H，拐点偏距为 s_0，则可以推导出半无限开采时沿走向主断面内地表移动和变形预计公式。

①地表下沉。

假定在 s 处开采了一个宽度为 ds，厚度为 1 个单元的煤层引起地表上任意一点 A 下沉值为：

$$\mathrm{d}w = w_e(x-s)\,\mathrm{d}s \tag{5-10}$$

若开采厚度为 m，而不是单元厚度，但是由于顶板岩层的冒落、碎胀，充填采空区，加上煤层倾角的影响，所以开采厚度为 m 的煤层相当于只开采了 $mq\cos\alpha$(q 为下沉系数)，则有下式：

$$\mathrm{d}w = w_e(x-s)\cdot mq\cos\alpha \tag{5-11}$$

若令 $w_0 = mq\cos\alpha$，则整个半无限开采引起 A 点的下沉预计公式为：

$$w(x) = w_0\int_0^{\infty}\frac{1}{r}\mathrm{e}^{-\pi\frac{(x-s)^2}{r^2}}\mathrm{d}s \tag{5-12}$$

将式(5-12)进行积分变换，可得：

$$w(x) = \frac{w_0}{2}\left[\frac{2}{\sqrt{\pi}}\int_0^{\frac{\sqrt{\pi}}{r}x}\mathrm{e}^{-u^2}\mathrm{d}u + 1\right] \tag{5-13}$$

②地表倾斜。

倾斜 $i(x)$ 是下沉 $w(x)$ 的一阶导数，公式如下：

$$i(x) = \frac{\mathrm{d}w(x)}{\mathrm{d}x} = \frac{w_0}{r}\mathrm{e}^{-\pi\frac{x^2}{r^2}} \tag{5-14}$$

③地表曲率。

曲率 $k(x)$ 是倾斜 $i(x)$ 的一阶导数，是下沉 $w(x)$ 的二阶导数，公式如下：

$$k(x) = \frac{\mathrm{d}i(x)}{\mathrm{d}x} = -\frac{2\pi w_0}{r^3}x\mathrm{e}^{-\pi\frac{x^2}{r^2}} \tag{5-15}$$

④地表水平移动。

类似于地表下沉预计公式的推导，可得到地表水平移动的预计公式：

$$u(x) = br \cdot i(x) = bw_0 \mathrm{e}^{-\pi \frac{x^2}{r^2}} \tag{5-16}$$

式中，b 为水平移动系数。

⑤地表水平变形。

水平变形 $\varepsilon(x)$ 是水平移动 $U(x)$ 的一阶导数，公式如下：

$$\varepsilon(x) = \frac{\mathrm{d}u(x)}{\mathrm{d}x} = br \cdot k(x) = -\frac{2\pi b}{r^2} w_0 \cdot x \cdot \mathrm{e}^{-\pi \frac{x^2}{r^2}} \tag{5-17}$$

(2) 地表移动和变形的最大值。

①地表下沉最大值。

当 $x \to +\infty$ 时，地表下沉达到最大值，即

$$w_0 = mq\cos\alpha \tag{5-18}$$

②地表倾斜最大值。

当 $x=0$ 时，地表倾斜达到最大值，即

$$i_0 = i(0) = \frac{w_0}{r} \tag{5-19}$$

③地表曲率最大值。

当 $x = \pm\frac{r}{\sqrt{2\pi}} \approx \pm 0.4r$ 时，地表曲率达到最大值，即

$$k_0 = k\left(\pm\frac{r}{\sqrt{2\pi}}\right) \approx \mp 1.52\frac{W_0}{r^2} \tag{5-20}$$

式中，当 $x \approx -0.4r$ 时，为正曲率最大值；当 $x \approx +0.4r$ 时，为负曲率最大值。

④地表水平移动最大值。

当 $x=0$ 时，地表水平移动达到最大值，即

$$u_0 = u(0) = bw_0 \tag{5-21}$$

⑤地表水平变形最大值。

当 $x = \pm\frac{r}{\sqrt{2\pi}} \approx \pm 0.4r$ 时，地表水平变形达到最大值，即

$$\varepsilon_0 = \varepsilon\left(\pm\frac{r}{\sqrt{2\pi}}\right) = \mp 1.52\frac{bw_0}{r} \tag{5-22}$$

式中，当 $x \approx -0.4r$ 时，为正水平变形(拉伸变形)最大值；当 $x \approx +0.4r$ 时，为负水平变形(压缩变形)最大值。

(3)概率积分法预计参数。

概率积分法预计参数主要有下沉系数 q、主要影响角正切 $\tan\beta$、拐点偏距 s、水平移动系数 b 和开采影响传播角 θ_0。

①下沉系数。

下沉系数(subsidence factor)，常用 q 表示，在双向充分采动条件下，可由式(5-17)得到：

$$q = \frac{w_0}{m\cos\alpha} \tag{5-23}$$

式中，m 为开采厚度；α 为煤层倾角；w_0 为最大下沉值，可用实测得到。

②主要影响角正切。

如图 5-23 所示，受半无限开采的影响，除下沉以外，主要的地表移动变形均发生在 $x \in [-r, r]$ 的范围之内，称 r 为主要影响半径(major influence radius)。

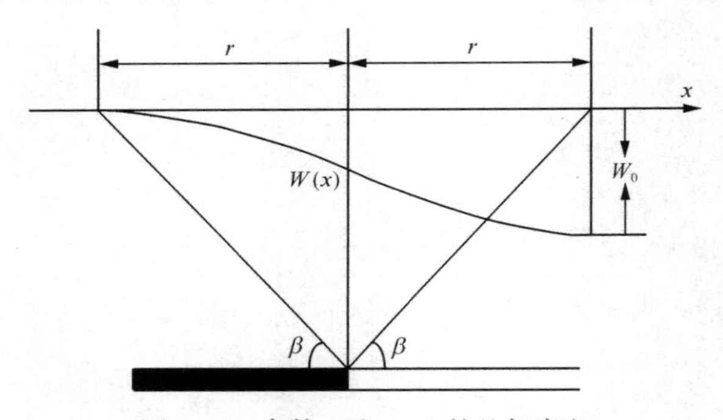

图 5-23　参数 r 及 $\tan\beta$ 的几何意义

将 $x=\pm r$ 的地表点与煤壁相连，其连线与水平线之间所夹的锐角 β 称为主要影响角，其正切 $\tan\beta$ 称为主要影响角正切(tangent of major influence angle)，即

$$\tan\beta = \frac{H}{r} \tag{5-24}$$

③拐点偏距。

如图 5-22 所示，考虑到煤壁右侧采空区顶板的悬臂作用，可将下沉曲线的拐点投影到煤层上得到计算边界，实际开采边界与计算边界之间沿煤层的平距称为拐点偏距(offset of inflection point)，又称拐点平移距，常用 s_0 表示。若在采空区一侧，s_0 取正值；若在煤柱一侧，s_0 取负值。

④水平移动系数。

水平移动系数(displacement factor)是指地表最大水平移动值和最大下沉值的比值。由式(5-21)知

$$b=\frac{u_0}{w_0} \tag{5-25}$$

⑤开采影响传播角。

开采影响传播角是在移动盆地倾向主断面上，按拐点偏移距求得的计算开采边界和地表下沉曲线拐点的连线与水平线在下山方向的夹角，常用θ_0表示。

(4)依据岩性选取预计参数。

预计参数一般选取本矿或本矿区实测数据分析参数。对于无实测资料的矿区，可依据岩性条件按表5-5选取概率积分法预计参数。

表5-5　岩性与预计参数关系表

覆岩类型	覆岩性质		下沉系数q	水平移动系数b	主要影响角正切$\tan\beta$	拐点移动距s/H_0	开采影响传播角θ_0
	主要岩性	单向抗压强度/MPa					
坚硬	大部分以中生代地层硬砂岩、硬石灰岩为主，其他为砂质页岩、页岩、辉绿岩	>60	0.27～0.54	0.2～0.3	1.2～1.91	0.31～0.43	90°–(0.7～0.8)α
中硬	大部分以中生代地层中硬砂岩、石灰岩、砂质页岩为主。其他为软砾岩、致密泥灰岩、铁矿石	30～60	0.55～0.84	0.2～0.3	1.92～2.40	0.08～0.30	90°–(0.6～0.7)α
软弱	大部分以新生代地层砂质页岩、页岩、泥灰岩及黏土、砂质黏土等松散层	<30	0.85～1.0	0.2～0.3	2.41～3.54	0～0.07	90°–(0.5～0.6)α

对于无实测资料的矿区，也可依据覆岩综合评价系数P及地质、开采技术条件来确定地表移动计算参数。

①覆岩综合评价系数计算方法。

$$P=\frac{\sum_{1}^{n} m_i\cdot Q_i}{\sum_{1}^{n} m_i} \tag{5-26}$$

式中，m_i为覆岩分层法线厚度m；Q_i为覆岩i分层的岩性评价系数，由表5-6查得。

表 5-6　分层岩性评价系数表

岩性	单向抗压强度/MPa	岩石名称	初次采动	重复采动	
			Q_0	Q_1	Q_2
坚硬	≥90	很硬的砂岩、石灰岩和黏土页岩、石英矿脉、很硬的铁矿石、致密花岗岩、角闪岩、辉绿岩	0.0	0.0	0.1
	80 70 60	硬的石灰岩、硬砂岩、硬大理石、不硬的花岗岩	0.0 0.05 0.1	0.1 0.2 0.3	0.4 0.5 0.6
中硬	50 40 30 20 >10	较硬的石灰岩、砂岩和大理石、普通砂岩、铁矿石、砂质页岩、片状砂岩、硬黏土质页岩、不硬的砂岩和石灰岩、软砾岩	0.2 0.4 0.6 0.8 0.9	0.45 0.7 0.8 0.9 1.0	0.7 0.95 1.0 1.0 1.1
软弱	≤10	各种页岩(不坚硬的)、致密泥灰岩、软页岩、很软石灰岩、无烟煤、普通泥灰岩、破碎页岩、烟煤、硬表土-粒质土壤、致密黏土、软砂质黏土、黄土、腐植土，松散砂层	1.0	1.1	1.1

②覆岩综合评价下沉系数的计算。

$$q = 0.5(0.9 + P) \tag{5-27}$$

③覆岩综合评价主要影响角正切的计算。

$$\tan\beta = (D - 0.0032H)(1 - 0.0038\alpha) \tag{5-28}$$

式中，D 为岩性影响系数，其数值与综合评价系数 P 的关系见表 5-7。

④水平移动系数的计算。

$$b_c = b(1 + 0.0086\alpha) \tag{5-29}$$

⑤开采影响传播角的计算。

$$\theta_0 = \begin{cases} 90 - 0.68\alpha & \alpha \leqslant 45^\circ \\ 28.8 + 0.68\alpha & \alpha \geqslant 45^\circ \end{cases} \tag{5-30}$$

表 5-7　岩性综合评价系数 ***P*** 与系数 ***D*** 的对应关系表

岩性										
坚硬	P	0.00	0.03	0.07	0.11	0.15	0.19	0.23	0.27	0.30
	D	0.76	0.82	0.88	0.95	1.01	1.08	1.14	1.20	1.25
中硬	P	0.30	0.35	0.40	0.45	0.50	0.55	0.60	0.65	0.70
	D	1.26	1.35	1.45	1.54	1.64	1.73	1.82	1.91	2.00
软弱	P	0.70	0.75	0.80	0.85	0.90	0.95	1.00	1.05	1.10
	D	2.00	2.10	2.20	2.30	2.40	2.50	2.60	2.70	2.80

⑥拐点偏移距的计算。

$$s_0=\begin{cases}(0.31\sim0.43)H & \text{坚硬覆岩}\\(0.08\sim0.30)H & \text{中硬覆岩}\\(0\sim0.07)H & \text{软弱覆岩}\end{cases} \tag{5-31}$$

(5)预计公式的简化。

$$\frac{w(x)}{w_0}=\frac{1}{2}\left[\mathrm{erf}\left(\frac{\sqrt{\pi}}{r}x\right)+1\right]=A\left(\frac{x}{r}\right) \tag{5-32}$$

$$\frac{i(x)}{i_0}=\frac{u(x)}{u_0}=\mathrm{e}^{-\pi\cdot\frac{x^2}{r^2}}=B\left(\frac{x}{r}\right) \tag{5-33}$$

$$\frac{k(x)}{k_0}=\frac{\varepsilon(x)}{\varepsilon_0}=-4.13\frac{x}{r}\mathrm{e}^{-\pi\frac{x^2}{r^2}}=C\left(\frac{x}{r}\right) \tag{5-34}$$

式中，$A\left(\frac{x}{r}\right)$、$B\left(\frac{x}{r}\right)$和$C\left(\frac{x}{r}\right)$分别是 x 的三个不同的函数，称为移动和变形的分布函数，分布函数常用数值表(表 5-8)或曲线图(图 5-24)表示，可以用$\frac{x}{r}$作为引数直接查出。

表 5-8　移动和变形分布函数值表

x/r	0	±0.1	±0.2	±0.3	±0.4	±0.5	±0.6	±0.7
A(x/r)	0.5000	0.5989	0.6919	0.7739	0.8419	0.8949	0.9335	0.9601
	0.5000	0.4011	0.3081	0.2261	0.1581	0.1051	0.0665	0.0399
B(x/r)	1.0000	0.9693	0.8819	0.7537	0.6049	0.4559	0.3227	0.2145
C(x/r)	0	∓0.4006	∓0.7291	∓0.9347	∓1.0000	∓0.9423	∓0.8004	∓0.6207
x/r	±0.8	±0.9	±1.0	±1.1	±1.2	±1.3	±1.4	±1.5
A(x/r)	0.9775	0.9879	0.9938	0.9971	0.9986	0.9994	0.9998	0.9999
	0.0225	0.0121	0.0062	0.0029	0.0014	0.0006	0.0002	0.0001
B(x/r)	0.1339	0.0785	0.0432	0.0223	0.0111	0.0049	0.0021	0.0009
C(x/r)	∓0.4228	∓0.2920	∓0.1786	∓0.1016	∓0.0538	∓0.0266	∓0.0123	∓0.0050

注：当 x/r 为正值时，A(x/r)取上一行的函数值，C(x/r)取负值；当 x/r 为负值时，A(x/r)取下一行的函数值，C(x/r)取正值。

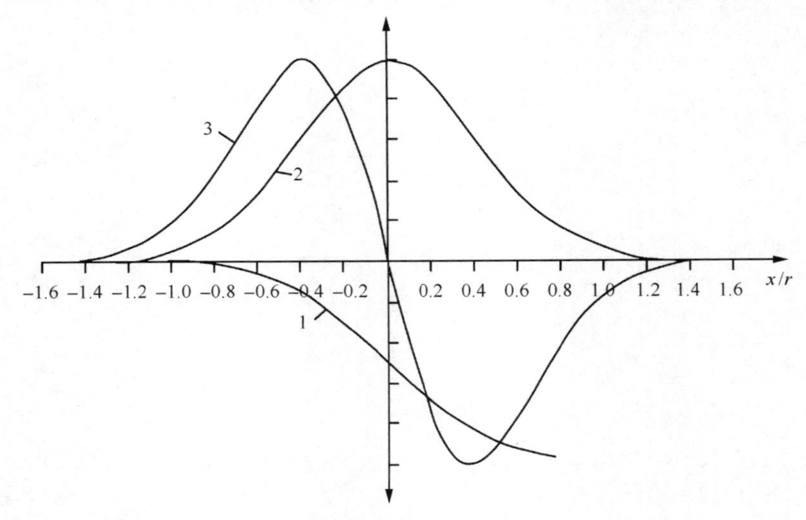

图 5-24　移动和变形分布曲线

1-$A(x/r)$；2-$B(x/r)$；3-$C(x/r)$

5) 有限开采时沿走向主断面地表移动和变形预计

如图 5-25 所示，煤层沿倾斜方向已达到充分采动，沿走向方向没有达到充分采动，这种情况称为走向有限开采(finitive extraction along strike)。

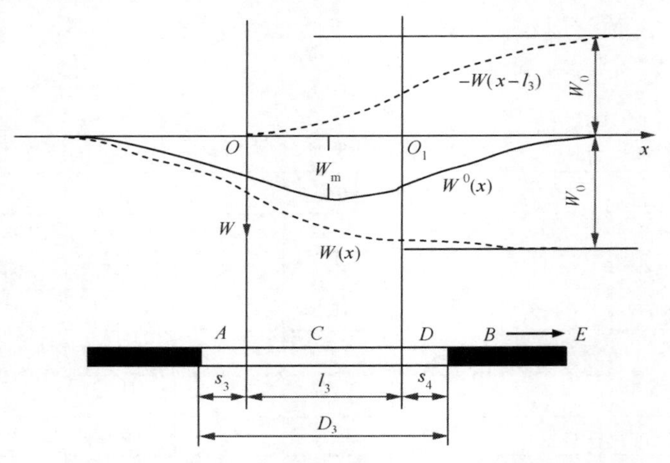

图 5-25　有限开采时沿走向主断面地表移动和变形预计

设左右两侧的拐点偏距分别为 s_3 和 s_4，有限开采时沿走向主断面地表移动和变形预计可用叠加原理求得。有限开采可认为等效于上述两个半无限开采之差，则有限开采时沿走向主断面地表移动和变形值的预计公式如下：

$$
\begin{cases}
w^0(x) = w(x;t_3) - w(x-l_3;t_4) \\
i^0(x) = i(x;t_3) - i(x-l_3;t_4) \\
k^0(x) = k(x;t_3) - k(x-l_3;t_4) \\
u^0(x) = u(x;t_3) - u(x-l_3;t_4) = bri^o(x) \\
\varepsilon^0(x) = \varepsilon(x;t_3) - \varepsilon(x-l_3;t_4) = brk^o(x)
\end{cases}
\tag{5-35}
$$

式中，t_3 和 t_4 为走向左右两侧相应的预计参数；l_3 为工作面计算长度，$l_3=D_3-s_3-s_4$。

6）有限开采时沿倾向主断面地表移动和变形预计

如图 5-26 所示，若煤层沿走向方向已达到充分采动，沿倾斜方向为有限开采时，称为倾向有限开采（finitive extraction along inclination）。考虑到煤层顶板的悬臂作用，设下山和上山方向的拐点偏距分别为 s_1 和 s_2。由于煤层的倾斜，点 C 到上山无穷远处的点 G 之间煤层的半无限开采引起的下沉曲线的拐点会向下山方向偏移，位于 o 处。Co 线与水平线的夹角 θ_0 称为开采影响传播角，一般认为 θ_0 与煤层倾角有关，即 $\theta_0=90-k\alpha$，k 为小于 1 的常数，一般取值为 0.5～0.8。在预计精度要求不高时，可取表 5-5 中 θ_0 的经验值。半无限开采 DG 引起的地表下沉曲线的拐点出现在 o_1 点，Do_1 线与水平线的夹角也为 θ_0。

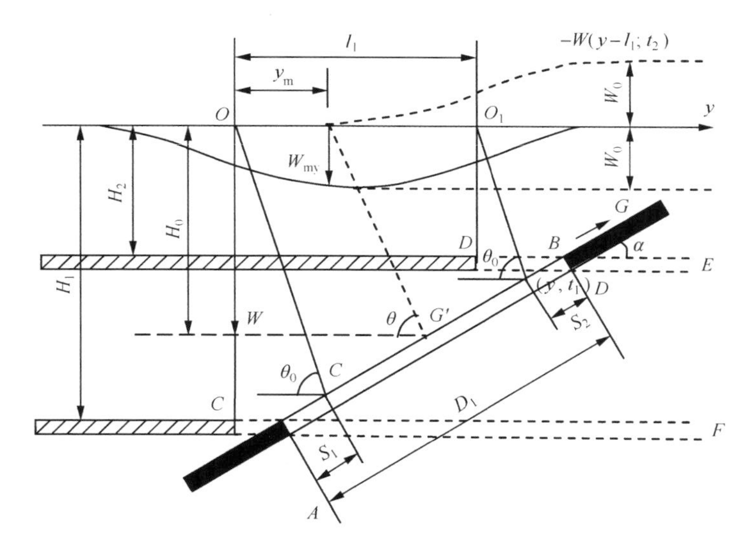

图 5-26　有限开采时沿倾向主断面地表移动和变形预计

倾向主断面地表移动和变形可以用等影响原理进行计算：在图 5-26 中，设想在采区下山及上山方向各有一个水平煤层，其顶板和底板与实际煤层开采边界的顶板和底板相重合，则这两个假想煤层的法向厚度均为 $m\cos\alpha$。根据这个设想，在图 5-26 中，$C'F$ 的开采与 CG 的开采引起的地表移动和变形是相同的(称为等影响)。同理，$D'E$ 开采与 DG 开采也是等影响的。那么，计算边界 CD 内(相当于实际开采边 AB 内)的开采对地表的影响等于 CG 和 DG 开采影响之差，也就等于 $C'F$ 和 $D'E$ 开采影响之差。所以，只要分别求出这两个假想的水平煤层半无限开采 $C'F$ 和 $D'E$ 引起的地表移动和变形，再求出它们的差，即可求出倾向有限开采 AB 引起的地表移动和变形。这种等影响原理虽然有一定的近似性，但实践表明，这种方法完全可以满足工程的要求，可以在预计中应用。

在图 5-26 的坐标系统中，计算假想的水平煤层半无限开采 $C'F$ 引起的地表移动和变形时，开采深度为倾斜煤层实际的下山开采边界采深 H_1，拐点在 $y=0$ 的 o 点处；计算 $D'E$ 开采引起的地表移动和变形时，开采深度为上山开采边界采深 H_2，拐点在 $y=l_1$ 的 o_1 点处。据此，可推导出走向方向达到充分采动、倾斜方向有限开采时沿倾向主断面的地表移动和变形预计公式：

$$\begin{cases} w^0(y)=w(y;t_1)-w(y-l_1;t_2) \\ i^0(y)=i(y;t_1)-i(y-l_1;t_2) \\ k^0(y)=k(y;t_1)-k(y-l_1;t_2) \\ u^0(y)=[u(y;t_1)+w(y;t_1)\cot\theta_0]-[u(y-l_1;t_2)+w(y-l_1;t_2)\cot\theta_0] \\ \varepsilon^0(y)=[\varepsilon(y;t_1)+i(y;t_1)\cot\theta_0]-[\varepsilon(y-l_1;t_2)+i(y-l_1;t_2)\cot\theta_0] \end{cases} \tag{5-36}$$

式中，t_1 和 t_2 为下山和上山方向的预计参数；l_1 为工作面计算长度，$l_1=(D_1-s_1-s_2)\dfrac{\sin(\theta_0+\alpha)}{\sin\theta_0}$；$w(y;t_1)\cot\theta_0$、$w(y-l_1;t_2)\cot\theta_0$、$i(y;t_1)\cot\theta_0$ 和 $i(y-l_1;t_2)\cot\theta_0$ 表示由于煤层倾斜所引起的水平移动和水平变形的分量。

7) 走向和倾向均为有限开采时主断面地表移动和变形预计

走向和倾向均为有限开采时，地表移动和变形预计所采用的坐标系统与图 5-26 的坐标系统相同，即沿走向主断面 x 轴原点在左侧计算边界正上方的地表点处，x 轴沿地表指向右方；沿倾向主断面的 y 轴的原点在以下山一侧的计算边界用 θ_0 角确定的地表点处，y 轴沿地表指向上山方向(图 5-26)。

(1) 沿走向方向预计公式。

当走向和倾向方向均为有限开采时，沿走向主断面上的移动和变形预计公式是在式(5-36)前乘以一个小于 1 的系数 C_{ym}，即

$$\begin{cases} w^0(x) = C_{ym}[w(x;t_3) - w(x-l_3;t_4)] \\ i^0(x) = C_{ym}[i(x;t_3) - i(x-l_3;t_4)] \\ k^0(x) = C_{ym}[k(x;t_3) - k(x-l_3;t_4)] \\ u^0(x) = C_{ym}[u(x;t_3) - u(x-l_3,t_4)] \\ \varepsilon^0(y) = C_{ym}[\varepsilon(x;t_3) - \varepsilon(x-l_3;t_4)] \end{cases} \tag{5-37}$$

式中，t_3 和 t_4 为走向左右侧的预计参数；C_{ym} 为倾向采动程度系数，表示倾向非充分采动时，走向主断面上移动和变形值减小的倍数，$C_{ym} = \dfrac{w_{my}^0}{w_0}$，$w_0$ 为走向和倾向均为充分采动时的最大下沉值，w_{my}^0 表示走向为充分采动、倾向为有限开采时的最大下沉值。

(2)沿倾斜方向预计公式。

当走向和倾向方向均为有限开采时，沿倾向主断面地表移动和变形预计公式是在式(5-37)前乘以一个小于 1 的系数 C_{xm}，即

$$\begin{cases} w^0(y) = C_{xm}[w(y;t_1) - w(y-l_1;t_2)] \\ i^0(y) = C_{xm}[i(y;t_1) - i(y-l_1;t_2)] \\ k^0(y) = C_{xm}[k(y;t_1) - k(y-l_1;t_2)] \\ u^0(y) = C_{xm}\{[u(y;t_1) + w(y;t_1)cot\theta_0] - [u(y-l_1;t_2) + w(y-l_1;t_2)cot\theta_0]\} \\ \varepsilon^0(y) = C_{xm}\{[\varepsilon(y;t_1) + i(y;t_1)cot\theta_0] - [\varepsilon(y-l_1;t_2) + i(y-l_1;t_2)cot\theta_0]\} \end{cases} \tag{5-38}$$

式中，t_1 和 t_2 为下山和上山方向的预计参数；C_{xm} 为走向采动程度系数，表示走向非充分采动时，倾向主断面上移动和变形值减小的倍数，$C_{xm} = \dfrac{w_{mx}^0}{w_0}$，$w_0$ 表示走向和倾向均为充分采动时的最大下沉值，w_{mx}^0 表示倾向为充分采动、走向为有限开采时的最大下沉值。

8) 地表上任意点的移动和变形预计

(1)任意点沿任意方向的移动和变形预计。

①地表下沉。

如图 5-27 所示，煤层坐标系统 so_1t 和地表坐标系统 xoy 的井上下对应，在(s,t)处开采了一个单元 $B(s, t)$，则引起地表任意点 $A(x, y)$的下沉值为：

$$\mathrm{d}w(x,y)=w_e(x-s)\cdot w_e(y-t)\cdot \mathrm{d}s=\frac{1}{r^2}\mathrm{e}^{-\pi\frac{(x-s)^2+(y-t)^2}{r^2}}\mathrm{d}s \tag{5-39}$$

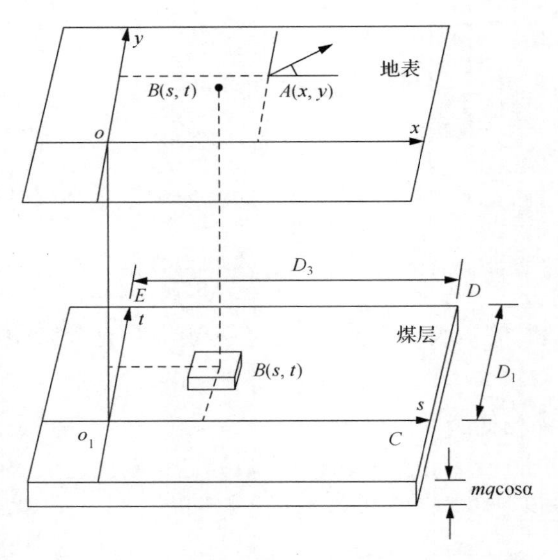

图 5-27　地表和煤层坐标系统

根据式(5-39)，若开采范围为 o_1CDE，o_1C 长为 D_3，CD 长为 D_1，则整个开采引起地表 $A(x,y)$ 点的下沉为：

$$\begin{aligned}w(x,y)&=w_0\int_0^{D_3}\int_0^{D_1}\frac{1}{r^2}\mathrm{e}^{-\pi\frac{(x-s)^2+(y-t)^2}{r^2}}\mathrm{d}t\mathrm{d}s\\&=\frac{1}{w_0}\left[w(x;t_3)-w(x-l_3;t_4)\right]\cdot\left[w(y;t_1)-w(y-l_1;t_2)\right]\\&=\frac{1}{w_0}w^0(x)w^0(y)\end{aligned} \tag{5-40}$$

式中，$w^0(x)$ 为倾斜充分采动时，走向主断面地表下沉预计公式；$w^0(y)$ 为走向充分采动时，倾斜主断面地表下沉预计公式。

②地表倾斜。

地表任意点 $A(x,\ y)$ 沿 φ(x 轴的正向逆时针到指定方向的角度)方向的倾斜 $i(x,y,\varphi)$ 为下沉 $w(x,y)$ 在 φ 方向的方向导数，即

$$
\begin{aligned}
i(x,y,\varphi) &= \frac{\partial w(x,y)}{\partial \varphi} = \frac{\partial w(x,y)}{\partial x}\cos\varphi + \frac{\partial w(x,y)}{\partial y}\sin\varphi \\
&= \frac{1}{w_0}\left[i^0(x)w^0(y)\cos\varphi + w^0(x)i^0(y)\sin\varphi\right]
\end{aligned} \tag{5-41}
$$

③地表曲率。

同理，可得地表任意点 $A(x，y)$ 沿 φ 方向的曲率为：

$$
\begin{aligned}
k(x,y,\varphi) &= \frac{\partial i(x,y,\varphi)}{\partial \varphi} = \frac{\partial i(x,y,\varphi)}{\partial x}\cos\varphi + \frac{\partial i(x,y,\varphi)}{\partial y}\sin\varphi \\
&= \frac{1}{w_0}\left[k^0(x)w^0(y)\cos^2\varphi + k^0(y)w^0(x)\sin^2\varphi + i^0(x)i^0(y)\sin 2\varphi\right]
\end{aligned} \tag{5-42}
$$

④地表水平移动。

地表任意点 $A(x，y)$ 沿 φ 方向的水平移动为：

$$
u(x,y,\varphi) = br\cdot i(x,y,\varphi) = \frac{1}{w_0}\left[u^0(x)w^0(y)\cos\varphi + u^0(y)w^0(x)\sin\varphi\right] \tag{5-43}
$$

⑤地表水平移动。

地表任意点 $A(x，y)$ 沿 φ 方向的水平变形为：

$$
\begin{aligned}
\varepsilon(x,y,\varphi) = br\cdot k(x,y,\varphi) = \frac{1}{w_0}\Big\{&\varepsilon^0(x)w^0(y)\cos^2\varphi + \varepsilon^0(y)w^0(x)\sin^2\varphi \\
&+\left[u^0(x)i^0(y) + u^0(y)i^0(x)\right]\sin\varphi\cos\varphi\Big\}
\end{aligned} \tag{5-44}
$$

(2) 与主断面平行剖面上的移动和变形预计。

①与走向主断面平行的剖面。

若与走向主断面平行的剖面的纵坐标为 y_0，此时 φ=0，令 $\frac{w^0(y_0)}{w_0} = C_y$，且以右下标[x]表示这个与 x 轴平行的剖面上移动和变形，根据式(5-40)～(5-44)则有：

$$
\begin{cases}
w_{[x]} = w(x,y_0) = C_y w^0(x) \\
i_{[x]} = i(x,y_0,0) = C_y i^0(x) \\
k_{[x]} = k(x,y_0,0) = C_y k^0(x) \\
u_{[x]} = u(x,y_0,0) = C_y u^0(x) \\
\varepsilon_{[x]} = \varepsilon(x,y_0,0) = C_y \varepsilon^0(x)
\end{cases} \tag{5-45}
$$

当 $y_0 = y_m = \left(\dfrac{D_1}{2} - s_1\right)\dfrac{\sin(\theta+\alpha)}{\sin\theta}$ 时，为走向主断面。

②与倾向主断面平行的剖面。

同理，设与倾向主断面平行的剖面的横坐标为 x_0，此时 φ=90°，令 $\dfrac{w^0(x_0)}{w_0} = C_x$，且以右下标[y]表示这个与 y 轴平行的剖面上移动和变形，根据式(5-40)～式(5-44)则有：

$$\begin{cases} w_{[y]} = w(x_0, y) = C_x w^0(y) \\ i_{[y]} = i(x_0, y, 90^\circ) = C_x i^0(y) \\ k_{[y]} = k(x_0, y, 90^\circ) = C_x k^0(y) \\ u_{[y]} = u(x_0, y, 90^\circ) = C_x u^0(y) \\ \varepsilon_{[y]} = \varepsilon(x_0, y, 90^\circ) = C_x \varepsilon^0(y) \end{cases} \tag{5-46}$$

当 $x_0 = \dfrac{l_3}{2}$ 时，为倾向主断面的位置。

(3)地表移动和变形最大值及其方向。

①倾斜和水平移动。

点 $A(x, y)$ 倾斜最大值出现在 φ=φ_i 处，根据求最值条件 $\left.\dfrac{\partial i(x,y,\varphi)}{\partial\varphi}\right|_{\varphi=\varphi_i} = 0$，则有：

$$\phi_i = \arctan\frac{W^0(x)\cdot i^0(y)}{i^0(x)\cdot W^0(y)} \tag{5-47}$$

将 φ_i 代入式(5-41)可得到倾斜最大值。

水平移动最大值的方向和倾斜最大值的方向一致，将 φ_i 代入式(5-43)可得到水平移动的最大值。

②曲率和水平变形。

点 $A(x, y)$ 曲率最大值出现在 φ=φ_k 处，根据求最值条件 $\left.\dfrac{\partial k(x,y,\varphi)}{\partial\varphi}\right|_{\varphi=\varphi_k} = 0$，则有：

$$\varphi_k = \frac{1}{2}\arctan\frac{2i^0(x)\cdot i^0(y)}{k^0(x)w^0(y) - k^0(y)w^0(x)} \tag{5-48}$$

将 φ_k 代入式(5-42)可得到曲率最大值。

水平变形最大值的方向和曲率最大值的方向一致，将 φ_k 代入式(5-44)可得到水平变形的最大值。

9) 重复采动时地表移动和变形预计

(1) 重复采动对预计参数的影响。

重复采动使地表的破坏加剧或活化，从而引起地表的移动和变形值均增大，同时还将使移动盆地的范围增大。地表所有的移动和变形值均与下沉系数 q 成正比。因此，可以通过增大 q 的值来计算重复采动时的地表移动和变形。

在煤层沿走向和倾斜方向均达到充分采动时，下沉系数可按以下公式计算：

第一次开采(初次采动)：

$$q_1 = \frac{w_{01}}{m_1} \tag{5-49}$$

第二次开采(第一次重复采动)：

$$q_2 = \frac{w_{01+2} - w_{01}}{m_2} \tag{5-50}$$

第三次开采(第二次重复采动)：

$$q_3 = \frac{w_{01+2+3} - w_{01+2}}{m_3} \tag{5-51}$$

其他依次类推。其中 m_1、m_2、m_3 分别为第一、二、三次开采的煤层厚度；w_{01}、w_{01+2}、w_{01+2+3} 分别为第一、二、三层煤开采后地表的累计最大下沉值。

根据我国相关的实测资料，在重复采动时，下沉系数较初次采动增大 10%～20%，但不大于 1.1。若为厚煤层分层开采，则第一次重复采动的下沉系数增大 20%，第二次重复采动的下沉系数增大 10%，以后的重复采动下沉系数不再增大。

(2) 重复采动时地表移动和变形的预计方法。

在重复采动时地表移动和变形预计可以用叠加方法进行，其步骤如下：

①按上面所述的方法预计第一层煤开采时的地表移动变形值；

②按上面所述的相同的方法和公式，用相应的重复采动时的预计参数预计各次重复采动引起的地表移动和变形值；

③将相同点沿相同方向的初次开采和重复开采预计所得的同名移动或变形值相加(求代数和)，即得各次开采引起该点沿该方向的移动或变形值。

3. 典型曲线法

1) 基本概念

典型曲线法(typical curve method)是根据某矿区大量的实测资料建立本矿区的无因次典型曲线和确定其所用到的预计参数，然后用所建立的无因次典型曲线表示地表移动盆地主断面上的移动和变形分布形式。它适用于矩形或近似矩形工作面的地表移动和变形预计。

2) 建立典型曲线的步骤

(1) 根据某矿区的地质采矿条件，将各观测站分为若干组。每组内的观测站的地质采矿条件应大体相同。

(2) 对观测站的实测移动和变形曲线进行无因次化(None-factorial Transform)。

无因次化的方法：选择共同的下沉曲线特征点(如盆地边界点或最大下沉点)作为坐标原点，将 x 轴的坐标值(沿走向主断面)或 y 轴的坐标值(沿倾向主断面)除以平均开采深度 H_0 或相应的半移动盆地长作为无因次横轴，将移动和变形值除以相应的最大值作为无因次纵轴，将实测的移动和变形曲线化为无因次曲线。

半移动盆地长是最大下沉点至下沉盆地边界的平距。如图 5-28 所示，下山、

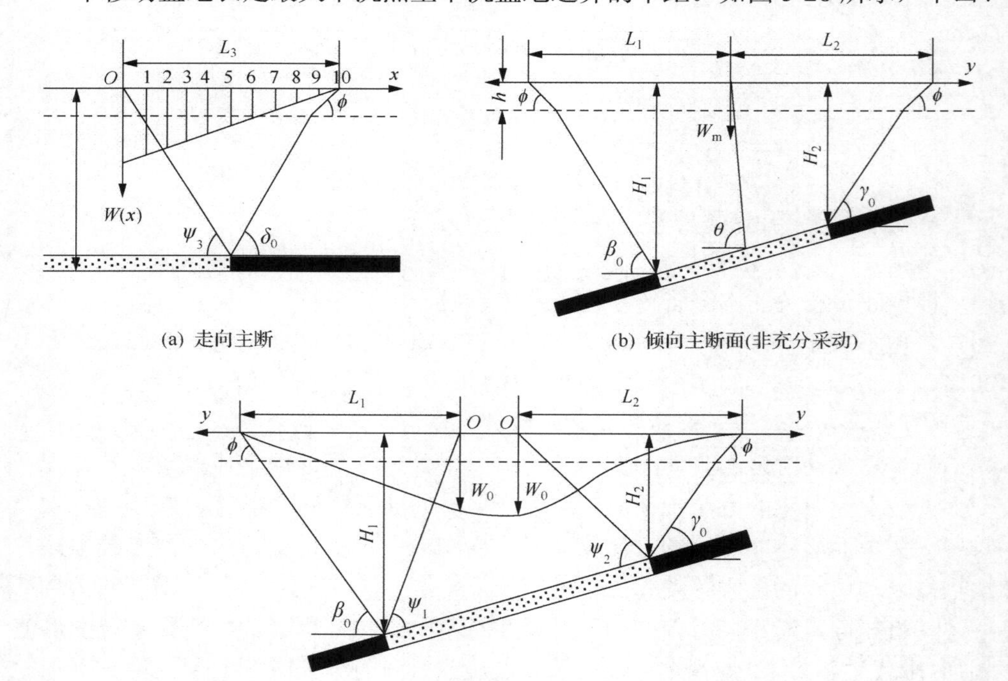

图 5-28　典型曲线坐标的选取及半盆地长的确定

上山和走向半盆地长分别为 L_1、L_2 和 L_3。在充分采动时，半盆地长是由边界角 β_0、γ_0、δ_0、充分采动角 ψ_1、ψ_2、ψ_3 和松散层移动角 φ 确定；在非充分采动时，半盆地长由边界角、松散层移动角和最大下沉角 θ 确定。

(3) 比较同组内同名的移动和变形无因次曲线，求出它们的平均曲线，此平均曲线就是该组的移动和变形分布的典型曲线。

3) 峰峰矿区典型曲线

以峰峰矿区的典型曲线为例，介绍典型曲线法的建立和应用。峰峰矿区的典型曲线的特点是，只建立下沉典型曲线，倾斜、曲率、水平移动和水平变形典型曲线是用它们之间或它们与下沉曲线之间的数学关系，由下沉典型曲线导出。

(1) 最大值的计算。

设最大下沉值为 w_{m}，其计算公式如下：

$$\begin{cases} w_m = mq\cos\alpha\sqrt[j]{n_1 n_3} \\ n_1 = K_1 \dfrac{D_1}{H_0} \\ n_3 = K_3 \dfrac{D_3}{H_0} \end{cases} \tag{5-52}$$

式中，j 为系数，一般取值为 2～3；K_1、K_3 为系数，一般取 0.8；n_1、n_3 为沿倾向和走向的采动程度系数，若其值大于 1，则取 1。

(2) 预计参数。

①下沉系数 q：

初次采动，q=0.78；

厚煤层开采重复采动，q=0.88；

近距煤层重复采动，q=0.94。

②水平移动系数 B：

B 为 $u(x)$ 与 $i(x)$ 的比值，即曲线的相似系数，一般取值 12～14。

③角值参数：

边界角：δ_0=58°，β_0=58°–0.32α，γ_0=58°；

最大下沉角：θ=90°–0.6α；

充分采动角：φ_1=64°–0.55α，φ_2=55°+0.4α，φ_3=58°

松散层移动角：φ=56°

其他地质采矿条件类似的矿区，若要采用峰峰矿区的典型曲线而又缺少本矿区参数的经验值时，可参考表 5-9 所列的参数值。

表 5-9　按覆岩性质区分的典型曲线预计参数($\alpha<50°$)

覆岩类型	最大下沉角	下沉系数	充分采动角			采动系数		水平移动系数	边界角		
	θ	q	φ_3	φ_1	φ_2	n_1	n_3	B	δ_0	γ_0	β_0
坚硬	90°−(0.7～0.8)α	0.4～0.65	55°	$\varphi_3-0.5\alpha$	$\varphi_3+0.5\alpha$	$0.7\dfrac{D_1}{H_0}$	$0.7\dfrac{D_3}{H_0}$	10～20 (H<200m)	60°～65°	60°～65°	$\delta_0-(0.7\sim0.8)\alpha$
中硬	90°−(0.6～0.7)α	0.65～0.85	60°	$\varphi_3-0.5\alpha$	$\varphi_3+0.5\alpha$	$0.8\dfrac{D_1}{H_0}$	$0.8\dfrac{D_3}{H_0}$		55°～60°	60°～65°	$\delta_0-(0.6\sim0.7)\alpha$
软弱	90°−(0.5～0.6)α	0.85～1.0	65°	$\varphi_3-0.5\alpha$	$\varphi_3+0.5\alpha$	$0.9\dfrac{D_1}{H_0}$	$0.9\dfrac{D_3}{H_0}$		50°～55°	60°～65°	$\delta_0-(0.3\sim0.5)\alpha$

注：当 n_1 或 $n_3>1$ 时，取 n_1 或 $n_3=1$。

(3)预计曲线。

坐标系统的建立如图 5-28 所示，坐标原点选在最大下沉点，沿走向为 x 轴，沿倾向为 y 轴，均沿地面水平指向下沉盆地的边界。典型曲线只有下沉典型曲线一条，将横轴 x 或 y 轴除以相应的半移动盆地长 L_1、L_2 或 L_3，纵轴 $w(x)$ 除以最大下沉值 w_m 使之无因次化。当走向达到充分采动、倾向为有限开采时，沿走向和倾向主断面的下沉典型曲线分布系数分别见表 5-10 及表 5-11。表 5-10 对上山和下山方向均适用。

表 5-10　峰峰矿区充分采动走向主断面下沉典型曲线分布系数

$\dfrac{x}{L_3}$	0	0.1	0.2	0.3	0.4	0.5	0.6	0.7	0.8	0.9	1.0
$\dfrac{w(x)}{w_m}$	1.000	0.974	0.900	0.746	0.499	0.266	0.119	0.059	0.029	0.014	0

表 5-11　峰峰矿区倾向主断面下沉典型曲线分布系数

$\dfrac{y}{L_1}$ 或 $\dfrac{y}{L_2}$		0	0.1	0.2	0.3	0.4	0.5	0.6	0.7	0.8	0.9	1.0
$\dfrac{w(y)}{w_m}$	$n\geqslant1.0$	1.000	0.974	0.900	0.746	0.499	0.266	0.119	0.059	0.029	0.014	0
	n=0.9	1.000	0.960	0.875	0.700	0.454	0.247	0.115	0.057	0.029	0.014	0
	n=0.8	1.000	0.946	0.850	0.653	0.409	0.228	0.111	0.055	0.028	0.014	0
	n=0.7	1.000	0.932	0.826	0.607	0.365	0.209	0.107	0.052	0.028	0.014	0
	n=0.6	1.000	0.925	0.749	0.505	0.289	0.155	0.073	0.036	0.021	0.010	0
	n=0.5	1.000	0.918	0.652	0.404	0.214	0.102	0.040	0.028	0.017	0.008	0
	n=0.3	1.000	0.888	0.613	0.370	0.196	0.084	0.040	0.026	0.015	0.007	0

在预计时，先预计出主断面上 $\frac{x}{L_3}\left(或\frac{x}{L_1}、\frac{x}{L_2}\right)$=0，0.1，0.2，…，1.0 各个点的下沉值 w_n (n=0～10)，其他移动和变形值的计算公式如下：

$$
\begin{cases}
i_{n\sim n+1} = \dfrac{w_n - w_{n+1}}{0.1L} & (n = 0 \sim 9) \\
k_{n+1} = \dfrac{i_{n\sim n+1} - i_{n+1\sim n+2}}{0.1L} & (n = 0 \sim 8) \\
u(x) = B \cdot i(x) \\
u(y) = B \cdot i(y) + w(y) \cdot \cot\theta \\
\varepsilon(x) = B \cdot k(x) \\
\varepsilon(y) = B \cdot k(y) + i(y) \cdot \cot\theta
\end{cases}
\tag{5-53}
$$

式中，$i_{n\sim n+1}$ 为 n～n+1 线段中点的倾斜值；k_{n+1} 为 n+1 点的曲率值；B 为水平移动系数。

4. 剖面函数法

1) 基本概念

剖面函数法(profile function method)是以某些函数(剖面函数)来表示各种开采条件下的主断面内的典型移动和变形分布情况。也可以说，剖面函数是典型曲线的解析函数表示形式。

剖面函数的函数形式是基于实测资料凭经验确定的，只要与实测资料符合得好，不一定有理论模型作为依据。剖面函数中所用到的预计参数，通常是用实测资料和所选定的剖面函数形式以曲线拟合或最优化方法确定，并且通常表示为与地质采矿条件数据有关的经验公式，以便在预计时采用。

用剖面函数法进行预计的方法和步骤与典型曲线法基本相同，只是其分布函数不需要从典型曲线上量得或从分布系数表上查得，只需要根据剖面函数公式直接计算即可。

剖面函数的形式很多，下面介绍一种常用的负指数形式的剖面函数。

2) 负指数函数法

负指数函数法(negative exponential function method)是用负指数函数来表示地表下沉剖面函数的方法，它适用于矩形或近似矩形工作面开采时的地表移动和变形预计。

(1) 充分采动时地表下沉盆地主断面半盆地的移动和变形预计。

①沿走向主断面半盆地。

$$
\begin{cases}
w(x) = w_0 \cdot \mathrm{e}^{-a\left(c-\frac{x}{H}\right)^n} \\
i(x) = \dfrac{w_0}{H} \cdot a \cdot n \cdot \left(c - \dfrac{x}{H}\right)^{n-1} \cdot \mathrm{e}^{-a\left(c-\frac{x}{H}\right)^n} \\
k(x) = \dfrac{w_0}{H^2} \cdot a \cdot n \cdot \left(c - \dfrac{x}{H}\right)^{n-2} \cdot \left[a \cdot n \cdot \left(c - \dfrac{x}{H}\right)^n - n + 1\right] \cdot \mathrm{e}^{-a\left(c-\frac{x}{H}\right)^n} \\
u(x) = B \cdot i(x) \\
\varepsilon(x) = B \cdot k(x)
\end{cases}
\tag{5-54}
$$

②沿倾向主断面半盆地。

$$
\begin{cases}
w(y) = w_0 \cdot \mathrm{e}^{-a\left(c-\frac{y}{H}\right)^n} \\
i(y) = \dfrac{w_0}{H} \cdot a \cdot n \cdot \left(c - \dfrac{y}{H}\right)^{n-1} \cdot \mathrm{e}^{-a\left(c-\frac{y}{H}\right)^n} \\
k(y) = \dfrac{w_0}{H^2} \cdot a \cdot n \cdot \left(c - \dfrac{y}{H}\right)^{n-2} \cdot \left[a \cdot n \cdot \left(c - \dfrac{y}{H}\right)^n - n + 1\right] \cdot \mathrm{e}^{-a\left(c-\frac{y}{H}\right)^n} \\
u(y) = B \cdot i(y) + w(y) \cdot \cot\theta \\
\varepsilon(y) = B \cdot k(y) + i(y) \cdot \cot\theta
\end{cases}
\tag{5-55}
$$

式(5-54)和式(5-55)中，w_0 为最大下沉值；θ 为最大下沉角；a 为横向发育系数；c 为位置系数；n 为形态系数；B 可用下式求得：

$$
\begin{cases}
B = \dfrac{bd}{0.413n - 0.213} \\
d = H \cdot \sqrt[n]{\dfrac{n-1}{a \cdot n}}
\end{cases}
\tag{5-56}
$$

式中，b 为水平移动系数。

式(5-54)和式(5-55)中，当$c-\dfrac{x}{H}<0$时，取$c-\dfrac{x}{H}=0$；当$c-\dfrac{y}{H}<0$时，取$c-\dfrac{y}{H}=0$。式(5-54)和式(5-55)所选取的坐标系统如图 5-29(a)和(c)所示，坐标原点设在采空区边界的正上方，坐标轴指向采空区一侧；当坐标轴指向煤柱一侧时，如图 5-29(b)和(d)所示，式(5-54)和式(5-55)中的$\left(c-\dfrac{x}{H}\right)$应为$\left(c+\dfrac{x}{H}\right)$，$\left(c-\dfrac{y}{H}\right)$应为$\left(c+\dfrac{y}{H}\right)$。

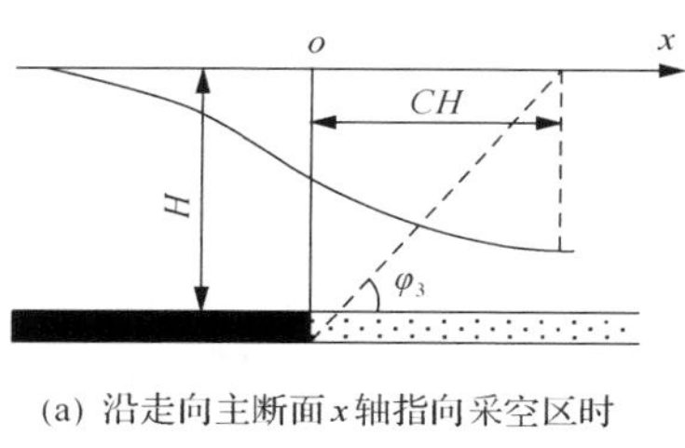

(a) 沿走向主断面x轴指向采空区时

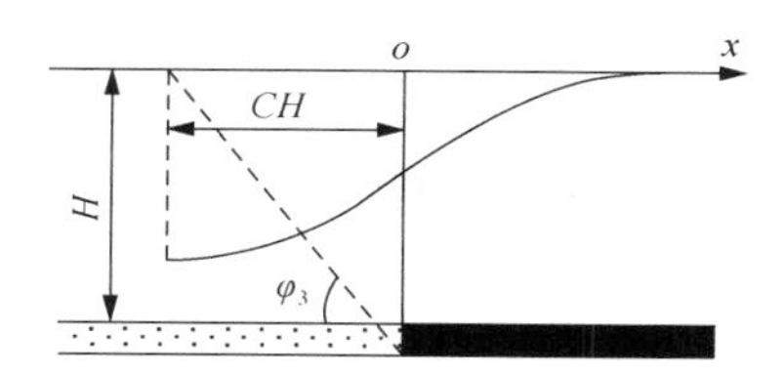

(b) 沿走向主断面x轴指向煤柱时

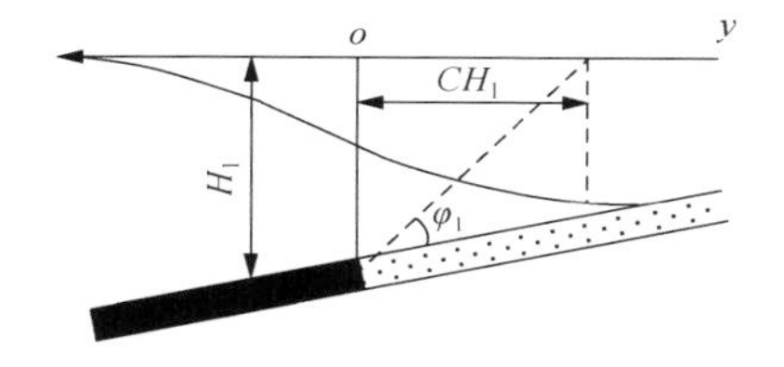

(c) 沿倾向主断面y轴指向采空区时

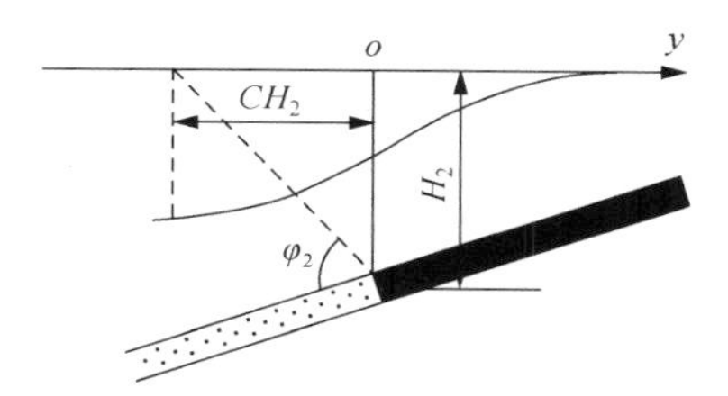

(d) 沿倾向主断面y轴指向煤柱时

图5-29　充分采动时沿主断面的坐标系统

(2) 主断面上地表下沉全盆地的移动和变形预计。

坐标系统如图5-30所示，坐标原点选在采空区的左下角o点，x轴沿煤层走向，y轴指向煤层的上山方向。

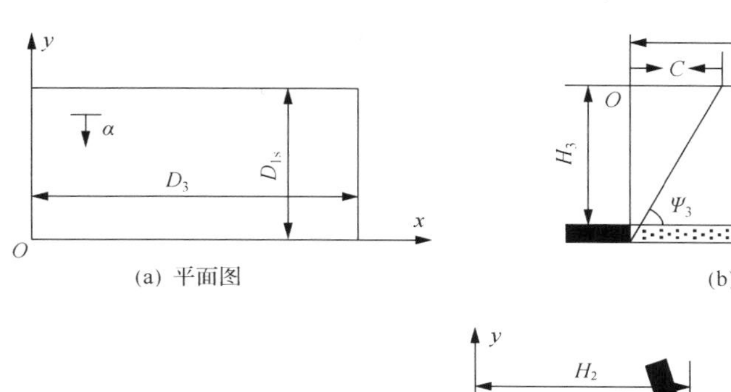

(a) 平面图

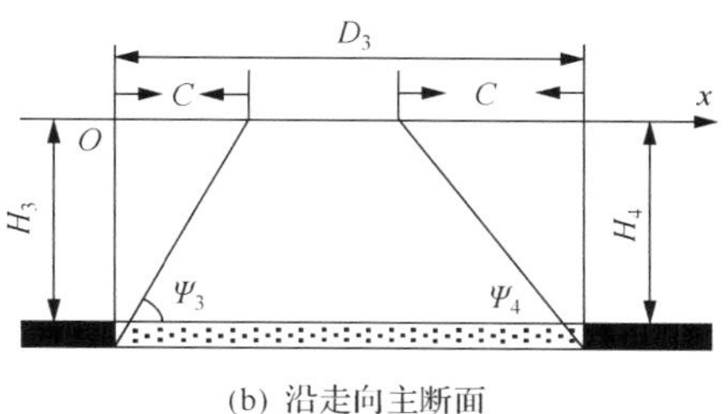

(b) 沿走向主断面

(c) 沿倾向主断面

图5-30　主断面上全盆地预计坐标系统

按照式(5-54)和式(5-56)的形式，可以得到主断面上地表下沉全盆地的移动和变形预计公式如下：

①走向主断面上。

$$\begin{cases} w^0(x)=C_{ym}\left[w(x;t_3)+w(x-D_3;t_4)-w_0\right] \\ i^0(x)=C_{ym}\left[i(x;t_3)+i(x-D_3;t_4)\right] \\ k^0(x)=C_{ym}\left[k(x;t_3)+k(x-D_3;t_4)\right] \\ u^0(x)=C_{ym}\left[u(x;t_3)+u(x-D_3;t_4)\right] \\ \varepsilon^0(x)=C_{ym}\left[\varepsilon(x;t_3)+\varepsilon(x-D_3;t_4)\right] \\ C_{ym}=\dfrac{w_{my}^0}{w_0} \end{cases} \tag{5-57}$$

②倾向主断面上。

$$\begin{cases} w^0(y)=C_{xm}\left[w(y;t_1)+w(y-D_1;t_2)-w_0\right] \\ i^0(y)=C_{xm}\left[i(y;t_1)+i(y-D_1;t_2)\right] \\ k^0(y)=C_{xm}\left[k(y;t_1)+k(y-D_1;t_2)\right] \\ u^0(y)=C_{xm}\left[u(y;t_1)+u(y-D_1;t_2)-w_0\cot\theta\right] \\ \varepsilon^0(y)=C_{xm}\left[\varepsilon(y;t_1)+\varepsilon(y-D_1;t_2)\right] \\ C_{xm}=\dfrac{w_{mx}^0}{w_0} \end{cases} \tag{5-58}$$

式中，D_1、D_3为工作面倾斜长度的水平投影和走向长度；C_{xm}、C_{ym}为沿走向和倾向的采动程度系数。

在式(5-57)和式(5-58)中，等式右边的w、i、k、u和ε用式(5-54)和式(5-55)来计算。

③C_{xm}和C_{ym}的求取。

当$D_1 \geqslant C_1H_1-C_2H_2$时，即倾向为充分采动时，$C_{ym}$=1；当$D_3 \geqslant C_3H_3+C_4H_4$时，即走向为充分采动时，$C_{xm}$=1；否则，按下式近似计算：

$$\begin{cases} C_{xm}=2\mathrm{e}^{-a_3\left(c_3-\frac{x_m}{H_3}\right)^n}-1 \\ C_{ym}=2\mathrm{e}^{-a_1\left(c_1-\frac{y_m}{H_1}\right)^n}-1 \end{cases} \tag{5-59}$$

式中，$x_m=\dfrac{D_3+P_3c_3H_3-c_4H_4}{1+P_3}$，$P_3=\dfrac{H_4}{H_3}\sqrt[n]{\dfrac{a_3}{a_4}}$；$y_m=\dfrac{D_1+P_2c_1H_1-c_2H_2}{1+P_2}$，$P_2=\dfrac{H_2}{H_1}\sqrt[n]{\dfrac{a_1}{a_2}}$。

(3)参数的意义及其取值。

从剖面函数可知，负指数函数法的参数有：a_i、b_i、c_i(i=1～4，分别表示下山、上山、走向左侧和走向相应参数)和 n、θ、q 共 15 个。a 为横向发育系数，反映下沉盆地在水平方向的扩展程度；b 为水平移动系数，取值可参考表 5-5；c 为位置系数，决定工作面与下沉盆地的相对关系；n 为形态系数，反映下沉盆地的陡缓程度，对走向和倾向取相同的值；θ 为最大下沉角；q 为下沉系数；a、c、n 的取值可参考表 5-12。

表 5-12　按覆岩性质区分的负指数函数法 a、c、n 参数值

覆岩类型	横向发育系数 a	位置系数 c	形态系数 n
坚硬	—	—	2.9～3.2
中硬	$a_1=2.28-2.21\ln\dfrac{\alpha}{\rho}$ $a_2=-0.16-2.54\ln\dfrac{\alpha}{\rho}$ $a_3=4.5\sim6.0$ $a_4=4.5\sim6.0$	$c_1=\tan(31-0.5\alpha)$ $c_2=\tan(36-0.5\alpha)$ $c_3=\tan31$ $c_4=\tan36$	2.6～2.9
软弱	—	—	2.4～2.6

注：表中 α 为煤层倾角，ρ=57.3°。

5.2.2　预计参数的确定

采用概率积分法进行地表移动和变形预计时，预计参数的选取非常重要。根据概率积分法预计的基本原理，预计所需的预计参数为：下沉系数(q)、水平移动系数(b)、主要影响角正切($\tan\beta$)、拐点偏移距(S)、开采影响传播角(θ_0)。

地表移动计算参数与覆岩岩性及地质、开采技术条件等有关。根据漳村煤矿 1309 工作面附近钻孔资料，按照《建筑物、水体、铁路及主要井巷煤柱留设与压煤开采规程》的规定，结合本区域上覆岩层岩性的综合评价系数 P、岩性影响系数 D、地质条件、开采技术条件等，确定漳村煤矿 1309 工作面的预计参数和上覆岩层岩性特征。其中，系数 P 取决于覆岩岩性及其厚度，可用式 5-26 计算。

以漳村煤矿 1309 工作面附近钻孔资料(表 5-13)为例，由式 5-26 计算得出工作面覆岩综合评价系数 P 为 0.69。

表 5-13　覆岩综合评价系数计算表

岩性	m_i	Q_i	$m_i \cdot Q_i$	岩性	m_i	Q_i	$m_i \cdot Q_i$
黄土	18.95	1	18.95	泥岩	1.4	0.85	1.19
泥岩	3.5	0.85	2.975	细粒砂岩	0.75	0.3	0.225
细粒砂岩	4.8	0.3	1.44	泥岩	8.9	0.85	7.565
泥岩	4.2	0.85	3.57	中粒砂岩	0.65	0.4	0.26
中粒砂岩	10.75	0.4	4.3	泥岩	4.05	0.85	3.4425
泥岩	0.9	0.85	0.765	砂质泥岩	4.7	0.7	3.29
细粒砂岩	3.8	0.3	1.14	粉砂岩	1.55	0.5	0.775
中粒砂岩	1.4	0.4	0.56	泥岩	8.2	0.85	6.97
泥岩	15.55	0.85	13.2175	细粒砂岩	0.6	0.3	0.18
粉砂岩	0.9	0.5	0.45	泥岩	0.8	0.85	0.68
泥岩	2.7	0.85	2.295	中粒砂岩	2.15	0.4	0.86
细粒砂岩	4.15	0.3	1.245	泥岩	9.8	0.85	8.33
泥岩	1.45	0.85	1.2325	3 号煤	6.3	1	6.3
细粒砂岩	6.7	0.3	2.01	砂岩	2.13	0.5	1.065
泥岩	10.55	0.85	8.9675	砂质页岩	2.55	0.4	1.02
细粒砂岩	3.45	0.3	1.035	砂岩	5.04	0.5	2.52
泥岩	3.05	0.85	2.5925	页岩	10.19	0.5	5.095
细粒砂岩	1.25	0.3	0.375				

根据算得的覆岩综合评价系数 P 值，并参照《建筑物、水体、铁路及主要井巷煤柱留设与压煤开采规程》中的岩性综合评价系数 P 与系数 D 的对应关系表(表 5-7)，认为 1309 工作面的上覆岩层岩性为中硬偏软，D=1.98。

1. 全采时预计参数

针对漳村煤矿 1309 工作面条带式 Wongawilli 采煤工作面的上覆岩层岩性，工作面全采时预计参数计算如下：

(1) 下沉系数 q。

$$q=0.5(0.9+P) \tag{5-60}$$

根据该矿钻孔得出 P=0.69，下沉系数 q=0.795；

即工作面的下沉系数 $q_{初}$ 约为 0.795，受周围采空区采动影响，为重复采动，取下沉活化系数 a=0.1。所以取 $q=(1+a)\,q_{初}$=0.875。

(2) 主要影响角正切 $\tan\beta$。

$$\tan\beta = (D + 0.0032H)(1 - 0.0038\alpha) \tag{5-61}$$

式中，D 为岩性影响系数，与综合评价系数 P 有关，取 1.98；α 为煤层倾角，工作面煤层平均倾角为 3°；H 为采深，工作面平均采深为 146.5m。

经计算，得出该工作面的主要影响角正切为 2.42。

(3) 开采影响传播角 θ_0。

预计时开采影响传播角 θ_0 与煤层倾角 α 的关系按下列公式计算：

$$\alpha \leqslant 45° \text{时}，\quad \theta_0 = 90° - 0.68\alpha \tag{5-62}$$

$$\alpha \geqslant 45° \text{时}，\quad \theta_0 = 28.8° + 0.68\alpha \tag{5-63}$$

式中，α 为煤层倾角，工作面的煤层倾角取 3°。

经计算，得出 1309 工作面的开采影响传播角 θ_0 约为 87.96°。

(4) 水平移动系数 b。

开采水平煤层的水平移动系数变化很小，一般 b=0.3，开采倾斜煤层的水平移动系数 b_c 为：

$$b_c = b(1 + 0.0086\alpha) \tag{5-64}$$

式中，α 为煤层倾角，工作面的煤层倾角取 3°。

经计算，得出工作面的水平移动系数 b_c 为 0.307，由于为近水平煤层，故取 0.3。

(5) 拐点偏移距 S。

根据本区域上覆岩层岩性特点和地质采矿条件来确定其取值。出于到安全起见，保守情况下拐点偏移距取 0m。

按覆岩性质区分的地表移动一般参数综合表，综合分析下沉系数 q、主要影响角正切 $\tan\beta$ 和拐点偏移距 S 等参数。

根据以上公式计算得出的参数，结合地质情况相似矿区观测总结的地表移动数据参数以及经验参数，对照本区域上覆岩层岩性特点和地质采矿条件，得出全采时地表移动预计参数取值为：下沉系数 q=0.875；水平移动系数 b =0.3；主要影响角正切 $\tan\beta$=2.42；拐点偏距 S=0；开采影响传播角取 87.96°。

2. 条带式旺格维利地表移动预计参数

确定条带开采的地表移动预计参数时，需根据该区域全采法开采时的地表移动参数，并结合本区域上覆岩层岩性特点和地质采矿条件按经验公式分析求得。

条带开采时，计算预计参数如下：

(1) 下沉系数：$q_{条}=\dfrac{H-30}{5000\times a/b-2000}\times q_{全}$

(2) 主要影响角正切：$\tan\beta_{条}=(1.076-0.0014H)\tan\beta_{全}$

(3) 拐点偏距：$S_{条}=\dfrac{1.56bH}{a(0.01H+30)}$

(4) 水平移动系数：$b_{条}=(1.29-0.0026H)b_c$

(5) 主要影响半径：$r_{条}=\dfrac{H}{\tan\beta_{条}}$

式中，a、b、H 分别为条带式 Wongawilli 采煤方法的设计煤柱宽度、开采宽度和工作面的平均采深。

根据全采时的地表移动参数，利用上述公式计算工作面条带式 Wongawilli 采煤地表移动预计参数，结合本区域上覆岩层岩性特点和地质采矿条件按经验公式计算。1309 工作面地表移动预计参数见表 5-14。

表 5-14　1309 工作面地表移动预计参数

开采方法	开采平均采深/m	采厚/m	下沉系数 q	拐点偏移距 S	主要影响角正切 $\tan\beta$	影响传播角	水平移动系数 b
全采	146.5	4.5	0.875	0	2.42	87.96°	0.3
条带旺采	146.5	4.5	0.034	0	2.1	87.96°	0.273

5.3　现场监测方案

5.3.1　地表移动观测站设计

1. 观测站设计的原则及内容

1) 设计原则

(1) 设计在移动盆地的主断面上；

(2) 观测线的长度应大于移动盆地的范围；

(3) 观测期间不受临近采区的影响；

(4) 观测线上应根据采深和设站的目的布置一定密度的测点；

(5) 观测线的控制点应在移动盆地范围之外埋设牢固，在冻土区控制点的底面应在冻土线 0.5m 以下。

2) 观测站设计必备的资料

(1) 准备 1∶1000 或 1∶2000 的井上下对照图和开采计划图，以便确定观测地区井下开采和地面位置之间的关系。

(2) 设站地区的地质和水文地质资料，包括地形地质图，地质柱状图，矿层赋存条件，覆岩的力学性质、水文条件等。

(3) 开采工作面的设计资料，包括巷道布置、采煤方法、顶板管理方法、开采厚度、工作面推进速度、回采时间、周围开采情况等。

(4) 设站地区井上下测量资料，主要有控制点、导线点坐标和水准点的高程。

(5) 矿区的岩移资料，比如，移动角、最大下沉角、充分采动角、松散层移动角及其他相关参数。若矿区尚无相关岩移参数时，可采用与该矿区地质采矿条件相似矿区的参数。

3) 观测站的布设形式及要求

我国矿区大多数采用剖面线状观测站，走向观测线和倾斜观测线互相垂直且相交。在充分采动条件下，通过移动盆地的平底部分都可以设置观测线。在非充分采动的条件下，观测线应设在移动盆地的主断面上。由于我国矿区工作面一般是沿矿层走向回采，走向方向较长，一般均能达到超充分采动。

观测线的长度应保证两端(半条观测线时为一端)超出采动影响范围，以便建立观测线控制点和测定采动影响边缘。采动影响范围内的测点为工作测点，工作测点应有适当的密度，与表土层牢固地固结在一起，在采动过程中与地表一起移动，反映地表的移动变形状态。

4) 设计内容

观测站设计包括编写设计说明书和绘制设计图两部分工作，其中设计图包括平面图和断面图，比例尺一般与井上下对照图一致。

(1) 设计说明书的内容。

①建立观测站的目的和任务；

②设站地区的地形、地物及地质采矿条件；

③观测站设计时所用的岩移参数；

④观测线的位置及长度的确定，测点及控制点的数目、位置及其编号；

⑤工作测点和控制点的构造及其埋设方法；

⑥观测内容及所用仪器，与矿区控制网的连测方法，精度要求，连测的起始数据，定期观测的时间、方法及精度要求，有关地表采动影响的测定、编录方法；

⑦经费估算：包括观测站所需材料、购地、人工等费用的预算；

⑧观测成果的整理方法与分析步骤，所要获得的成果。

(2) 设计图的内容。

①设站地区的地形、地物、地质构造、岩层柱状、矿层产状等；

②已有的和新设计的采区巷道；

③现有的和新设计的保护矿柱轮廓；

④观测线的平面位置，沿观测线的断面图。断面图上应表示出工作测点、位置及编号，岩层柱状，地质构造，矿层产状，开采位置等。

2. 剖面线状观测站的设计方法

剖面线状观测站的设计图，如图 5-31 所示，矿层厚度为 m，矿层倾角为 α，工作面下山边界的开采深度为 H_1，上山边界的开采深度为 H_2，平均开采深度为 H_0。1—2 表示工作面开切眼的位置，3—4 表示停采线的位置，1—3 为运输巷，2—4 为通风平巷，假定在 3—4 以外有足够长的矿柱。

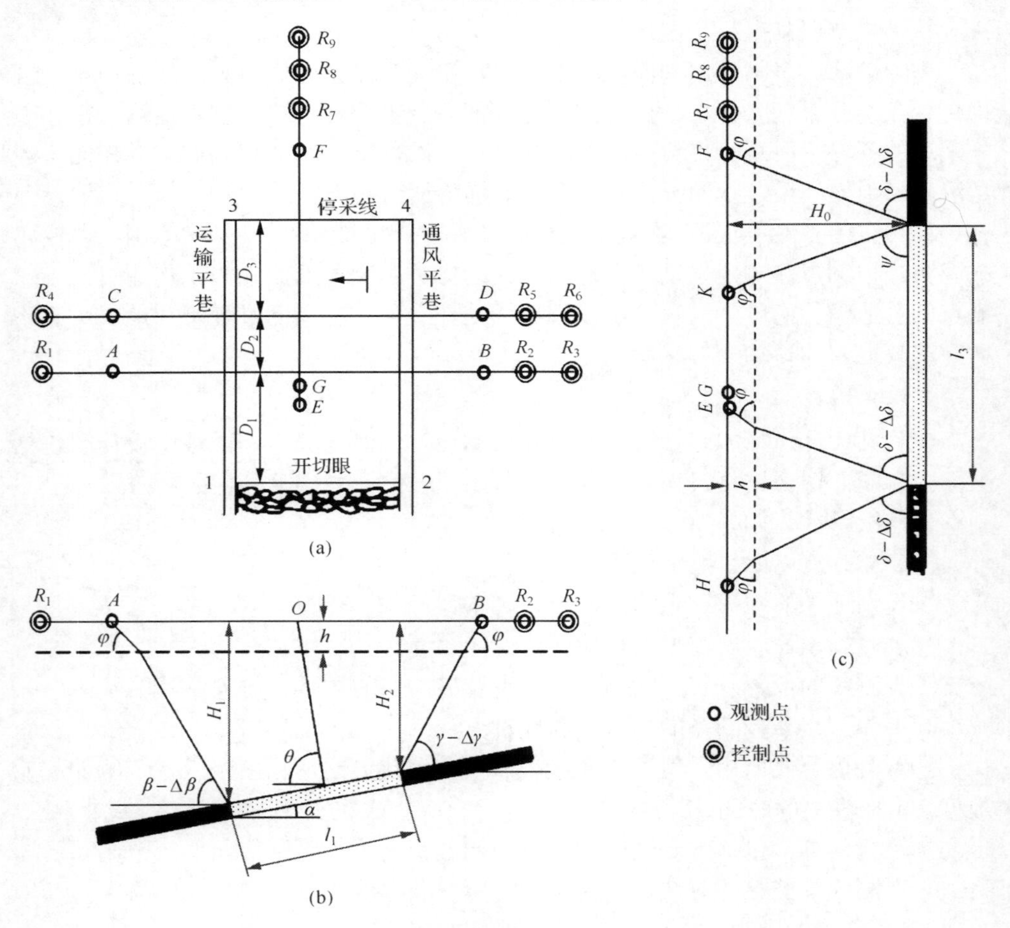

图 5-31　地表移动观测站的设计

1) 确定观测线的位置

如图 5-31(a)所示，若工作面的走向长度 $D_1+D_2+D_3>1.4H_0+50\text{m}$ 时，可以考虑在充分采动区内设置两条间隔大于 50m 的倾斜观测线(也可只设一条倾斜观测线)，沿矿层走向设置半条走向观测线。下面按矿区已有的岩移资料，在平面图上分别给出确定走向和倾向方向观测线的位置的方法。

(1)确定倾斜观测线的位置。

首先判断地表是否达到了充分采动。如果地表在走向方向上为非充分采动，将倾斜观测线布置在采空区的中心。若地表达到了超充分采动，倾斜观测线应布置在采空区的平底部位。

如图 5-31(a)所示，为了使倾斜观测线 R_1R_3 不受邻近开采的影响，在走向主断上，观测线 R_1R_3 必须设在工作面推进方向上超过 E 点的位置。即，要保证倾斜观测线 R_1R_3 到开切眼的距离 D_1 为：

$$D_1 \geqslant (H_0 - h)\cot(\delta - \Delta\delta) + h\cot\varphi \tag{5-65}$$

式中，δ 为走向移动角；$\Delta\delta$ 为走向移动角修正值；H_0 为平均开采深度；h 为松散层厚度；φ 为松散层移动角。

如果在工作面推进过程中设置观测站，倾斜观测线 R_1R_3 到开切眼的距离，除应满足 D_1 外，还应考虑观测站设计到第一次观测之间工作面的推进距离。此时，观测线到工作面的距离 D_1'应满足：

$$D_1' \geqslant D_1 + ct \tag{5-66}$$

式中，c 为工作面的推进速度；t 为观测站设计到第一次观测的间隔时间。

为保证倾斜观测线 R_4R_6 通过充分采动区，观测线到停采线的距离 D_3 必须满足：

$$D_3 \geqslant H_0 \cot\varphi_3 \tag{5-67}$$

式中，φ_3 为走向充分采动角。

在矿区尚未取得充分采动角的情况下，可选用：

$$D_3 \geqslant 0.7H_0 \tag{5-68}$$

同时，为了检验成果的可靠性，有时在充分采动区内设置两条相距 50～70 m 的倾斜观测线。

(2)确定走向观测线的位置。

走向观测线必须位于走向主断面内，确定走向主断面的位置应在倾斜主断面上按最大下沉角 θ 来确定。由采空区中心向下山方向偏移一段距离 d，即

$$d = H_0 \cot\theta \tag{5-69}$$

在图 5-31(a)中，过 O 点作平行于煤层走向的垂直断面，即为走向观测线

EF 的位置。

应该指出的是，以上观测线位置确定的准确性，直接影响到观测成果的质量。在设计过程中，应尽可能掌握较为准确的岩移参数。同时，在观测线设计前、设计过程中及设计完成后，应到现场实地踏勘，对照设计区域的井上、下对照图，充分考虑设计区域地形、地物及工作面测点的埋设位置、观测条件等综合因素，以便选择出科学合理的最佳的观测线位置。

2) 观测线长度的确定

(1) 倾斜观测线长度的确定。

倾斜观测线的长度是在移动盆地的倾斜主断面上确定，如图 5-31 (b) 所示，自采区边界以 β–$\Delta\beta$ 和 γ–$\Delta\gamma$ 划线与基岩和松散层接触面相交，再以该点以角 φ 划线于地表交于 A、B 两点，则倾斜观测线长度 AB 为：

$$AB = 2h\cot\varphi + (H_1 - h)\cot(\beta - \Delta\beta) + (H_2 - h)\cot(\gamma - \Delta\gamma) + l_1\cos\alpha \quad (5\text{-}70)$$

式中，l_1 为工作面倾斜长度；γ 为上山移动角；β 为下山移动角；$\Delta\gamma$ 为上山移动角的修正值；$\Delta\beta$ 为下山移动角的修正值；H_1、H_2 为分别为采区下山边界和上山边界的开采深度。

(2) 走向观测线长度的确定。

走向观测线的长度是在移动盆地的走向主断面上确定，为了保证观测线不受邻近开采的影响，一般情况下(首采工作面除外)，走向观测线一般只设半条，如图 5-31 (c) 所示。

在工作面停采线处，向工作面外侧以 $(\delta$–$\Delta\delta)$ 划线与基岩与松散层接触面相交于一点，再以该交点以 φ 角作线与地表相交 F 点，F 点便是不受邻区开采影响的边界点。同理，在开切眼处，向工作面推进方向以角值 $(\delta$–$\Delta\delta)$ 划线与基岩与松散层接触面相交于一点，再以该交点以 φ 角作线与地表相交 E 点，E 点便是不受邻区开采影响的边界点。FE 方向即为走向观测线的方向，走向观测线应与倾斜观测线垂直、相交。一般具体设置时，可向工作面推进方向，超过交点 E 点约 2 至 3 个测点间距得到 G 点，FG 长度便是走向观测线长度。

一条走向观测线长度 HF 计算公式为：

$$HF = 2h\cot\varphi + 2(H_0 - h)\cot(\delta - \Delta\delta) + l_3 \quad (5\text{-}71)$$

式中，l_3 为工作面走向长度。

(3) 移动角修正值。

加入移动角修正值的目的是使观测线长度超过盆地边界一段距离。观测站设计中所使用的矿层上山和走向移动角的修正值 $\Delta\gamma$、$\Delta\delta$ 一般取 20°，倾斜矿层下山移动角的修正值$\Delta\beta$可根据表 5-15 按不同倾角 α 确定。松散层移动角不加修正值。

表 5-15　移动角修正值

矿层倾角 α/(°)	$\Delta\beta$/(°)	矿层倾角 α/(°)	$\Delta\beta$/(°)
0	20	50	11
10	17	60	9
20	15	70	7
30	13	80 及以上	6
40	12		

3) 测点数目、密度及设置要求

为了以大致相同的精度求得移动和变形值及其分布规律，观测线上的测点数目一般是等间距布设。控制点应埋设在观测线的两端，每端不得少于 2 个。若只在一端设置控制点时，控制点不得少于 3 个。控制点与最外端工作测点的距离为 50～100m。一般情况下，测点的密度可参照表 5-16 进行。但为了较准确地确定移动盆地边界或最大下沉点的位置，也可在移动盆地边界附近或盆地中心部位适当加密测点。

表 5-16　测点密度

开采深度/m	测点间距/m	开采深度/m	测点间距/m
<50	5	200～300	20
50～100	10	300～400	25
100～200	15	>400	30

3. 观测站的设置

在工作面开始回采之前，或工作面虽已开始回采，尚未波及设站地区地表时，就应将设计好的观测站标定到实地上。其方法是：根据观测站设计平面图，从矿区控制点 T 得到标设数据角值 β 和边长 L，先标定出观测线上控制点 R_4，再根据 α 标出倾斜观测线 R_4R_1 的方向。在两观测线交点 O 处，标定出与倾斜观测线垂直的走向观测线 R_5R_6 的方向。然后从 O 点开始在两条观测线的方向上，根据设计的测点间距，依次标出各测点的平面位置，并对各测点进行统一编号。如图 5-32 所示，如果矿区控制点离观测站较远，则需在观测站地区按照矿区控制测量的精度和方法进行布设控制点。一般说来，观测站的平面和高程控制点应为同一个点。

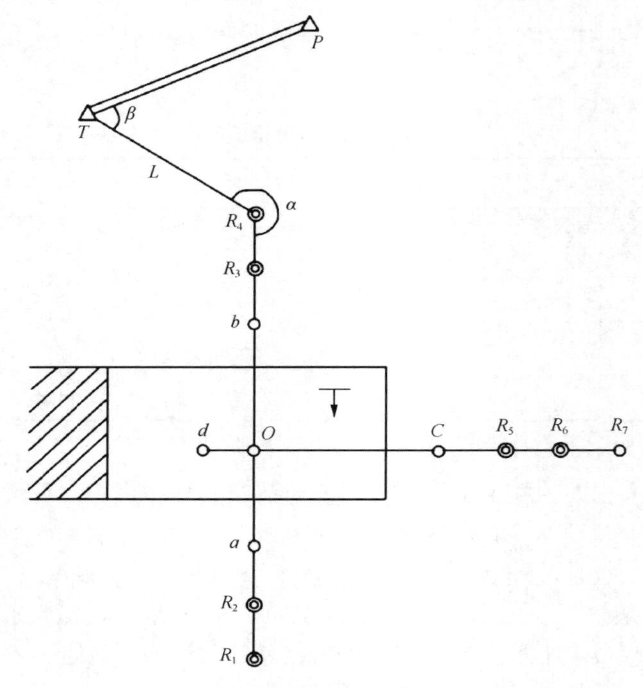

图 5-32　观测站的标定

观测站的控制点和工作测点一般用混凝土灌注，或用预制的测点埋设。当地表至冻结线下 0.5m 内有含水层时，可采用钢管式测点。如果使用期限较短，或测点在柏油马路上或水泥地面上，可用钢筋或旧钢轨等作为测点标志。各类标志桩如图 5-33、图 5-34 所示。

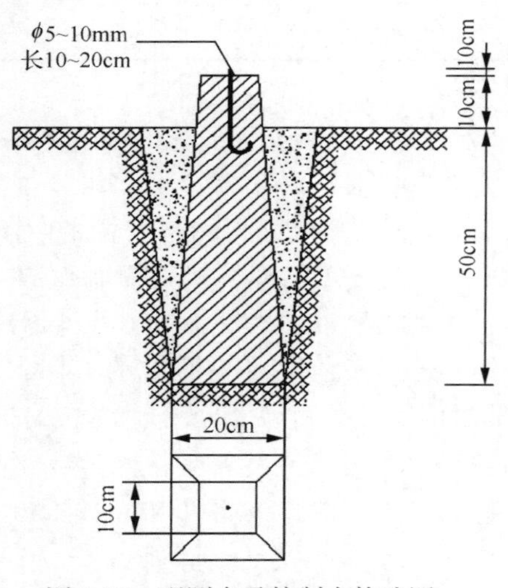

图 5-33　观测点及控制点构造图

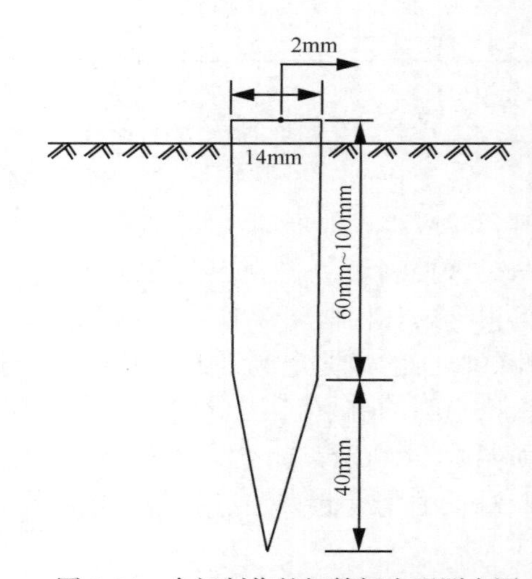

图 5-34　专门制作的钢筋标志观测点图

(1) 设置时间。在支巷掘进之前就应将设计好的观测站标定到实地上。方法是在观测站设计平面图上，根据设计的测点间距，利用观测站附近的矿区控制点确定各观测线及观测线上各测点的平面位置，并对各测点进行编号。如果矿区控制点离观测站较远，则需在观测站地区进行插点，也可利用其他控制点或图根点标定观测站。由于本次设计工作面尚未开始回采，因此测点不应布置过早，以防丢失。应该在开采前 10 天左右进行布置为宜。

(2) 设置要求。观测站的控制点和工作测点一般用预制的混凝土桩埋设或用混凝土灌注。设计测点的构造及其埋设方法如下：

测点构造为带钢筋的梯形混凝土桩，长 600mm，顶部截面积为 $100\times100\text{mm}^2$ 的正方形，底部截面积为 $200\times200\text{mm}^2$ 的正方形。在预制混凝土标志桩时，在其上端内镶入长约 10～20cm、直径 10mm 左右的钢筋，在钢筋顶部刻十字丝或钻有小孔，钢筋露出混凝土桩 10mm，作为测点标志的中心。

埋设测点时，在标定位置上挖一个直径约 0.2～0.3m、深度约 0.6m 的土坑，预制好后统一埋设，将混凝土桩先立坑中，水泥桩露出地面 100mm，然后填土或混凝土使其牢固，每个桩要注明测点号。控制点和观测点标志桩及埋设方法(图 6-4)。

在观测线附近不受本次设计工作面采动影响的区域布置相互通视的 2 个观测站控制点，其位置的选择既要考虑便于与各观测测点联测，又要使其在观测期间能可靠保存。

为了保证观测站控制点的稳定性，应定期地进行从矿区水准基点到观测站控制点的水准测量。如果矿区水准基点离观测站较远，可在观测站附近 1～2km 处，至少要埋设两个水准基点。

由于观测站控制点和工作测点的服务年限一般较长(至地表移动结束)，所以对测点的要求有：

(1) 便于观测高程和丈量距离，若标志露出地表不会被破坏时，用露出式测点比较方便；

(2) 在观测期间能可靠保存，并和地面牢固结合，埋冻土线以下，底部最好垫石子，夯实夯牢；

(3) 工作测点尽量埋在同一方向线上，以便简化观测和计算；

(4) 对控制点和工作测点制定可靠的保护措施，避免外界对其破坏。

5.3.2　井下支巷矿压观测

1. 观测目的

通过对本次设计工作面支巷的矿压观测，确定巷道变形的变化规律，为支巷合理支护形式的确定提供可靠的依据。

2. 观测内容

(1) 支巷的表面位移，观测支巷顶底板、两帮的移近量；
(2) 支巷顶板离层，观测支巷顶板岩层位移；
(3) 支巷破坏状况统计，记录支巷围岩破坏位置和程度。

3. 现场观测的方法

1) 支巷的表面位移

观测支巷的表面位移，在支巷内布置四个测站，测站布置示意如图 5-35 所示。

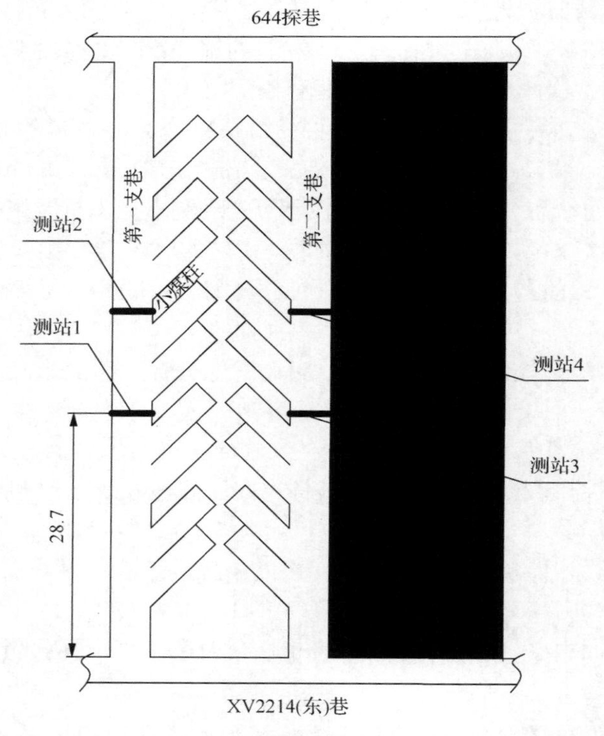

图 5-35　测站布置示意图

测站 1～2 布置在第一支巷内，测站 3～4 布置在第二支巷中。当支巷掘进到测站位置时就应布置测站观测断面，测站 1 和测站 2、测站 3 和测站 4 之间间距均为 12.16m，每个测站布设两个间隔为 2m 的观测断面，每个断面设一对顶底板及两帮移近量测点，采用十字布点法安设测点，如图 5-36 所示。其中，顶底板移近量用测杆测取，两帮移近量用测枪测取。

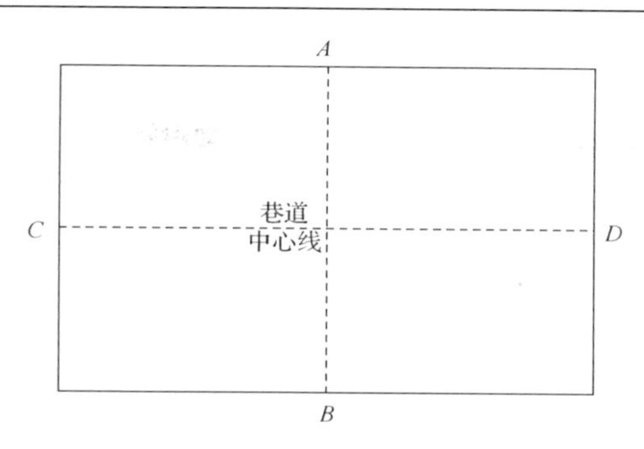

图 5-36　巷道顶底板及两帮移近量测点安设示意图

巷道顶底板及水平移近量测点的安设方法为：用煤电钻在项、底板和两帮上打眼，孔深 300mm 左右，楔入 250mm 长的带有铁钉的木塞。注意底板中心要与顶板中心打在同一法线上，两帮水平测点应在同一水平面上，如图 5-36 所示。测站设置后，立即读取初始值。测量频度为在支巷掘进及回采采硐的过程中每天观测一次，直到支巷打上密闭为止。

2) 支巷顶板离层

采用多点位移计观测支巷顶板岩层位移。多点位移计主要是由位移传感器及护管、不锈钢测杆及 PVC 护管、安装基座、护管连接座、锚头、护罩、信号传输电缆等组成。其工作原理为：当被测结构物发生位移变形时，通过多点位移计的锚头带动测杆，测杆再拉动位移计的拉杆产生位移变化；位移计拉杆的位移变形传递给振弦转变成振弦应力的变化，从而改变振弦的振动频率；电磁线圈激振振弦并测量其振动频率，频率信号经电缆传输至读数装置，即可被测结构物的变形量。

(1) 多点位移计的布置位置。

根据观测需要，在第一支巷和第二支巷巷道中心位置各布置一个多点位移计，在支巷掘进到中心位置时就应布置多点位移计。

(2) 多点位移计的安装方法和步骤。

安装埋设前应将多点位移计进行统一编号建档，每套多点位移计要有一个埋设点编号，每支位移传感器要有一个测点号；记录各埋设点传感器的出厂编号，以及各测点连接测杆的长度(根据测点深度)；多点位移计出厂时传感器以及护管和护管连接座均已安装就位在基座上，观测电缆也已接好，安装埋设时只需连接测杆、护管、锚头等附件即可使用；观测电缆的长度要根据现场需要配置，根据现场情况决定是否接长电缆。

使用锚杆机在支巷顶板巷道中心线处打垂直钻孔，深度 5m，传感器护管埋设孔径为 110mm，测杆埋设孔径为 90mm，从孔顶到孔口依次埋设间距为 1m 的测杆，布置 4 个测点，测杆分为：0.5m、1m、1.5m 三种长度，一般以 1.5m 的测杆为主，0.5m 和 1m 的测杆用于调配测杆总长度，埋设示意图如图 5-37 所示。

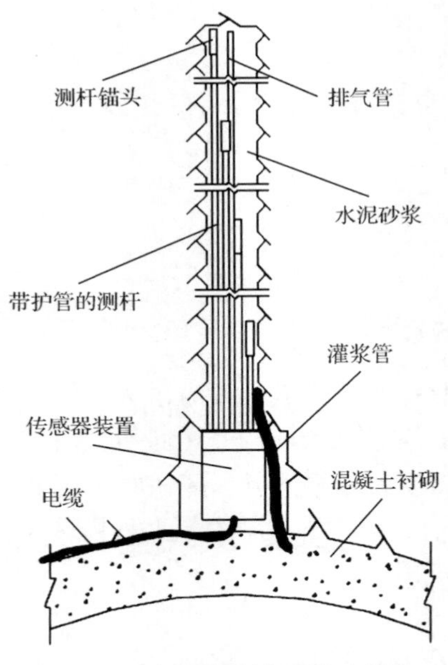

图 5-37　多点位移计埋设示意图

多点位移计安装完成后，及时用读数仪读取各支传感器的读数，调整传感器的初始值(确定传感器的拉压范围)，确认无安装错误或没有需要调整的部件后再封口灌浆。

(3) 安装注意事项。

①排气管应与测杆一起安装，其长度应比最长的测杆锚头长出 20cm 以上，以保证注浆时空气能完全排出；

②灌浆管在多点位移计安装基座旁边伸进孔内，其伸进孔内深度 1～2m 即可；

③排气管采用小口径无接头能承受一定压力的长塑料管为宜；

④多点位移计安装就位后应尽快灌浆，以防孔中有破碎岩石掉块影响灌浆的顺利进行，灌浆过程中排气管内会不断有空气排出，当排气管中开始回浆时表明灌浆已满，此时可拆除灌浆设备，堵住灌浆管和排气管；

⑤安装埋设过程中和埋设完成后应严格保护好仪器的观测电缆。

测量频度为

(4) 在支巷掘进及回采采硐的过程中每天观测一次，直到支巷打上密闭为止。

3) 支巷破坏状况统计

从支巷开始掘进到打上密闭为止，每天观测一次，记录支巷围岩破坏位置和程度。

4. 观测仪器

(1) 支巷的表面位移。支巷表面位移观测的器具为测杆与测枪，测杆用于观测顶底板移近量，测枪用于观测两帮移近量，测杆与测枪分别如图 5-38、图 5-39 所示，除此之外还需要纸、笔、自喷漆、钢钉，锤等工具。

图 5-38　测杆

图 5-39　测枪

(2) 支巷顶板离层。支巷顶板离层观测的器具为多点位移计。

(3) 巷道破坏状况统计。巷道破坏状况统计需用笔记本和笔。

5.4　条带式 Wongawilli 采煤法实施可行性分析及保护措施

5.4.1　条带式 Wongawilli 采煤法实施可行性分析

引起矿区地表产生移动变形的原因很多，有采矿因素，也有非采矿因素。地下开采会使地表产生沉陷和变形，从而导致建筑物产生损坏，建筑物损坏的主要表现形式是出现裂缝，建筑物的损坏有其规律性，不同的变形引起的建筑物损坏和裂缝形式不同。在矿区，正确区分开采引起的建筑物裂缝和自然因素导致的建筑物裂缝，掌握开采引起的建筑物裂缝发育、分布规律，对于指导建筑物下采煤、处理房屋损坏问题、协调工农关系、保证矿区社会稳定等都具有十分重要的意义。

1. 非采矿因素引起建筑物的损坏

为了分析地表建筑物受破坏影响的采矿因素，有必要了解这些非采矿因素对地表建筑物产生的影响。引起的建筑物破坏的非采矿因素主要有自然和人为两方面。

1) 自然因素

(1) 与湿度有关的地基土的物理性能变化。由于蒸发、腐烂过程或植物吸收水分使得粘性土或有机物中的自然湿度降低，粘性土的体积将减小，在表土自重或外部加载作用下孔隙度将减小。这种过程称作土的收缩或固结。在这种情况下，体积将减少 15%～30%。由于建筑物地基不同位置的干燥程度不同，使土体产生拱形鼓起，房屋基础弯曲引起房屋结构的变形破坏。

(2) 地壳运动。在有褶皱的岩层中，在构造应力的作用下，在应力平衡过程中可能产生导致地表出现地震式震动的动力现象。如果这种震力达到 5 级，建筑物室内墙表面可能产生裂缝。

(3) 山体滑移。在山区地表的建筑物往往会因表土层的蠕动滑移破坏，特别在雨季期间，在山体坡度较大的条件下，山坡表土层会发生蠕动滑移而损坏建筑物。

(4) 位于陕西、山西、内蒙、甘肃等黄土台塬地区的新生界第四系黄土层，厚约 60～280m，称为厚黄土层覆盖地区。该黄土层垂直节理发育，抗拉、抗压等力学性质均极差。其上部属大孔湿陷性黄土，遇水侵湿，极易产生塌陷坑。湿陷性黄土的抗拉伸变形能力很小，当地表拉伸变形超过 1.5mm/m 时，就会出现破坏裂缝，采动极易形成垂直地表裂缝破坏。

(5) 轻微地震对建筑物没有影响。有资料表明，当地震达到 5 级时，普通建筑物墙壁上会产生裂缝。此外，交通和机器运转产生的长期震动也可能导致房屋产生裂缝。

(6) 随着时间推移，在日照、雨水、风雪、温度等各种自然因素长期作用下，建筑物各种材料会逐渐老化，从而使建筑物破坏，出现裂缝。

2) 人为因素

地基或基础质量不好、房屋结构缺陷及建筑质量差等建筑物自身原因，是造成建筑物容易发生损害现象的主要原因之一。

(1) 地基或基础质量不好。建筑物基础强度较差、基础埋深不足，或者基础直接放在未充分压实的回填土地基上，则在建筑物上特别容易出现基础不均匀下沉或基础弯曲引起的墙体斜裂缝、剪切裂缝或后墙竖直裂缝等。

(2) 房屋结构缺陷。建筑物结构上的缺陷主要有：长建筑物未设变形缝、墙体采用不同型号的砖砌筑、建筑物平面布局不合理导致墙体受力不均匀等，这些房屋结构缺陷都可能导致房屋产生裂缝。

(3) 建筑质量差。建筑材料质量差和建造工程质量低主要表现为采用泥浆砌筑、砂浆饱满度不够、屋顶或外墙体防水处理不好、水泥或砖质量差等，这些也是造成建筑物出现裂缝的重要原因。

2. 开采沉陷对地表建筑物的影响

地下采煤后，地表发生移动和变形，破坏了建筑物与地基之间的初始应力平衡状态；伴随着力系平衡的重新建立，使建筑物内产生附加应力，从而导致建筑物发生变形，变形较大时会使建筑物产生破坏。下面分述开采引起的地表下沉、倾斜、曲率、水平移动和水平变形对建筑物的影响情况。

1) 地表下沉对建筑物的影响

地表的不均下沉会引建筑物地基反力重新分布，在建筑物中产生附加应力，导致地面建筑物受到破坏(图 5-40)。相反，地表的均匀下沉不会引建筑物中产生附加应力，建筑物不会受到破坏。但当地下潜水位高、地表下沉量大时，均匀下沉可使建筑物积水或地基受水软化，影响建筑物使用，甚至破坏(图 5-41)。

图 5-40　地表的不均下沉引起建筑物的破坏

图 5-41　地表积水引起建筑物的破坏

2) 地表倾斜对建筑物的影响

不均匀下沉使地表倾斜，地表倾斜将引起建筑物的歪斜。均匀倾斜不会使建筑物产生裂缝，对于普通建筑物，较小的均匀倾斜对其影响不大。

地下开采引起的地表倾斜对于底面积小而高度大的建筑物(如水塔、烟囱、高压线塔等)有实际的影响(图 5-42)。倾斜会使公路、铁路、管道、供排水系统等的坡度发生变化，从而影响他们的正常工作状态。地表倾斜引起建筑物倾斜，在建筑物自重的作用下引起了水平分力和倾覆弯距，如图 5-43 所示，对于 x-x 而言，建筑物自重倾覆弯距 M_{px} 计算公式如下：

$$M_{px} = P_x i y_x \tag{5-72}$$

式中，P_x 为塔形建筑物的计算横截面积 x-x 以上的重量，kg；y_x 为重力 P_x 作用点到计算截面 x-x 的距离，cm；i 为塔身的倾斜值，可近似取该处地表的倾斜值，rad。

在倾覆弯矩的作用下，建筑物构件上和地基中的应力状态发生变化。对于框架结构的建筑物，应考虑地表倾斜引起的附加应力的影响。

地表倾斜还能引起公路、铁路、排水渠、管道等的坡度变化，还可引起机器设备的倾斜，破坏其正常工作状态。

图 5-42　煤矿开采引起的古塔倾斜

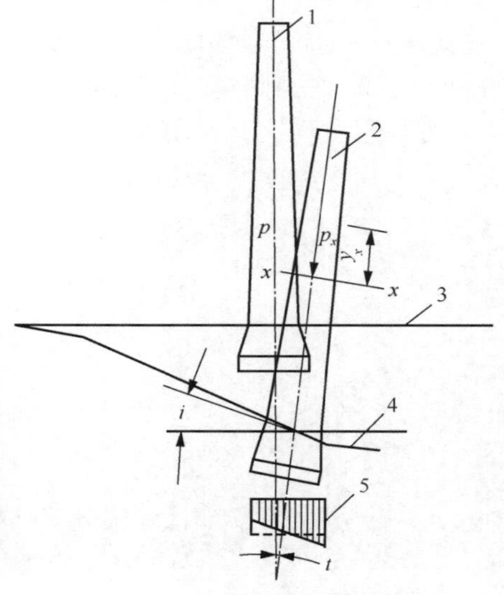

图 5-43　地表倾斜对塔形建筑物的影响

1-开采前的位置；2-开采后的位置；3-采前地表；4-下沉盆地；5-地基反力

3）地表曲率对建筑物的影响

不均匀倾斜使地表产生曲率变形，地表曲率变形表示地表倾斜的变化程度。由于曲率变形，地表将由原来的平面而变成曲面形状。引起建筑物地基反力重分布，使原来均匀的地基反力发生变化。不同曲率作用下地基反力不同。在正曲率作用下，房屋中心反力最大，两边出现卸载；在负曲率作用下，房屋两边加载，中间卸载。两种情况的地基反力分布见图 5-44。

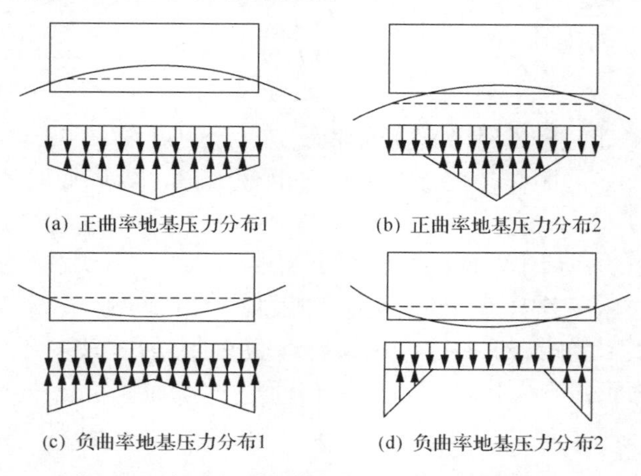

图 5-44　房屋在地表曲率作用下的地基反力分布

在地基反力重分布的影响下，建筑物墙壁在竖直面内受到附加弯矩和剪力的作用，房屋结构弱面处(门、窗、洞口、砖缝)产生裂缝。在地表负曲率变形影响下，建筑物基础的中间部分悬空，致使墙体产生“八”字型的裂缝(图 5-45(a))。在地表正曲率变形影响下，建筑物基础两端悬空，使房体产生“倒八”字型裂缝(图 5-45(b))。裂缝倾角一般为 60°～70°。

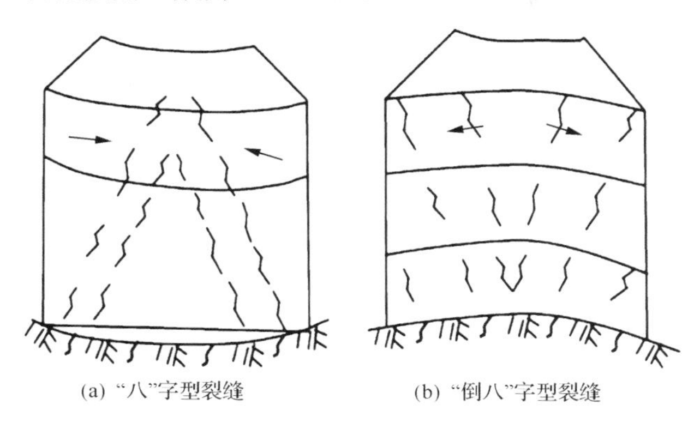

图 5-45　曲率变形对建筑物的影响

4)地表水平变形对建筑物的影响

地表水平变形主要通过两方面影响建筑物：①在地基与基础间摩擦力作用下，使水平变形产生的拉、压应力传递给建筑物，引起建筑物的附加拉应力和剪应力，使建筑物损坏；②产生横向挤压力，使基础在平面内产生弯曲变形，引起建筑物产生附加应力并损坏。

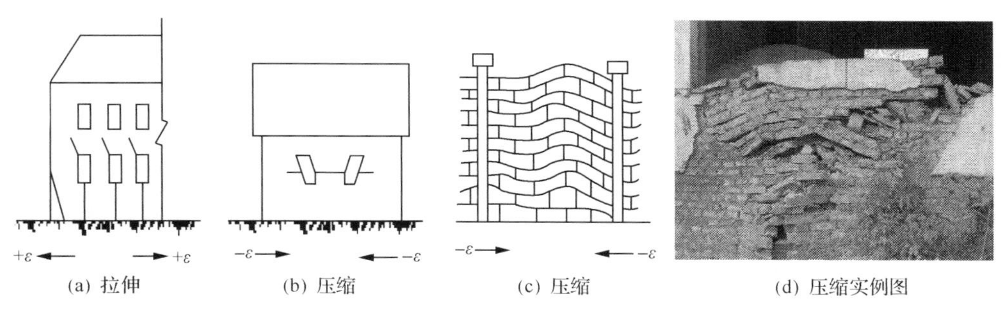

图 5-46　拉伸和压缩变形对建筑物的影响

由于建筑物大多为砌体结构，抗拉能力远低于抗压能力，一般地表水平拉伸变形达到 1mm/m 时，房屋就可能出现较细小的竖向裂缝，我国华东地区农村房屋为泥浆砌筑，当水平拉伸变形在 0.7mm/m 时，房屋即出现裂缝。虽然房屋抗压缩变形能力大于拉伸变形，但当压缩变形较大时，可使建筑物墙壁、地基压碎、地板鼓起，产生剪切和挤压裂缝，门窗洞口挤成菱形，砖砌体产生水平裂缝，纵墙或围墙产生褶曲或屋顶鼓起(图 5-46)。

综上所述，在地表下沉、倾斜、曲率、水平移动和水平变形等五种移动变形指标中，对建筑物影响最大的是曲率和水平变形。

3. 开采沉陷引起的建筑物裂缝形式

裂缝是建筑物损坏最主要的表现形式。受开采影响，建筑物地板、墙体、屋顶会产生裂缝。建筑物上出现裂缝后，不仅有损美观，降低建筑物的整体性和耐久性，而且影响正常使用，严重时可使建筑物倒塌。

1) 地板裂缝

建筑物的地板通常有土质地板、水泥地板、地砖地板等。地板裂缝通常和室外的地表裂缝连通。

在拉伸变形作用下，底板会产生拉伸裂缝，变形较大时，裂缝会出现台阶，台阶下陷一侧指向采空区。当采空区位于建筑物正下方时，室内地表可能大小不一的出现塌陷坑。在压缩变形作用下，地板会挤压鼓起；较大的压缩变形会使水泥地板、地砖地板等硬质地板压碎。

2) 墙体裂缝

不同的地表变形导致建筑物出现不同形式的裂缝，以下是几种常见的裂缝类型。

地表变形引起建筑物变形并产生裂缝。一般采动引起的建筑物裂缝有以下几种：

(1) 斜裂缝。

斜裂缝为地表变形引起的建筑物墙上裂缝最常见的一种(图 5-47)。主要由正、负曲率引起，呈八字形分布。正曲率引起倒八字形裂缝，负曲率引起正八字形裂缝，一般出现在门、窗、洞口的附近。从建筑物长度方向看，墙身中部斜裂缝较两端少。从建筑物高度方向看，下层墙体斜裂缝比上层墙体斜裂缝多。

图 5-47　墙身顶部出现斜裂缝

(2)墙身顶部竖向裂缝。

墙身顶部竖向裂缝一般出现在木屋架、瓦房顶的建筑物上，在墙身顶部未设钢筋混凝土圈梁或水平配筋砌体带的建筑物顶部。裂缝为上宽、下窄。在长轴方向上，墙身中部较两端为多。裂缝的主要原因是正曲率变形引起建筑物内横向拉应力超过砌体抗拉强度而使其裂缝。如图5-48所示。

(3)窗台裂缝。

这种裂缝一般是从窗台向下发展，具有上宽下窄的特点。在建筑物的中部较两端多。这类裂缝的原因是由于受地表正曲率变形的影响，窗台墙起了反梁的作用，致使窗台受到弯曲变形，产生拉破坏。由于地表正曲率区和拉伸变形区重合，在地表拉伸变形作用下，建筑物勒脚处产生竖向裂缝，该竖裂缝与窗台上竖向裂缝相连，如图5-49所示。

图5-48　墙身顶部出现竖向裂缝

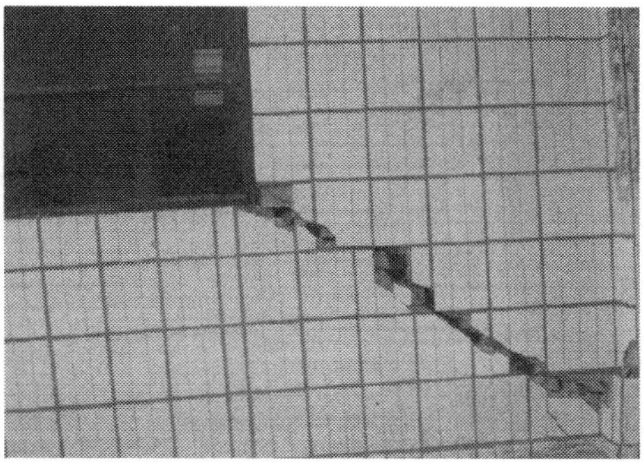

图5-49　窗下角出现裂缝

(4)勒脚上竖向裂缝。

勒脚是外墙接近室外地面处的表面部分。勒脚上竖向裂缝大多出现在窗台墙的下部的勒脚上，裂缝宽度具有下宽上窄的特点。主要是当建筑物受到拉伸变形作用时，地基与基础之间产生的摩擦力和附着力，使墙体中产生了拉应力，随着地表变形的增大，拉应力随之增大，因而在墙身下部分抗拉能力较弱的窗台墙下部勒脚上出现竖向裂缝。

(5)窗间墙上水平裂缝。

窗间墙上的水平裂缝一般出现在窗洞口的上、下水平处(图5-50)。裂缝的宽度在门窗洞口边缘处较大，且裂缝的上下部砌体一般不产生错动现象。该裂缝主要是墙体在受到建筑物自身重力和地表曲率产生的弯矩作用下，在门窗四角上产生应力集中，形成局部拉应力，使其产生裂缝并扩展。

(6)砖过梁上竖向裂缝。

门窗过梁上的竖向裂缝多数出现在砖过梁中部，然后向上发展。裂缝的宽度在门窗洞口边缘处较宽，往上渐窄。此类裂缝一般在建筑物的中部较多，两端较少(图 5-51)。裂缝大多数是由于在地表曲率作用下，墙身产生弯曲，而在砖过梁处产生拉应力使其拉开。对于平房或楼房的底层砖过梁，也可能由于地表水平拉伸变形引起的拉应力作用使其拉坏。

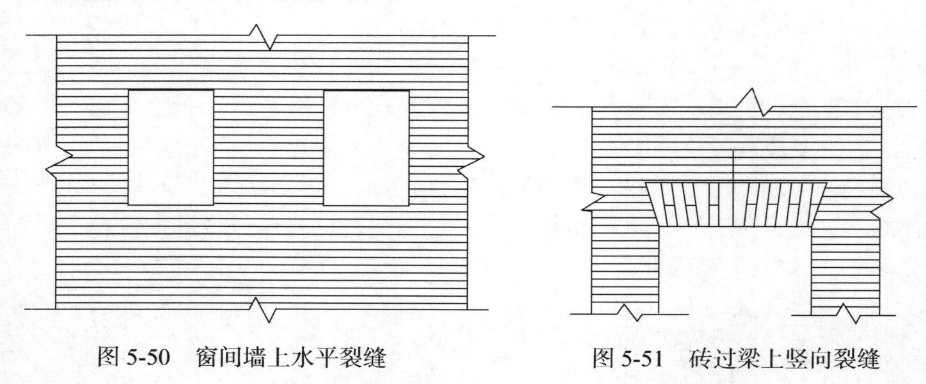

图 5-50　窗间墙上水平裂缝　　　　图 5-51　砖过梁上竖向裂缝

另外，还有顶圈梁下部水平缝，出现在圈梁的下部，可以贯通整个建筑物。这是由于圈梁和墙体拉压、抗弯模量不同，在地表曲率作用下，建筑物弯曲，在圈梁与墙体之间产生剪应力，使其产生相对错动，从而出现裂缝。

3) 屋顶裂缝

屋顶裂缝对于平顶房屋比较明显，在室内可见楼板出现楼板缝，多表现为楼板之间相互拉开，伴随漏雨现象，对正常居住影响很大，其破坏力通常大于墙体裂缝；出现屋顶楼板缝后，居住者通常在屋顶采用沥青糊上。

总体而言，受开采影响的建筑物裂缝往往有以下特点：①通缝性，裂缝不只出现在建筑物的局部，而是多为上下贯通或前后贯通，俗称“通缝”；②整体性，墙体出现裂缝时，往往地板或屋顶也出现对应裂缝，即建筑物整体出现裂缝；③区域性，裂缝不只出现在一栋房屋，周围整个区域的房屋均会出现裂缝，并表现出一定的规律性。

4. 移动盆地内不同位置对建筑物的影响

在分析地下开采对建筑物的影响时，应考虑建筑物在移动盆地中的位置，或者说建筑物与回采工作面的相对位置关系。一般来说，建筑物和采空区有如下特点：①建筑物短轴方向承受变形的能力大于长轴，承受压缩变形的能力大于承受拉伸变形的能力；②采空区边缘区为变形最大的区域，中间区下沉大但变形小；③建筑物承受扭曲变形的能力最低。

当建筑物所处位置不同时，其损害情况不同，如图 5-52 所示，位于采动区上方不同位置的 a、b、c、d、e 五幢建筑物，其所处位置的优缺点如下：

(1) 房屋 a 由于长轴方向仅受压缩变形，矩轴方向受动态拉伸变形，破坏较小，处于有利位置；

(2) 房屋 b 由于位于采空区边缘，长轴方向受到的变形较大，易使其损坏；

(3) 房屋 c 位于采空区中央，长轴平行于工作面推进方向，先受动态拉伸变形和后受压缩变形的影响，易出现裂缝；

(4) 房屋 d 位于采空区边缘，长轴平行于工作面推进方向，长轴方向受到的变形值小于房屋 c，短轴方向上受到的变形与房屋 b 长轴方向上受到的变形相等。因而房屋 d 比房屋 b、c 破坏小；

(5) 房屋 e 与工作面斜交，受到扭曲变形的影响，易发生房屋损坏。

以上分析表明，a、d 房屋位置最有利，b、c 次之，e 最不利。因此，在布置工作面时，应尽量使工作面不与房屋斜交，且尽量使房屋位于 a、d 位置上。

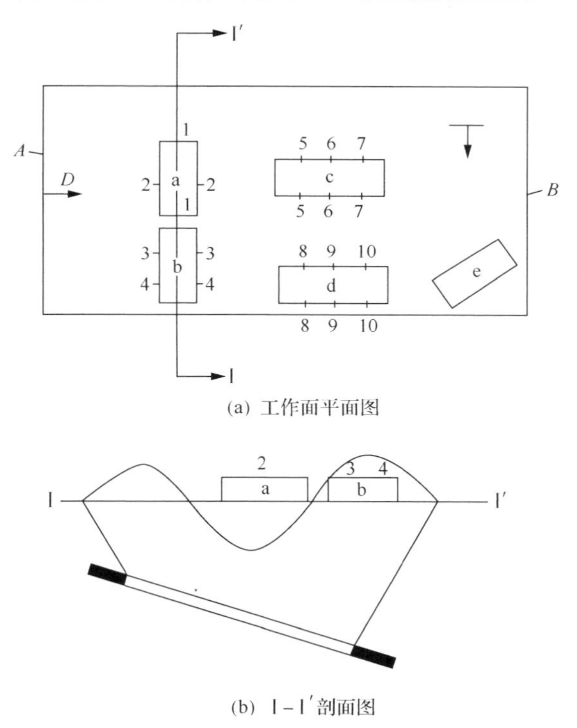

图 5-52　房屋位置与工作面的关系

在布置开采工作面时应遵循以下原则：尽量使主要保护建筑物位于移动盆地的平底位置；尽量使主要保护建筑物的长轴与开采工作面或开采边界平行；避免建筑物与开采工作面或开采边界斜交；由建筑物的抗拉、抗压变形能力和移动盆地的拉伸、压缩变形区综合分析确定有利的开采方案；由保护建筑物的重要程度和分布情况分析确定开采方案。

5. 采动区建筑物与地表移动变形之间关系

在采动过程中，地表建筑物的损害是地表的变形传递给基础，从而引起建筑物随之产生类似的变形。但由于建筑物具有一定的承受附加应力的能力，故地表变形与建筑物变形之间存在不一致性。两者之间的关系与建筑物基础的材料、长度、宽度、深度、荷载以及地基性质、建筑物平面形状和上部结构的刚度等有关。若建筑物的变形值超过其允许的变形值，建筑物将受到破坏。采动区建筑物变形与地表变形的关系和采动区建筑物损坏评定的标准是建筑物下采煤的基础。

由于建筑物采动损坏的估计比较复杂，各矿区建筑物类型又是多种多样，各矿区均应在实践中积累建筑物受采动损坏与地表变形关系的资料，并对资料进行综合分析，具体实施步骤如下：

(1) 在采动影响建筑物以前，设置地表移动和建筑物变形观测站。在建筑物墙体和基础、建筑物附近设观测点，利用多次观测的结果确定不同时期地表和建筑物的移动变形值；

(2) 观测记录采动过程中建筑物基础、墙体、楼板、门窗、屋顶等部位出现的损坏情况，按照时间记录裂缝宽度、位置及其他形式的破坏情况；

(3) 地表及房屋测点的移动变形观测必须与房屋损坏观测同步进行；

(4) 按照建筑物不同时期的不同破坏程度，列出对应期的地表移动变形值，经认真分析研究确定它们之间的关系。

受开采影响的建筑物移动变形规律，通常是通过建立建筑物观测站进行观测研究。国内外部分矿区对采动区建筑物移动变形与地表移动变形之间关系进行一些实测研究，获得了一些研究成果，下面对这些成果进行介绍。

1) 建筑物与地表下沉之间的关系

国内部分矿区对采动区建筑下沉与地表下沉之间的关系进行了的现场观测，由获得的观测资料得到以下基本关系式：

$$W_{建} = a_1 \ W_{地} + b_1 \tag{5-73}$$

式中，$W_{建}$、$W_{地}$ 分别为建筑物的下沉和地表的下沉，mm；a_1 为下沉比例系数；b_1 为下沉常数。a_1、b_1 为与建筑物刚度及所处地质采矿环境等多种因素有关(表 5-17)。

表 5-17　部分矿区 a_1、b_1 系数实测数据

矿名	位置	a_1	b_1	备注
资江俱乐部		0.97	0.49	抗变形建筑物
资江招待所		1.00	9.94	抗变形建筑物
资江二层楼		1.02	0.50	抗变形建筑物
阳泉三矿		1.010	0.50	抗变形建筑物
澄河董家河矿		0.993	3.57	
邢台东庞矿	拉伸区	0.869	0.05	抗变形建筑物
	压缩区	0.935	0.16	抗变形建筑物
徐州庞庄		1.01	1.8	抗变形建筑物
鹤壁二矿		0.96	0	
峰峰和村车站		0.994	0	

从表 5-17 可见，a_1 系数变化在 0.869～1.02 之间，平均为 0.98；b_1 系数值很小，平均为 1.7，可以忽略不计。以上说明建筑物下沉与地表下沉近于相等。

2) 建筑物与地表倾斜之间的关系

国内部分矿区现场实测数据统计分析表明，建筑物倾斜与地表倾斜具有如下关系式：

$$i_{建}=a_2\ i_{地}+b_2 \tag{5-74}$$

式中，$i_{建}$、$i_{地}$ 分别为建筑物倾斜和地表倾斜，mm/m；a_2 为倾斜比例系数；b_2 为倾斜常数。部分矿区 a_2、b_2 系数实测数据见表 5-18。

表 5-18　部分矿区 a_2、b_2 系数实测数据

矿名	a_2	b_2	备注
资江俱乐部	0.699	0	抗变形建筑物
资江招待所	0.854	0.566	抗变形建筑物
资江二层楼	0.991	0.082	抗变形建筑物
阳泉三矿	0.720	0.28	抗变形建筑物
邢台东庞矿	0.665	0.318	抗变形建筑物
徐州庞庄	1.070	0.41	抗变形建筑物
鹤壁二矿	1.010	0	

根据表 5-18，a_2 系数变化在 0.665～1.07 之间，平均为 0.86，b_2 系数值很小、平均为 0.24，可以忽略不计。

从表 5-18 中可见，对于未加固的普通建筑物，其倾斜与地表倾斜差异较小；而抗变形建筑物的倾斜与地表倾斜差异较大。分析表明，在地表下沉过程中，由于抗变形建筑物整体性能较好，在自重作用下，位于地表下沉小的一侧建筑物切入地基，建筑物变形趋于均匀，从而造成建筑物的倾斜稍小于地表倾斜。

3) 建筑物与地表曲率之间的关系

建筑物曲率与地表曲率的关系是非常复杂的，受建筑物的刚度、地基土性质、曲率性质等多种因素的影响。由于受基础切入地基的影响，地表曲率与建筑物曲率之间不存在很好的相关关系。

苏联通过对顿巴斯矿区采动影响建筑物挠度与地基挠度的观测，得到如下经验关系式：

$$f_{基} = f_{地}(a_i L/H + c_i) + b_i \tag{5-75}$$

式中，$f_{地}$、$f_{基}$为地基与基础的相对弯曲挠度；L、H为房屋的长度和高度；a_i、b_i、c_i为与房屋类型、结构特点和表土有关的系数，由表 5-19 确定。表 5-20 中给出了我国部分矿区的实测资料统计结果。

表 5-19 不同房屋类型的系数

房屋类型	a_i	c_i	b_i
没有建筑加固措施的砖房，带形片石基础	0.035	0.45	0.06
有建筑加固措施的大型砌块建筑，带形片石和片石混凝土基础	0.028	0.35	0.10
带有建筑加固措施的大板建筑 1–480，带形大块组合基础	0.017	0.22	0.10
带有建筑加固措施的大板建筑 1–464，带形大块组合基础	0.010	0.14	0.12

表 5-20 部分矿区建筑物曲率与地表曲率关系

矿名	位置	关系式	备注
资江俱乐部		$f_{建}=0.230 f_{地}+0.10$	
资江招待所		$f_{建}=0.266 f_{地}+0.044$	
资江办公楼		$f_{建}=0.40 f_{地}+0.170$	
资江二层楼		$f_{建}=0.460 f_{地}+0.144$	
资江平房		$f_{建}=0.784 f_{地}+0.131$	
阳泉三矿	正曲率	$K_{建}=0.470 K_{地}-0.015$	
	负曲率	$K_{建}=0.213 K_{地}+0.225$	
邢台东庞矿	正曲率	$K_{建}=1.15\sim1.34$	$2.28\leqslant K_{地}\leqslant4.06$
	负曲率	$K_{建}=-0.63\sim-0.49$	$-3.01\leqslant K_{地}\leqslant-2.79$

注：表中f为挠度，K为曲率。

挠度和曲率的计算式为：

$$f = \frac{L^2}{8R},\quad R = \frac{1}{K} \tag{5-76}$$

式中，R 为曲率半径；L 为变形区间长度。

由表 5-29 可见，建筑物曲率和地表曲率之间的关系可表示为：

$$K_{建} = a_3 K_{地} + b_3 \tag{5-77}$$

式中，$K_{建}$、$K_{地}$ 分别为建筑物曲率和地表曲率，mm/m^2；a_3 为曲率比例系数；b_3 为曲率常数。

表 5-20 中的数据表明，曲率关系式中常数项较小，系数项变化较大，建筑物曲率为地表曲率的 21.3%～78.4%。

建筑物曲率(或挠度)和地表曲率的关系与建筑物的刚度密切相关，国内外的观测资料证实，建筑物刚度越大，建筑物曲率和地表曲率的差异越大。这是由于建筑物刚度大，抵抗曲率变形的能力大，加之建筑物刚度大则基础易切入地基，减小基础曲率变形，从而使建筑物的曲率与地表曲率的差值增大。

建筑物的刚度包括以下两层含义：①建筑物高长比(H/L)越大，刚度越大；②建筑质量越好，刚度越大。

4）建筑物与地表水平变形之间的关系

国内部分矿区通过对现场实测数据统计分析，得到建筑物水平变形与地表水平变形的关系为：

$$\varepsilon_{建} = a_4 \varepsilon_{地} + b_4 \tag{5-78}$$

式中，$\varepsilon_{建}$、$\varepsilon_{地}$ 分别为建筑物和地表水平变形，mm/m；a_4 为水平变形比例系数；b_4 为水平变形常数。

我国部分矿区建筑物与地表水平变形之间关系的实测表达式见表 5-21。可以看出，关系式中常数项较小，而系数项变化较大。建筑物水平变形与地表水平变形关系比较复杂，与建筑物的刚度、所受的地表水平变形大小、种类、地基土的性质等多种因素有关。

建筑物的刚度对建筑物的水平变形与地表水平变形关系具有明显的影响。现场实测表明，对于加固的建筑物(刚度大)，建筑物水平变形为对应地表水平变形的 1%～17%；对于未加固的建筑物(刚度小)，建筑物水平变形为对应地表水平变形的 24%～84%，平均在 60%以上。可见，建筑物加固增大了建筑物抵抗变形的能力，使建筑物变形减小，从而减轻采动导致的危害。此外从表 5-21 中数据还可见，建筑物在设置滑动层后，不论地表水平变形有多大，建筑物的水平变形均很小。

建筑物的水平变形与地表水平变形关系还与建筑物所受的变形类型有关，建筑物抗拉伸的能力小于抗压缩的能力。对于加固的建筑物(刚度大)，建筑物拉伸变形为对应地表拉伸变形的 17%以下，而对于未加固的建筑物(刚度小)，建筑物拉伸变形为对应地表水平变形的 71%～84%；对于加固的建筑物压缩变形为对应地表压缩变形的 7%以下，而对于未加固的建筑物压缩变形与对应地表压缩变形的比值为 24%～57%。

表 5-21　部分矿区建筑物水平变形与地表水平变形关系

矿名	位置	表达式	备注
资江招待所		$\varepsilon_{建}=\pm0.3$	$-25.9\leqslant\varepsilon_{地}\leqslant16.5$，设滑动层
阳泉三矿		$\varepsilon_{建}=\pm0.4$	$-12.0\leqslant\varepsilon_{地}\leqslant15.0$，设滑动层
澄河董家河矿		$\varepsilon_{建}=\pm0.3$	$-10.0\leqslant\varepsilon_{地}\leqslant10.0$，设滑动层
邢台东庞矿	拉伸区	$\varepsilon_{建}=1.3\sim2.6$	$7.29\leqslant\varepsilon_{地}\leqslant24.66$，设滑动层
	压缩区	$\varepsilon_{建}=-0.63\sim-0.82$	$-37.96\leqslant\varepsilon_{地}\leqslant-21.27$，设滑动层
资江俱乐部	拉伸区	$\varepsilon_{建}=0.12\varepsilon_{地}-0.22$	抗变形建筑物，设滑动层
徐州庞庄矿	压缩区	$\varepsilon_{建}=0.07\varepsilon_{地}-0.06$	抗变形建筑物，设滑动层
鹤壁二矿	拉伸区	$\varepsilon_{建}=0.17\varepsilon_{地}-0.05$	加固
	拉伸区	$\varepsilon_{建}=0.84\varepsilon_{地}-0.09$	未加固
	压缩区	$\varepsilon_{建}=0.01\varepsilon_{地}+0.19$	加固
	压缩区	$\varepsilon_{建}=0.24\varepsilon_{地}-0.01$	未加固
焦作冯营矿	0～最大拉伸	$\varepsilon_{建}=0.71\varepsilon_{地}+0.28$	未加固
	最大拉伸～0	$\varepsilon_{建}=0.84\varepsilon_{地}-0.28$	未加固
	0～最大压缩	$\varepsilon_{建}=0.57\varepsilon_{地}+1.11$	未加固
	最大压缩～0	$\varepsilon_{建}=0.38\varepsilon_{地}+0.09$	未加固

综上所述：不同矿区，建筑物与地表移动变形之间的关系各不相同；对于同一矿区，不同建筑物与地表变形之间的关系也不相同。

6. 采动区建筑物损坏程度评定

在进行建筑下采煤时，一般要根据地质采矿条件预计地表移动变形，然后根据预计的移动变形值大小评定建筑物的损坏程度，采取相应的建筑物加固措施和井下开采措施，最后确定开采方案。由此可见，采动区建筑物损坏评定指标对建筑物下采煤是非常重要的。

采动区建筑物损坏评定指标涉及地表变形大小、建筑物类型、地基性质、建筑物长度和高度等诸多因素，目前尚没有一个全面考虑这些因素的采动区建筑物损坏评定方法，均采用近似的评定。下面介绍我国划分采动区建筑物损坏等级的标准。

在我国矿区中，大多数为砖混结构和砖木结构的建筑物，少量为木(竹)排架结构房屋和土筑平房。这些房屋大多数为平房，且长度小于 20m，针对这一情况，国家煤炭工业局 2000 年颁布的《建筑物、水体、铁路及主要井巷煤柱留设与压煤开采规程》（以下简称《规程》）规定，对于长度或变形缝区段小于 20m 的砖混结构房屋，按不同地表变形值划分的破坏等级标准见表 5-22。其他结构类的建(构)筑物可参照表 5-22 执行。表 5-23 给出了土筑平房破坏等级与地表变形的对应关系。

表 5-22　砖石结构建筑物的破坏(保护)等级

损坏等级	建筑物损坏程度	地表变形值			损坏分类	结构处理
		水平变形 ε/($mm \cdot m^{-1}$)	曲率 k/($10^{-3} \cdot m^{-1}$)	倾斜 i/($mm \cdot m^{-1}$)		
Ⅰ	自然间砖墙上出现宽度 1～2mm 的裂缝	≤2.0	≤0.2	≤3.0	极轻微损坏	不修
	自然间砖墙上出现宽度小于 4mm 的裂缝；多条裂缝总宽度小于 10mm				轻微损坏	简单维修
Ⅱ	自然间砖墙上出现宽度小于 15mm 的裂缝，多条裂缝总宽度小于 30mm；钢筋混凝土梁、柱上裂缝长度小于 1/3 截面高度；梁端抽出小于 20mm；砖柱上出现水平裂缝，缝长大于 1/2 截面边长；门窗略有歪斜	≤4.0	≤0.4	≤6.0	轻度损坏	小修
Ⅲ	自然间砖墙上出现宽度小于 30mm 的裂缝，多条裂缝总宽度小于 50mm；钢筋混凝土梁、柱上裂缝长度小于 1/2 截面高度；梁端抽出小于 50mm；砖柱上出现小于 5mm 的水平错动；门窗严重变形	≤6.0	≤0.6	≤10.0	中度损坏	中修
Ⅳ	自然间砖墙上出现宽度大于 30mm 的裂缝，多条裂缝总宽度大于 30mm；梁端抽出小于 60mm；砖柱上出现小于 25mm 的水平错动	>6.0	>0.6	>10.0	严重损坏	大修
	自然间砖墙上出现严重交叉裂缝、上下贯通裂缝，以及墙体严重外鼓、歪斜；钢筋混凝土梁、柱裂缝沿截面贯通；梁端抽出大于 60mm，砖柱出现大于 25mm 的水平错动；有倒塌危险				极度严重损坏	拆建

表 5-23　建筑物(土筑平房)破坏(保护)等级与地表变形的关系

损坏等级	建筑物损坏程度	地表变形值			结构处理
		水平变形 ε/(mm · m^{-1})	曲率 k/(10^{-3} · m^{-1})	倾斜 i/(mm · m^{-1})	
Ⅰ	基础及勒脚出现 1mm 左右的细微裂缝	<1.0	<0.05	<1.0	不修
Ⅱ	勒脚处裂缝增大，并扩展到窗台下，梁下支撑处两侧墙壁开始出现裂缝	1.0～2.0	0.05～0.1	1.0～1.5	小修
Ⅲ	窗台下裂缝扩展到门窗洞上角，梁下墙壁裂缝继续扩展	2.0～7.0	0.1～0.3	1.5～3.0	中修
Ⅳ	裂缝扩展到檐口下，裂缝 20mm 以上，房屋呈菱形，墙角裂开	7.0～11	0.3～0.5	3.0～4.0	大修或拆除

开采导致的建筑物损害需由矿方进行补偿，中国规定的补偿比率见表 5-24，建筑物折旧系数见表 5-25。

表 5-24　砖混结构建筑物补偿比率

损坏等级	损坏分类	补偿比率/%
Ⅰ	极轻微损坏	1～5
	轻微损坏	6～15
Ⅱ	轻度损坏	16～30
Ⅲ	中度损坏	31～65
Ⅳ	严重损坏	66～85
	极度严重损坏	86～100

注：当地有具体规定者，按当地标准选用。

表 5-25　建筑物折旧系数

建筑年限/年	<5	5～10	11～15	16～20	21～40	>40
折旧率/%	0	5～15	16～25	26～35	36～65	>65

注：仅适用于农村房屋。当地有具体规定者，按当地标准选用。

对于煤矿开采损害赔偿问题，《规程》中同时规定：

(1) 建筑物补偿费计算公式。

$$A=\sum_{i=1}^{n}B(1-C)D_iE_i \tag{5-79}$$

式中，A 为建筑物补偿费，人民币元；B 为计算基数，系指与当地有关部门协商确定的建筑物补偿单价，人民币元/m^2；C 为建筑物折旧率，按表 5-25 确定；D_i

为建筑物受损自然间的补偿比率，按表5-24确定；E_i为受损自然间的建筑面积，m^2；n为受损自然间数。

(2)说明。

煤矿开采损坏建筑物补偿是对具有合法土地使用权，持有准建证和房产证的合法建筑物依法给予的合理经济补偿。对于在煤矿企业已办理土地征用手续的土地上，未经煤矿企业同意所兴建的一切非法建(构)筑物、工业设施等一律不予经济补偿。

我国国家规定的建筑物损坏评定标准存在以下一些缺陷：①矿区建筑物类型不是单一的平房，还有楼房、厂房、构筑物等，而不同类型建筑物的刚度不同、结构不同，长度、高度也不同，因此，相同的地表变形对不同类型建筑物造成的破坏并不相同；②我国疆域广阔，煤矿分布很广，各地建筑物地基和建筑风格、质量各不相同，同样的地表变形造成相同类型建筑物的破坏是有差异的。由此可见，采用统一的一个破坏评定标准来判断建筑物破坏情况是不合理的，容易造成不必要的浪费。如预计地表变形值达到III级破坏，可建筑物却未达到III级破坏，而按III级破坏对建筑物进行加固，则增大了建筑物保护费用；或者建筑物实际达到IV级破坏，而按III级破坏对建筑物进行加固，则达不到保护的目的。

鉴于此，我国部分矿区根据本矿区的建筑物下采煤实践，制定了本矿区建筑物破坏等级评定标准，表5-26为峰峰矿区建立的采动区建筑物损坏(保护)评定指标。

表5-26　峰峰矿区地面建筑物破坏程度与地表变形关系

破坏程度	破坏特征	地表变形值		
		水平变形ε/(mm·m^{-1})	曲率k/(10^{-3}·m^{-1})	倾斜i/(mm·m^{-1})
轻度破坏	房屋墙壁出现微小裂缝，不修理不影响使用	3～5	0.15～0.25	1.5～3
中度破坏	房屋墙壁出现明显裂缝，门窗变形，房屋结构未遭破坏，需修理方可使用	5～10	0.25～0.6	3～6
严重破坏	房屋墙壁出现大裂缝，房屋结构(如承重墙)受到破坏，房梁抽出，有倒塌危险，需大修方可使用	>10	>0.6	>6

峰峰矿区还采用深厚比和建筑物与工作面的相对关系、总变形指标等方法来判别采动区建筑物的破坏程度。

峰峰矿区总变形采用以下公式计算：

$$\Delta L = L\sqrt{\varepsilon^2 + \left(\frac{H}{R}\right)^2} \tag{5-80}$$

式中，ΔL 为总变形指标，mm；L 为建筑物长度，m；H 为建筑物高度，m；R 为地表曲率半径，m；ε 为地表水平变形，mm/m。

表 5-27 给出了峰峰矿区建筑物破坏程度与总变形指标 ΔL 的关系。

表 5-27　建筑物破坏程度与总变形指标的关系

建筑破坏程度	轻度	中度	严重
总变形指标 ΔL/mm	＜150	150～250	＞250

5.4.2　地面建(构)筑物加固保护措施

1. 建筑物加固防护措施

建筑物在采动过程中要受到地表动态变形的影响。如图 5-53 所示，当工作面推进到 A 位置时，处于 1 位置的建筑物开始移动，此时经受地表拉伸和正曲率变形的影响；当工作面推进到 B 位置时，该建筑物位于动态下沉盆地中的 2 位置，此时经受地表压缩和负曲率变形的影响；当工作面推进到距 B 点 0.6H(H 为开采深度)的位置时，该建筑物位于动态下沉盆地中的 3 位置，此时恢复原状，最终只是产生整体垂直位移。可见，移动稳定后位于均匀下沉区的建筑物，只要能够抵抗住开采过程中地表动态变形的影响，一般就不会受到地表均匀下沉的损害。

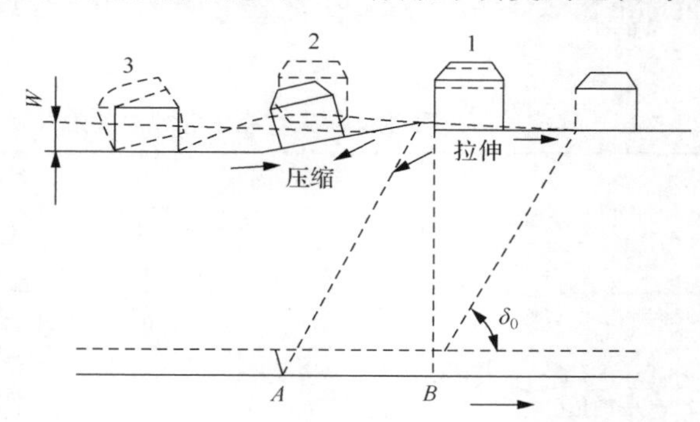

图 5-53　建筑物受到动态变形影响

针对不同的地表变形采用不同的加固措施时，应遵守下列基本原则：

(1) 当预计建筑物受到Ⅱ级破坏时，一般只需要采取简单加固保护措施，如挖补偿沟，设置钢拉杆、钢筋混凝土圈梁、对长建筑物增设变形缝等。

(2) 当预计建筑物受到Ⅲ级破坏时，应采取中等加固保护措施，即除上述简单加固措施外，还应增设钢筋混凝土基础梁(包括纵、横向梁及斜梁)、层间及檐口钢筋混凝土圈梁、钢筋混凝土柱等，并可采取一定的开采技术措施。

(3) 当预计建筑物受到Ⅳ级破坏时，应采取专门加固保护措施，如增设基础钢筋混凝土锚固板等，必要时采取减小地表移动和变形的开采技术措施。

(4) 每次开采前和地表移动稳定后，均需对建筑物和设施及时进行检修和调整。

保护建筑物的结构措施大致可分为两类：一类是提高建筑物的刚度和整体性，增强建筑物抵抗变形的能力，如设置钢拉杆、钢筋混凝土圈梁、基础联系梁等；另一类是提高建筑物适应地表变形的能力，减小地表变形引起的建筑物附加内力，如设置变形缝图 5-54、地表缓冲沟、滑动层等。

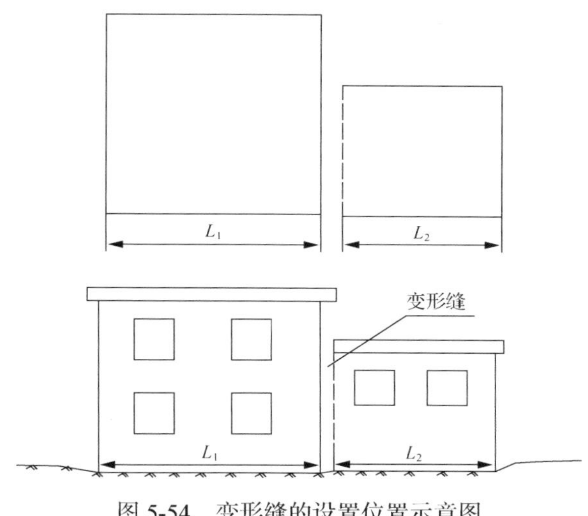

图 5-54　变形缝的设置位置示意图

1) 设置变形缝

在受到同样地表变形条件下，建筑物长度越大则可能的破坏程度越大，为了减小建筑物的损坏，增强抵抗地表变形的能力，必须减小建筑物的长度。设置变形缝是一项经济而有效的方法，在国内外建筑物下采煤中被广泛采用。设置变形缝就是将建筑物自屋顶至基础分成若干个彼此互不相连、长度较小、刚度较好、自成变形体系的独立单体(图 5-54)，以减小地基反力不均匀对建筑物的影响。

(1) 变形缝的位置。

①用变形缝将长度过大的建筑物分割为 15～20m 的独立单元；

②在平面形状复杂的建筑物的转折部位设置变形缝；

③在高度差异或荷载差异位置设置变形缝；

④建筑物(包括基础)类型不同的位置设置变形缝；

⑤地基强度有明显差异的位置设置变形缝；

⑥局部地下室的边缘设置变形缝；

⑦分期建造的房屋交界处设置变形缝。

(2) 变形缝的宽度计算。

变形缝宽度计算的原则是，当受到地表变形后，变形缝不被挤死，以防止建筑物损坏。对位于地表拉伸一正曲率区的建筑物，变形缝宽度可按构造要求设置。位于地表压缩一负曲率的建筑物，其墙壁变形缝宽度 $\Delta_{墙}$ 用式(5-81)计算：

$$\Delta_{墙} = (\varepsilon + Hk)\frac{L_1 + L_2}{2} \tag{5-81}$$

基础变形缝宽度 $\Delta_{基}$ 用式(5-82)计算：

$$\Delta_{基} = \frac{L_1 + L_2}{2}\varepsilon \tag{5-82}$$

式中，ε 为地表的压缩变形，mm/m；k 为地表的负曲率变形值，mm/m^2；H 为单体高度，m；L_1、L_2 为变形缝两侧单体的长度，m。

当建筑物位于地表拉伸变形或正曲率变形区时，变形缝的宽度应按建筑物的结构设置，即当建筑物为 2～3 层时，变形缝的宽度为 5～8cm；当建筑物为 4～5 层时，变形缝为 8～12 cm；当建筑物为 5 层以上时，变形缝宽度不小于 12 cm。一般情况下，无论建筑物位于何种地表变形区，变形缝宽度均不应小于 5cm。

(3) 变形缝的设置要求。

设置变形缝时，必将基础、地面、墙壁、 楼板、屋面全部切开，形成一条通缝，以达到变形缝两侧的单体能够各自独立变位而互不影响的目的。为此在施工时，严防砖石、砂浆、瓦片、木块等杂物落入缝内，以防变形缝“挤死”现象。

变形缝一般设在已有的横墙附近，同时在其一侧砌筑一道厚度不小于 24cm 的横墙，保证建筑物的空间刚度和稳定性以支承被切断的楼板和屋面。若变形缝设置处无横墙，则应在变形缝两侧新砌筑两道横墙。

2) 设置钢拉杆

钢拉杆可承受地表正曲率变形所产生的拉应力。设置钢拉杆是减小地表正曲率变形对建筑物墙体影响的有效措施之一。当建筑物受到地表正曲率作用时，建筑物的上部产生的拉应力使其损坏。钢拉杆就是为增大地表正曲率变形区建筑物墙体的抗拉能力而设置的，以防止建筑物在正曲率作用下的损坏。采用钢拉杆保护建筑物墙壁具有施工简单、工作量小以及地表移动稳定后可以回收钢材等优点。但钢拉杆不能承受横向力和扭转力的作用，仅能限制横向力所引起的破坏程度。设钢拉杆断面应遵循以下原则：

(1) 钢拉杆应保证房屋的砌体在受拉时变形分布比较均匀；

(2) 钢拉杆的抗拉强度必须大于被箍砌体的抗拉强度。

钢拉杆的断面可按下列步骤选取：

(1) 钢拉杆内力计算。

钢拉杆轴心受拉构件，其受的内力可根据等强度条件下按下式计算：

$$N = k_d \cdot d \cdot h \cdot R_l \tag{5-83}$$

式中，k_d 为特殊组合系数，取 0.8；d 为墙砌体的厚度，m；h 为砌体的计算高度，m；R_l 为砌体沿齿缝截面破坏的轴心抗拉强度，MPa。

(2) 钢拉杆截面计算。

$$A_{截} = \frac{N}{n[\sigma]} \tag{5-84}$$

式中，$A_{截}$ 为钢拉杆的截面积，m^2；n 为钢拉杆的根数；$[\sigma]$为钢拉杆的抗拉允许应力，MPa。

(3) 钢拉杆螺栓的选择。

钢拉杆螺栓应采用普通粗制螺栓，其有效截面积 $F_{截}$ 可按下式计算：

$$F_{截} \geqslant \frac{N}{n[\sigma_L^l]} \tag{5-85}$$

式中，$[\sigma_L^l]$ 为螺栓连接的抗拉允许应力，MPa。

为了保证房屋砌体在受拉时变形和应力比较均匀，应在钢拉杆与螺栓的连接处加垫承压板，其尺寸可按局部受压能力的检验来确定。

钢拉杆一般设于建筑物外的檐口或楼板水平上，并以闭合的形式将建筑物外墙箍住。当地表正曲率变形较大时，还应在建筑物内墙两侧同时设置。当在两侧同时设置时，其直径应相同。钢拉杆可采用 2 号钢或 3 号钢，其直径按上述方法确定，一般为 10～30mm。钢拉杆的设置如图 5-55 所示。

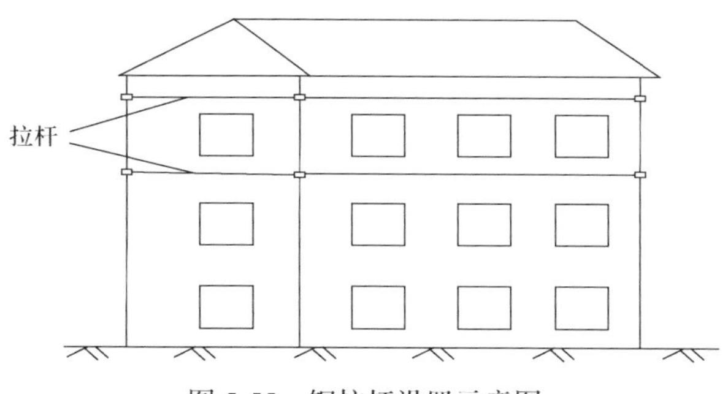

图 5-55　钢拉杆设置示意图

3) 钢筋混凝土圈梁

(1) 圈梁的作用。

设置钢筋混凝土圈梁是提高建筑物抵抗地表变形能力的有效措施。圈梁的作用在于增加建筑物整体性和刚度，提高砖石砌体的抗弯、抗剪和抗拉的强度，可在一定程度上防止或减少裂缝等破坏现象的出现。圈梁可分为墙圈梁和基础圈梁两种。墙圈梁主要承受地表曲率变形引起的附加弯矩和附加剪力。基础圈梁主要承受地表水平变形引起的建筑物基础平面内和平面外的附加水平力以及地表曲率变形引起的附加弯矩和附加剪力。

(2)圈梁的设置。

对于已有的建筑物，圈梁一般设置在建筑物外墙上，基础圈梁一般设于地面以下基础的第一个台阶上，墙圈梁设于檐口以及楼板下部或窗过梁水平的墙壁上。任何部位的圈梁应在同一水平上连续设置，形成一个水平闭合系统，不应被门窗洞口切断。圈梁设置的数量，应视地表变形的大小及建筑物的状况而言。

对于已有的建筑物，圈梁一般设于墙壁或基础的一侧。位于建筑物外墙的基础圈梁，宜设于建筑物的外侧。为保证圈梁与砌体之间的牢固结合，应沿圈梁长度方向每隔 1.5m 左右设置锚固键。钢筋混凝土圈梁由现浇混凝土捣固而成，其截面为矩形。一般基础圈梁的宽度为 25～40cm，高度为 25～50cm，墙壁圈梁的宽度为 15～20cm，高度为 15～30cm。选用圈梁加固时，要求房屋本身具有一定的强度。

对于新建建筑物，圈梁设于墙内。一般设顶、底圈梁，当变形较大时，加设腰带。圈梁的大小根据地表变形而定。目前有加大底圈梁厚度以抵抗曲率变形的趋势。

4)水平滑动层

为减少地表水平变形引起的建筑物上部的附加应力，在基础圈梁与基础之间设置水平滑动层(图 5-56)。水平滑动层的做法是：在砖石基础的顶部用 1∶3 水泥砂浆抹平压光，然后铺上两层油毡。为增加水平滑动层的效果，可在两层油毡之间和下层油毡与水泥砂浆找平层之间放置云母片或石墨。阳泉三矿进行的抗变形农村住宅实验表明，采用双层油毡作为水平滑动层，摩擦系数 0.4，可使抗变形农村住宅基础圈梁因地表水平变形产生的附加应力降低 70%。

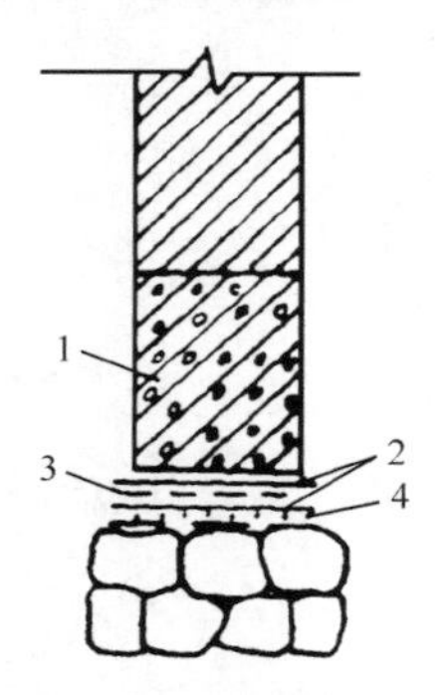

图 5-56 水平滑动层

1-钢筋混凝土圈梁；2-油毡；3-云母片；4-水泥砂浆找平层

5) 双板基础

当地表变形很大，尤其是当地表扭曲和水平剪切变形很大，在建筑物带形基础上设置钢筋混凝土圈梁和水平滑动层仍不能有效地抵抗地表变形引起的附加应力对建筑物的影响时，可采用双板基础(图5-57)。

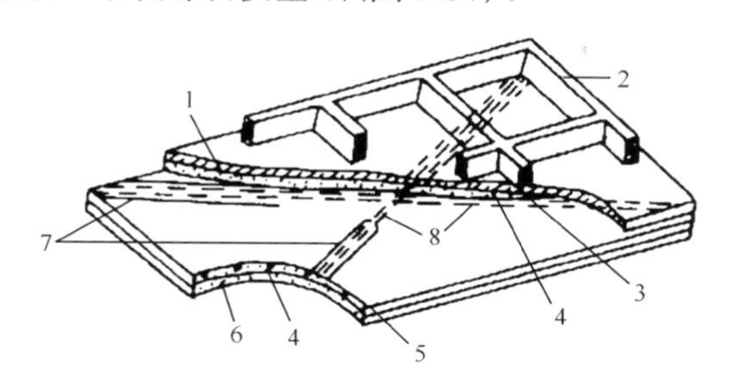

图5-57　双板基础

1-钢筋混凝土板；2-基础圈梁；3-5cm厚的板间砂层；4-两层油毡；5-混凝土板；6-15～20cm厚的底部砂层；7-白铁皮；8-变形缝

双板基础的结构是：首先在平整夯实的地基上铺设一层厚度为20cm以上的底部砂层，在底部砂层上铺两层沥青油毡隔离层，往上再浇灌一层混凝土板，并在该板的两对角线方向留设变形缝，缝内可不充填任何材料，在变形缝上部铺设三倍以上变形缝宽度的白铁皮，然后再在混凝土板上铺设厚度不小于5cm的板间砂层，板间砂层上部铺二层沥青油毡构成的隔离层。最后再在沥青油毡上部浇灌整体钢筋混凝土板和圈梁。双板基础是保护采动区建筑物的有效结构。但由于施工复杂费用高，我国目前应用较少，英国等欧美国家应用较多。

6) 基础连系梁

当有柱下独立基础时，为减小基础之间的移动变形差，单独基础之间必须设置基础连系梁。当煤层回采方向与房屋的主轴斜交时，建筑物遭受扭曲变形，尚应沿基础平面对角线设置斜向基础连系梁。

对于没有内墙或内墙间距较大的砖混结构，为减小纵墙基础圈梁所受的侧向附加弯矩，应间隔6～9m设置横向基础连系梁，此时应注意基础连系梁与基础圈梁连接处以及基础圈梁转角处的加强。

基础连系梁与基础圈梁在同一水平上设置，截面尺寸一般同基础圈梁。基础连系梁底部应铺设30cm厚的砂垫层，砂垫层底部应整平夯实，砂垫层上铺设干油毡两层。

7) 构造柱

在地表曲率变形较大时，为提高墙壁的抗剪强度，增加建筑物的整体刚度，限制裂缝的延长，可在墙内设置钢筋混凝土构造柱。构造柱一般设置在建筑物各单体墙壁的转角处，以及承受较大附加剪力的墙壁位置。构造柱应与各墙壁圈梁连接，其上端和下端应分别锚固在钢筋混凝土楼盖(檐口)圈梁和基础圈梁内。

对于一般层数较低的砖混结构，地表变形在III级以下(不包括III级)时可不设构造柱；地表变形在III级以上(包括III级)时建议在每单元的外墙角处设置构造柱。

对于多层砖混结构，地表变形在III级以下时，按抗震设防要求设置构造柱；当达到III级地表变形以上时，楼梯间应增设构造柱，如果内墙间距较大，还应在间距 6～9m 处加密构造柱。

8) 设置千斤顶调整基础

当受采动影响的地表发生不均匀沉降和倾斜变形较大时，为使建筑物免受超过其承载能力的附加作用力的影响和建筑物调平，可采用千斤顶及时调平基础，消除不均匀降沉引起的建筑物附加内力。

千斤顶一般设置在基础圈梁下部砌体中预留的千斤顶窝内。采用千斤顶调整基础时，应在基础圈梁下部设橡皮垫和工字钢，千斤顶下部亦应有足够大的支座垫板，以保证圈梁和下部基础砌体不因局部受压而破坏。千斤顶调整基础可用于新建建筑物和已有建筑物，国外应用较多。由于调整工作量大，目前一般只应用于重要建筑物，而对一般建筑物应用较少。

9) 钢筋混凝土锚固板

对于已有的建筑物不能像新建建筑物一样设置双板基础，但可采用钢筋混凝土锚固板加固。钢筋混凝土锚固板可以承受地表变形时产生的拉力和压力，保证锚固水平上的建筑物的几何形状不变。但是，由于对现有建筑物增设锚固板的方法，往往施工困难造价高。因此，只用于地表变形达到 12～15mm/m 地区的重要建筑物的保护。

锚固板应采用一级钢筋和不低于 150 号的混凝土现浇捣固，其厚度为 80～120mm。在建筑物纵横方向墙壁的侧面以及每隔 1～2m 锚固板内配置一组受力钢筋。每组受力钢筋应伸出外墙，并设置钢筋混凝土锚固端。此外尚需在整个板内铺设一层直径为 8mm，间距为 100～200mm 的钢筋网(图 5-58)。

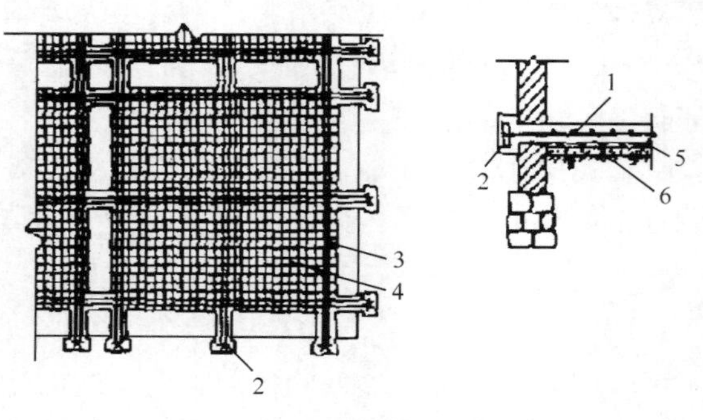

图 5-58　钢筋混凝土锚固板

1-锚固板；2-锚固端；3-受力钢筋；4-钢筋网；5-油粘两层；6-砂层

10) 堵砌门窗洞

建筑物在受到地表压缩和负曲率变形作用时，墙身产生压缩变形，从而导致门窗洞口应力集中而发生损坏。为了减少这种影响，可采用堵砌门窗洞的办法，以提高其抵抗压缩变形的能力。该措施具有简便易行的优点，一般用于加固仓库等建筑物。

11) 变形补偿沟

设置变形缓冲沟，就是在建筑物周围的地表挖掘一定深度的沟槽。主要是为了阻隔地表水平压缩变形的传递，从而减小建筑物所受的水平变形值，达到保护建筑物的目的。变形缓冲沟能有效地吸收地表的水平压缩变形，大大减小地表土体对基础埋入部分的压力，也可以减小水平变形对基础底面的影响。如鹤壁矿区在市内主要公路干线的英雄桥下采煤，在桥一端设置了变形缓冲沟，该侧的桥梁未发现损坏，变形缓冲沟吸收压缩量达 396mm，占总压缩量的 41%；而在没有设置变形缓冲沟的另一端，其桥梁拱脚处出现裂缝。

当建筑物受到一个轴向方向的地表水平压缩变形影响时，可只沿着垂直于变形方向的建筑物所有墙的外侧设置缓冲沟；而当建筑物受到两个轴向方向或斜向地表水平压缩变形影响时，则应沿建筑物周围设置闭合的变形缓冲沟(图 5-59)。沟深应超过基础底面深 20～30cm，沟宽不小于 60cm，沟的外缘距建筑物基础外侧 1～2m。

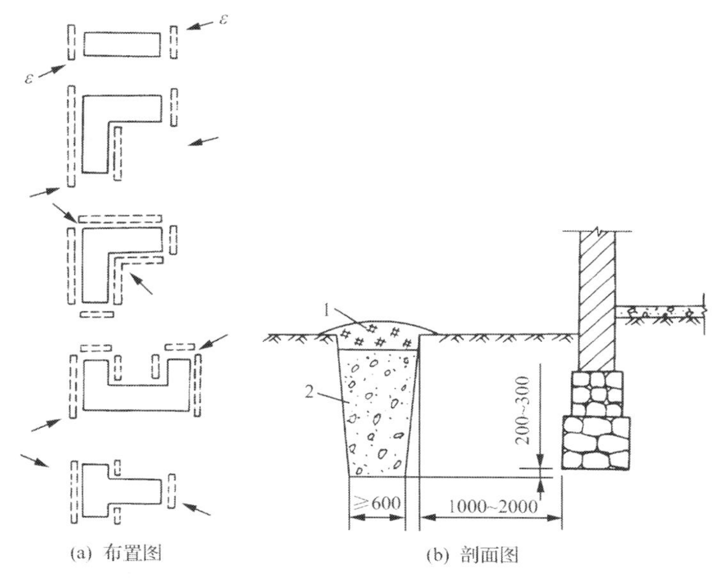

图 5-59　变形补偿沟构造(单位：mm)

另外，在建筑结构措施方面还有抽砂调整建筑物基础沉降差；采用楔形基础增大基础切入量，减小不均匀沉降；采用可拼装的盒子式房子等。总的来看，建筑物保护措施很多，但经济、合理、方便、简单的措施尚需进一步研究，特别是对于建筑材料上的研究有待进一步加强。

2. 建筑物维修补强技术

建筑物维修补强除可采用建筑物预加固外，还可采用以下维修补强技术。

1) 梁、柱补强技术

(1) 外包混凝土补强法。

外包混凝土补强法是增大构件截面积和配筋量的一种加固方法，用以提高构件的抗弯强度、抗剪强度和刚度，也可用于修补混凝土上的裂缝。外包材料一般以普通混凝土为主，当外包层较薄、钢筋较密时，可采用细石混凝土。配筋除采用钢筋外，也可采用型钢和钢板。

新浇混凝土强度等级宜比原构件混凝土强度等级提高一级，在加固基础时不得低于 C15，加固一般构件时不得低于 C20。骨料粒径不宜超过新浇混凝土最小厚度的1/2及钢筋最小间距的3/4。纵向受力钢筋宜用螺纹钢筋，最小直径为12mm，最大直径为25mm，钢筋不应小于8mm。新浇混凝土的最小厚度一般为5cm。

(2) 外包钢加固补强法。

外包钢加固补强法是在构件四周包以型钢的一种加固补强方法(图 5-60)。它可在构件截面的四角沿构件通长或某一段设置角钢，横向用螺栓套箍将角钢连接成整体，成为外包于构件的钢构架。外包钢构架可以完全替代或部分替代原构件工作，达到加固补强的目的。

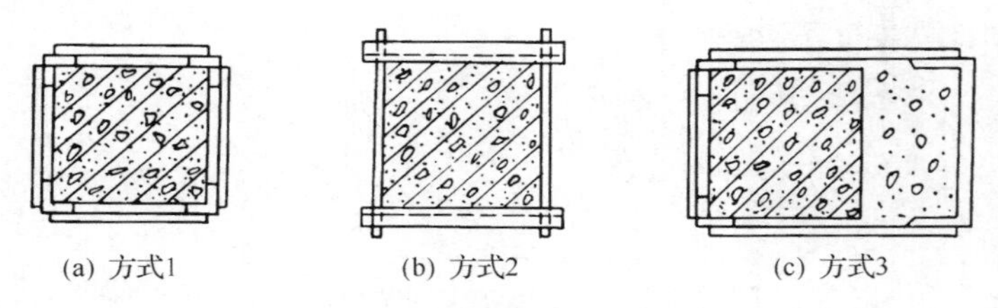

图 5-60　不同外包钢加固结构

2) 基础调整与托换技术

用千斤顶调整房屋基础，可以完全消除曲率变形的影响，也可以防止和消除倾斜的影响。当利用千斤顶调整房屋基础时，为了安置千斤顶，必须在房屋内、外基础的底部预先设置钢板或钢盘水泥板，使房屋在千斤顶作用下整体升降。此外为了彻底消除地下开采对建筑物的影响，可以对建筑物的基础进行托换。

3) 墙体补强技术

(1) 化学灌浆补强技术。

当建筑物墙体上出现裂缝时，可采用化学灌浆补强技术。它可以有效地恢复墙体的整体性，补强后墙体外观好。常用的化学灌浆材料有环氧树脂和甲基丙烯酸酯类等(表 5-28)。

表 5-28　主要化学灌浆材料性能表

类别	主要成分	起始浆液粘度/(MPa·s)	可灌入裂缝宽度/mm	聚合体或固砂体的抗压强度/MPa
环氧树脂	环氧树脂、胺类、稀释剂	7～10	0.1	40.0～80.0 1.0～2.0 (粘合强度)
甲基丙烯酸酯类	甲基丙烯酸甲酯、丁酯	0.7～1.0	0.05	60.0～80.0 1.2～2.0 (粘合强度)

(2) 水泥压浆补强技术。

这种方法就是将水泥浆液压注到墙体裂缝、孔洞中，充填并固结这些缺陷，以达到补强加固的目的。水泥灌浆具有结合体强度高、材料来源广泛、价格低以及灌浆工艺简便等优点。

(3) 喷射混凝土补强技术。

喷射混凝土的水灰比较低，由于喷射作用使其具有良好的物理力学性能(表 5-29)。施工中若加入速凝剂，还具有凝结快(2～4min 初凝，10min 以内终凝)、早期强度高的特点。此外，由于高速高压作用，喷射混凝土能射入宽度 2mm 以上的裂缝，并与墙体紧密结合，形成整体。

表 5-29　喷射混凝土力学性能表

项目	指标	备注
容重，kg/m^3 抗压强度，MP 抗拉强度，MPa 粘结强度，MPa 弹性模量，MPa	2200～2300 20.0～30.0 1.5～2.5 1.5～2.0 $(2.2\sim3.0)\times10^4$	①水泥为 325 或 425 普通硅酸盐水泥 ②混凝土配合比为 1∶2∶2 ③混凝土龄期 28d

当墙体完整、仅出现 1～2 条裂缝且无错位时，可沿裂缝采用宽 400～500mm、厚 50mm 的条带状喷射混凝土加固。必要时沿裂缝每隔 300～500mm 抽去半砖，喷入混凝土形成锚固键。当承重墙出现较多裂缝且有错位、破坏严重时，可采用墙体双面配ϕ 6～8mm 的钢筋网，喷 50～70mm 厚的混凝土，再抹 20～30mm 的水泥砂浆找平层。若裂缝无明显错位，可采用单面配钢筋网喷射混凝土加固。

3. 抗采动建筑物设计技术

随着煤炭生产的发展，矿区地面建筑物越来越多，而且部分建筑物需兴建在采动影响区之内。在采动区内兴建建筑物可分为两种情况：一是建筑物在矿层已经采出且地表移动稳定之后兴建，简称为采后兴建；二是建筑物在矿层开采之前兴建，简称为采前兴建。若为采后兴建，且岩层和地表移动不会因建筑荷载的作用而产生活动，可按常规方法进行设计和施工；反之，必须适当采取某些抗采动设计技术。当为采前兴建时，根据预计的地表变形值采用合理的抗采动建筑物设计技术，使建筑物具有抵抗未来地表变形的能力，以解决新建建筑物下的矿物开采问题。

(1)合理确定建筑物的位置。

建筑物受采动影响的程度与建筑物所处地表移动盆地的位置有关(图 5-52)。一般而言，位于地表移动盆地内的建筑物，其长轴方向宜与工作面的推进方向垂直；位于地表移动盆地边缘的建筑物，其长轴方向宜与开采边界平行；尽量避免建筑物长轴与开采工作面斜交。

(2)采动区建筑物地基处理技术。

采动区建筑物地基的工程地质勘探应结合建筑场地的矿山地质资料进行，要充分估计出地表沉陷引起的建筑物地基标高和水文地质条件的变化，同时考虑建筑场地由于水文地质条件变化引起的地基土体物理力学性质的变化。

建筑物地基的土体要求均匀一致，如果表土层较薄或地基土体不均匀，应回填黏土或换土。建筑物地基宜采用在采动后基础易切入的“软地基”，而硬岩石、大块碎石类土体以及密实黏土不应作为采动区建筑物的地基，应铺设黏土层或砂垫层。黏土层的厚度不应小于 100cm，砂垫层厚度不宜小于 50cm。垫层宽度 D 按应力扩散角θ、垫层厚度 d 及基底宽度 B 确定，即

$$D = B + 2d\tan\theta \tag{5-86}$$

5.5 本 章 小 结

本章主要基于关键层的判断，通过相似模拟分析了条带式 Wongawilli 采煤法覆岩移动规律；然后介绍了条带式 Wongawilli 采煤法地表移动变形计算的分析方法以及现场监测方案；最后通过对建(构)物损害的评价，分析了条带式 Wongawilli 采煤法实施的可行性，同时提出了相应的建(构)筑物加固保护措施。

第 6 章　条带式 Wongawilli 采煤法煤柱稳定性工程实例

6.1　煤柱稳定性理论

目前，条带式 Wongawilli 采煤法处于实验研究阶段，作为集条带式及 Wongawilli 采煤方法优点的新型采煤方法，研究其煤柱破坏机理及控制技术，可以借鉴和参考成熟的条带式及 Wongawilli 采煤方法煤柱进行研究。

20 世纪 50 年代初，条带采煤在国外就应用于“三下”采煤，我国也在数以百计的矿井工作面进行了应用研究，经过几十年的实践，研究理论、方法及现场实测数据都比较成熟。Wongawilli 采煤法首先在澳大利亚应用，引入我国后，在部分矿井也进行应用并收集了相关数据，两者研究的具体情况如下。

6.1.1　条带采煤法煤柱稳定性理论

1. 煤柱的载荷

根据极限强度理论，煤柱是否破坏取决于煤柱承载能力与作用于煤柱的载荷大小关系，当煤柱承载能力大于煤柱载荷时，煤柱安全稳定；反之，当煤柱的承载能力小于煤柱载荷时，煤柱失稳破坏。因此，分析煤柱承受的载荷是研究煤柱是否稳定重要环节。目前，条带开采煤柱载荷的计算方法有：压力拱理论计算法、有效面积理论计算法、极限强度理论计算法和 A.H.Willson 两区约束理论计算法等。

1)压力拱理论

压力拱理论认为合理的屈服煤柱或者隔离煤柱尺寸应根据上覆岩层厚度 H 决定。煤层开采后，在煤层采空区附近发生应力转移，并在采空区上方形成拱状压力分布，上部覆岩压力绝大多数通过应力拱将压力转移至煤柱边缘(即拱脚部分)，只用极少部分的拱内岩层重量传递给直接顶。一般认为，最大压力拱呈椭圆形分布，采空区顶底板分布的压力拱高相似，约等于 2 倍回采宽度(b)。煤层埋藏深度(即采深 H)对压力拱的内宽 L_{PA} 起决定性的作用，覆岩内部组合机构状态则主要影响压力拱的外宽 L_{PB} 的大小(图 6-1)。当 $b>L_{PA}$ 时，压力拱两拱脚一实一虚，分别位于回采边缘的实体煤柱及采空区上，负载复杂且压力拱极不稳定；当 $b<L_{PA}$，在时间的效应下，由于上覆应力的不断转移，压力拱变现为不稳定，若处于

拱脚处的煤柱没有足够的强度，可能引发覆岩沉陷。

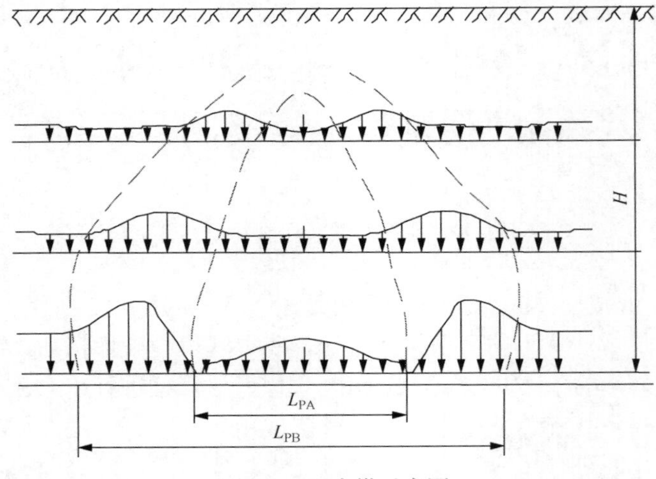

图 6-1 压力拱示意图

压力拱的内宽 L_{PA} 满足如下表达式：

$$L_{PA}=\frac{3H}{20}+18.3 \tag{6-1}$$

研究发现，条带开采中为了控制地表沉陷，开采条带的宽度 b 与压力拱内宽 L_{PA} 满足条件 $d\leqslant 0.75\ L_{PA}$。

2) 有效面积理论

有效面积理认为煤柱上部覆岩的重量平均分配给回采后留设下的煤柱，一般来说，条带开采后直接顶要么不垮落，要么垮落后无法接顶，垮落矸石不承载上覆岩层的重量，回采区域上覆岩层的重量都由相邻煤柱所分担，承载煤柱载荷 P 有如下表达式：

$$P=\frac{(a+b)\gamma H}{a} \tag{6-2}$$

式中，a 为承载煤柱宽度，m；b 为回采宽度，m；P 为煤柱承受载荷，MPa；γ 为覆岩平均密度，kg/m^3；H 为平均埋藏深度(采深)，m。

承载中，煤柱有效承载面积减小，造成煤柱实际承载区域的应力比原值增加。研究表明，计算煤柱应力时需进行修正，即乘以值为 1.1 的应力系数无量纲参数。

若条带开采采宽 b 足够大，上覆岩层垮落、矸石接顶，矸石对上部覆岩起一定的支撑作用。根据 King 关于矸石承载的研究，对有限采动情况进行叠加，分析得出了矸石接顶承载下的煤柱承载载荷 P 的表达式：

$$P=\frac{(a+b)\gamma H}{a}-\frac{\gamma b^2}{1.2a} \tag{6-3}$$

3) 极限强度理论

极限强度理论认为煤柱是否稳定主要取决于煤柱承载能力与煤柱载荷的大小，煤柱由塑性区、弹性核区两部分组成：塑性区是指工作面回采结束后，煤柱在围岩应力的作用下，煤柱边缘屈服并失去其相应的承载能力的区域，弹性核区为剩下承载区域(图 6-2)。

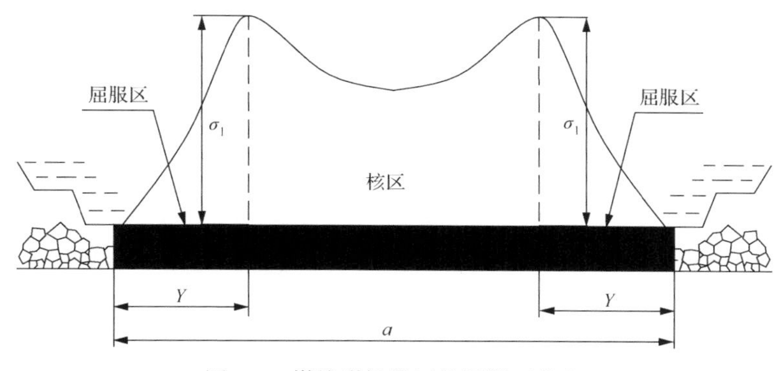

图 6-2　煤柱弹性核区及屈服区分布

弹性核区内由莫尔-库仑准则可知，三向应力作用下煤柱极限强度 σ_1 为：

$$\sigma_1=\frac{2C\cos\varphi}{1-\sin\varphi}+\frac{1+\sin\varphi}{1-\sin\varphi}\sigma_3 \tag{6-4}$$

式中，σ_1 为条带煤柱的极限强度，MPa；C 为条带煤柱的粘结力，MPa；φ 为条带煤柱的内摩擦角，(°)。

塑性区内，条带煤柱粘结力可假定为零，那么可知:

$$\sigma_3=k\gamma H \tag{6-5}$$

式中，σ_3 为弹性核区及塑性区交界处侧向应力，MPa；k 为侧向压力系数。

4) A.H.Wilson 两区约束理论

A.H.Wilson 两区约束理论认为屈服区(或塑性区)宽度 Y=0.0049mH(图 6-2)。该理论在我国广泛应用，并得到了一些学者的修正完善。研究认为，简化的

A.H.Wilson 公式不适用于宽厚条带煤柱设计，并通过实验分析对 A.H.Wilson 计算公式进行了改进，认为宽厚条带开采屈服区宽度是 A.H. Wilson 经验公式计算值的 1.23～1.25 倍，并进一步得出了其屈服区宽度表达应为 $Y=kmH$；李德海等通过建立力学模型，在煤柱内有弱面存在的情况下，增加了煤柱的抗剪强度的校正，剪切强度的安全系数为 $k_r(k_r>1)$。

A.H.Wilson 两区约束理论极限载荷 P 表达式：

$$\begin{cases} P_{极矩} = 40\gamma H\left[ad - 4.92(a+b)mH \times 10^3 + 32.28m^2H^2 \times 10^{-6}\right] \\ P_{极长} = 40\gamma H\left(a - 4.92mH \times 10^{-3}\right) \end{cases} \tag{6-6}$$

矩形煤柱和长煤柱保留煤柱实际承受的载荷按下列计算：

$$\begin{cases} P_{实矩} = 10\gamma H\left[Ha + \dfrac{b}{2}\left(2H - \dfrac{b}{0.6}\right)\right] \\ P_{实长} = 10\gamma\left[Ha + \dfrac{b}{2}\left(2H - \dfrac{b}{0.6}\right)\right] \end{cases} \tag{6-7}$$

式中，H 为采深，m；a、b 为条带的留宽和采宽，m。

2. 煤柱强度理论

分析煤柱稳定性最基础的指标是煤柱强度，煤柱强度不仅受煤块强度的影响，而更多的由煤柱内部地质构造、围岩岩性、煤柱尺寸、自由表面、煤柱侧向力、煤柱顶底板黏结力、开采方式及载荷的时间效应等诸多因素所决定。

(1) 核区强度不等理论。为计算煤柱核区内不同位置的强度，罗布拉尔(1970)将实际应力与煤柱的核区强度相结合，得到了适用于条带煤柱破坏包络面计算的通用公式。

(2) 大板裂隙理论。白矛(1982)利用弹性断裂理论将采空区沿走向剖面视为边界作用均布载荷的无限大板中一个很扁的椭圆孔口，推导出孔口端部煤柱距煤壁任一距离点的应力计算公式。

(3) 极限平衡理论。K.A.阿尔拉麦夫以及我国的侯朝炯和马念杰，在煤柱与顶底板相交面存在整体内聚力的作用条件下，研究了任意三边尺寸比值的煤柱应力状态，得出了规则煤柱顶面以及中性面垂直应力分布情况。

除上述理论研究以外，国内外学者对条带煤柱留设、稳定性及工程实践都做了大量的研究。郭文兵等基于突变理论，建立了条带开采煤柱破坏失稳理论；王连国等对条带煤柱的破坏宽度及煤柱稳定性问题进行了分析；方新秋等研究了深部条带开采矿井冲击地压问题；孙希奎、王苇对高水材料充填置换开采承压水上条带煤柱的理论研究，朱卫兵等对厚表土层薄基岩条件下村庄压煤条带开采实验，陈绍杰等基于室内实验的条带煤柱稳定性研究，郭力群等基于统一强度理论的条带煤柱设计。

条带开采采留宽度优化方面，A.H. Wilson 理论在我国得到了广泛应用并完善，研究了厚松散层薄基岩条带开采尺寸合理确定；郭惟嘉等优化设计了多煤层下条带开采煤柱。此外，钱鸣高院士的关键层理论及数值模拟计算等在条带开采设计中被广泛运用。

6.1.2 Wongawilli 采煤法煤柱理论

房柱式开采煤柱系统目前主要通过刚度理论、现场实测、经验公式计算及数值模拟及等方法评价分析。Wongawilli 采煤法是在柱式采煤基础上发展而来，分为前进和后退式两种巷道布置方式，灵活布置工作面是它最为主要的特点，也是其与柱式开采的主要区别之一。

Wongawilli 采煤法对顶板的控制主要包括两方面：一是巷道掘进时对巷道顶板的管理，一般采用锚杆(索)进行支护；另一种是在连续采煤机进行采硐回采时，采用两架履带式行走液压支架对采硐与支巷三角带进行维护。这种维护一般有两种液压支架作用方式：迈步式移架是指在连采机 45°斜切进刀采完支巷一侧采硐后，退出采硐，靠近该侧的履带式行走液压支架前移并在采硐与支巷交叉处进行维护，当另一侧采硐回采结束后前移另一支架；整体移架是指连续采煤机对支巷两侧采硐回采结束后，两架履带式行走液压支架整体前移，对采硐与支巷交叉位置进行顶板的维护。当矿井未配备备履带式液压支架时，在采硐回采过程中一般采用留设小尺寸的煤皮，同时在连续采煤机的配合下采用锚杆支护对顶板进行维护。李瑞群等研究了 Wongawilli 采煤煤柱-顶板力学结构，构建了合理“简支梁”和“连续梁”顶板-煤柱模型，得出了 Wongawilli 采煤煤柱应力的分布特征。栗建平、李瑞群等采用数值模拟研究了浅埋煤层 Wongawilli 采煤法矿压显现规律，为 Wongawilli 采煤顶板管理提供了科学依据。

在我国，Wongawilli 高效采煤工艺应用于建(构)筑物下、边角煤等回采，实现了高产高效。潞安五阳煤矿采用 Wongawilli 实现了村庄下煤层回收；晋煤王台煤矿采用 Wongawilli 采煤方法回收了部分“三下”压煤及边角煤柱；开滦矿区、神东矿区的崔家寨矿、上湾煤矿、大柳塔煤矿等都采用了 Wongawilli 采煤法。学者们对 Wongawilli 无论是设备选型、煤柱留设、顶板管理、灾害控制、工程应用等方面都做了深入的研究。

6.1.3 条带式 Wongawilli 采煤法煤柱理论

郭文兵等通过大量研究，结合条带开采及 Wongawilli 采煤方法优缺点，创造性地提出了条带式 Wongawilli 采煤方法，并将此采煤工艺应用到王台煤矿建筑物下采煤设计，首次以“对建(构)筑物下条带式 Wongawilli 采煤技术研究”为题，对条带式 Wongawilli 采煤方法进行了研究，以具体的地质采矿条件，通过数值模拟分析以及地表移动变形预计，对条带式 Wongawilli 采煤方法井下采硐布置等设计参数、工作面布置形式、煤柱的弹塑性区及应力状态进行了研究分析，得出了诸多有益的结论。

条带式 Wongawilli 采煤方法作为一种新型减沉开采方法，由于目前应用的矿井较少，现场实测资料也相对匮乏，需要进一步加强其理论研究及生产验证，特别是关于煤柱稳定性的基础理论问题，还存在以下几个主要问题：

(1) 条带式 Wongawilli 采煤方法条带煤柱在支护情况下，Wongawilli 采煤方法长方形煤柱及条带式无支护煤柱是否不同；

(2) 条带式 Wongawilli 采煤方法存在不规则煤柱(残余煤柱带)、刀间煤柱的情况，不同于其他开采方法，其单一煤柱及煤柱系统失稳机理暂未被研究；

(3) 条带式 Wongawilli 采煤方法煤柱受力不同于条带开采或房柱式开采，需建立其煤柱力学模型，验证或改进现有载荷理论；

(4) 条带式 Wongawilli 采煤法煤柱宽度留设的公式不等同目前广泛采用的宽度预测公式。

6.2　条带式 Wongawilli 采煤法煤柱失稳与覆岩破坏工程实例

6.2.1　地质采矿条件

赵屋煤矿生产规模 90 万 t/a，矿井批准开采 15 号煤层，批采标高+1385m～+1060m，井田内可采煤层为 3、15 号煤层，15 号煤连采一区位于井田西北部，上部 3 号煤层被剥蚀，井上下相对高差 55～90m，采用 Wongawilli 法回收 15 号煤层边角煤，全部垮落法管理顶板。15 号煤层厚度 2.32～5.38m，平均 4.19m，夹 0～2 层条带状泥岩夹矸，结构简单，煤层顶板为砂质泥岩，局部有泥岩伪顶，底板为泥岩、砂质泥岩或铝质泥岩，属于坚硬顶板。

15 号煤连采一区采用条带式 Wongawilli 采煤布置，该区共设 16 条支巷，其中支巷 3、支巷 5、支巷 9、支巷 10 及支巷 11 均为原有旧巷，且其附近存在多条交错老巷(图 6-3)，支巷长度一般 80～140m，相邻两条支巷间中心距 15.5～23m 左右。根据煤层顶底板情况，每条支巷采用两翼开采，采硐宽度 3.3m，相邻采硐间留设 0.5m～1m 的隔离煤墙，开采宽度 25m，一般每回采 1～5 条支巷，留设 15m 左右保护煤柱，连采机割煤，梭车运输煤炭。

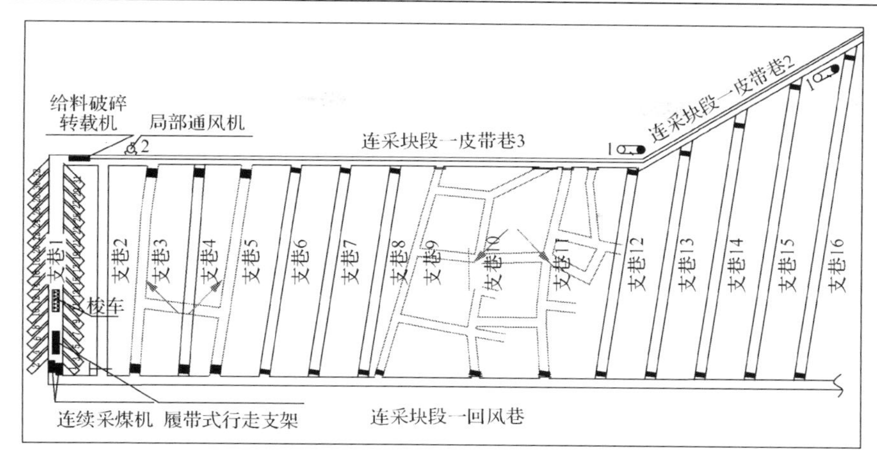

图 6-3　开采方案及巷道布置图

6.2.2　条带式 Wongawilli 开采煤柱稳定时覆岩两带分析

1. 覆岩“两带”现场探测

1) 探测方案的确定

为了准确探测“两带”高度，采用了地表钻孔冲洗液漏失量观测，钻孔冲洗液漏失量观测法通过观测钻进过程中的钻孔冲洗液漏失量，钻孔水位变化以及在钻进过程中的各种异常现象，分析确定导水裂缝带的发育高度。

“两带”高度和岩性与煤层的采高有关，垮采比随覆岩岩性坚硬程度增大而增大，一般情况下，软岩岩层垮采比为 9～12，中硬岩层垮采比为 12～18，坚硬岩层垮采比为 18～28。赵屋煤矿连采一块段地面标高为+1175～+1220m，井下标高为+1120～+1130m，相对高差 55～90m，根据现场资料可知，Wongawilli 开采后的两带并未贯通地表，结合赵屋煤矿地质采矿条件及 Wongawilli 采煤方法特点，确定由地表施工钻孔测量“两带”，现场观测钻孔布置如图 6-4 所示。

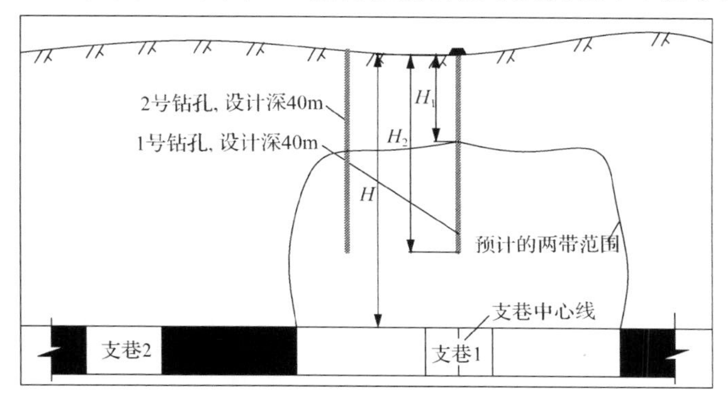

图 6-4　钻孔布置图

2)探测结果

根据《导水裂缝带高度的钻孔冲洗液漏失量观测方法》(MT/T865-2000),结合赵屋煤矿地表黄土层厚度,套管止水段深度选为5m,从5m开始进行冲洗液漏失量观测。由于赵屋煤矿连采一块段煤层角度小,为近水平煤层,设计采用地表施工的两个钻孔控制支巷一侧“两带”高度,另一侧“两带”分布由“两带”高度分布的对称性获得,两钻孔施工记录见表6-1,漏失量变化曲线如图6-5所示。

由图6-5可知,钻孔1钻深5~22m时,单位时间的漏失量在20L/s上下波动,从23m开始增大,随后突跳至171L/s;钻孔2钻液漏水量的整体趋势与钻孔1相同,但其发生点较钻孔1滞后5~6m,原因在于钻孔2地表与煤层相对标高不一致,根据井上下对照图,钻孔1井上下绝对高差为55m,钻孔2井上下绝对高差为61m,两钻孔相对高差为6m。

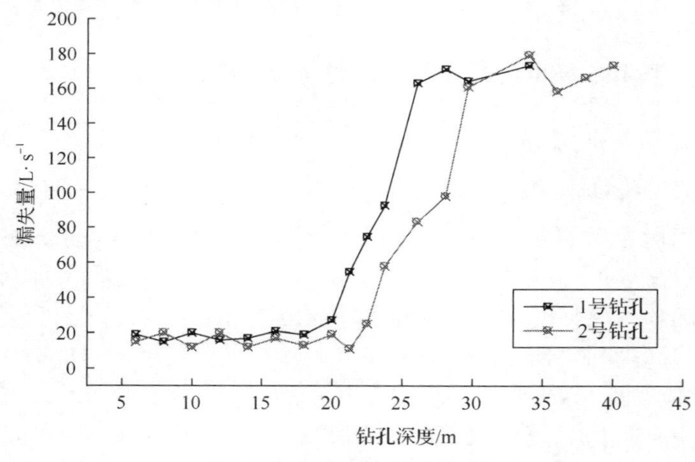

图6-5 漏失量变化曲线图

由表6-1可知,钻孔1在26m时出现了返水急剧下降现象,则此处的导水裂隙带至地表的高度约为26m;钻孔2在深31m时,返水开始急剧下降现象,此孔导水裂隙带至地表的高度约为31m。

表6-1 钻孔“两带”高度观测表

钻孔	设计深度/m	深度/m	漏失量/(L·min^{-1})	钻孔现象	备注
1	40	5~22	15~27	—	钻孔施工至26m时返水急剧减少,至33.4m时,掉钻停止施工
		23~26	51~88	孔内出现掉块现象	
		26~33.4	163~178		
2	40	5~26	12~25	—	在施工至31m时返水量下降,35m时候,返水量极少,施工完成钻孔后,注水未见返水
		27~31	57~92	孔内出现掉块现象	
		31~40	158~179	注水未返	

3) 探测结果分析

统计钻孔冲洗液漏失量，结合钻孔水位观测结果以及钻孔取芯、掉钻、卡钻、吸风等现象，分析认为导水裂缝带的顶点位置在钻深 55～61m 处，因此导水裂缝带高度计算公式可以表达为：

$$H_{\mathrm{d}} = H - H_l + W$$

由上述公式可以计算得 1、2 号钻孔导水裂隙带高度分别为：

1 号钻孔，$H_{\mathrm{d}}=H-H_l+W=55-(23\sim26)+2\times4.19=29.8\sim32.8$m，平均取值 31.3m；

2 号钻孔，$H_{\mathrm{d}}=H-H_l+W=61-(27\sim31)+2\times4.19=30.8\sim34.8$m，平均取值 32.8m。

式中，H_{d} 为导水裂隙带最大高度，m；H 为地表至煤层顶板距离，m；H_l 为地表至裂隙带顶部的距离，m；W 为打钻观测时裂缝带岩层压缩值，m。

钻孔位置煤层采厚为 4.19m，取 $W=2\times4.19=8.38$m，对 1、2 号钻孔经数据取平均值，得出导水裂缝带高度为 31.3～32.8m，两孔平均值为 32.05m。

2. 覆岩“两带”高度模拟

(1) 模拟方案。

为研究非充分采动条件下导水裂隙带与采宽变化关系，根据赵屋煤业连采一区井上下对照图，支巷 1 位置相对高差 60m，由文献可知，一般情况下，非充分采动条件下宽深比 $b/H<1.2\sim1.4$，那么可以推断该工作面采宽小于 72m 时均为非充分采动。模型的采宽范围设定为 4～72m，每次开挖 2m。

(2) 模型的建立。

相关学者采用 UDEC 软件进行离散元数值模拟计算，并以单元拉伸破坏作为覆岩裂隙(带)的判定标准对覆岩裂隙(带)进行了分析，本次数值模型模拟根据矿井地质采矿条件为基础，各岩层物理力学参数见表 6-2 所示。

表 6-2　岩层物理力学参数表

岩性	内摩擦角/(°)	体积模量/GPa	剪切模量/GPa	粘聚力 C/MPa	抗拉强度/MPa	容重/(kg · m^{-3})
表土	15	1.53	1.19	0.02	0. 2	1860
细粒砂岩	46	20.1	16.92	5.4	1.8	2500
砂质泥岩	27	4.6	2.86	4.0	3.3	2300
泥岩	22	3.8	2.56	2.5	1.5	2540
砂质泥岩	27	4.6	2.86	4.0	1.8	1800
煤层	21	2.24	2.09	1.8	1.1	1410
泥岩	23	4.8	2.56	2.5	1.5	2220
砂质泥岩	27	4.6	2.86	4.0	1.8	2300

实验计算模型的大小为 140×60m（长×高）；模型左右边界取 u=0，v≠0（u 为 x 方向位移，v 为 y 方向位移），即单约束边界，下部边界取 u=v=0，为全约束边界，上部边界为自由边界。

(3) 模拟结果及分析。

根据赵屋煤业连采一区采矿地质条件可知，煤层埋藏深度为 60m 左右，结合图 6-6 可知，随采宽的增加导水裂隙带发育范围增大、高度增加，采宽增至 40m 时导水裂隙带在采空区中部与地表导通，最大裂采比为 14.32。

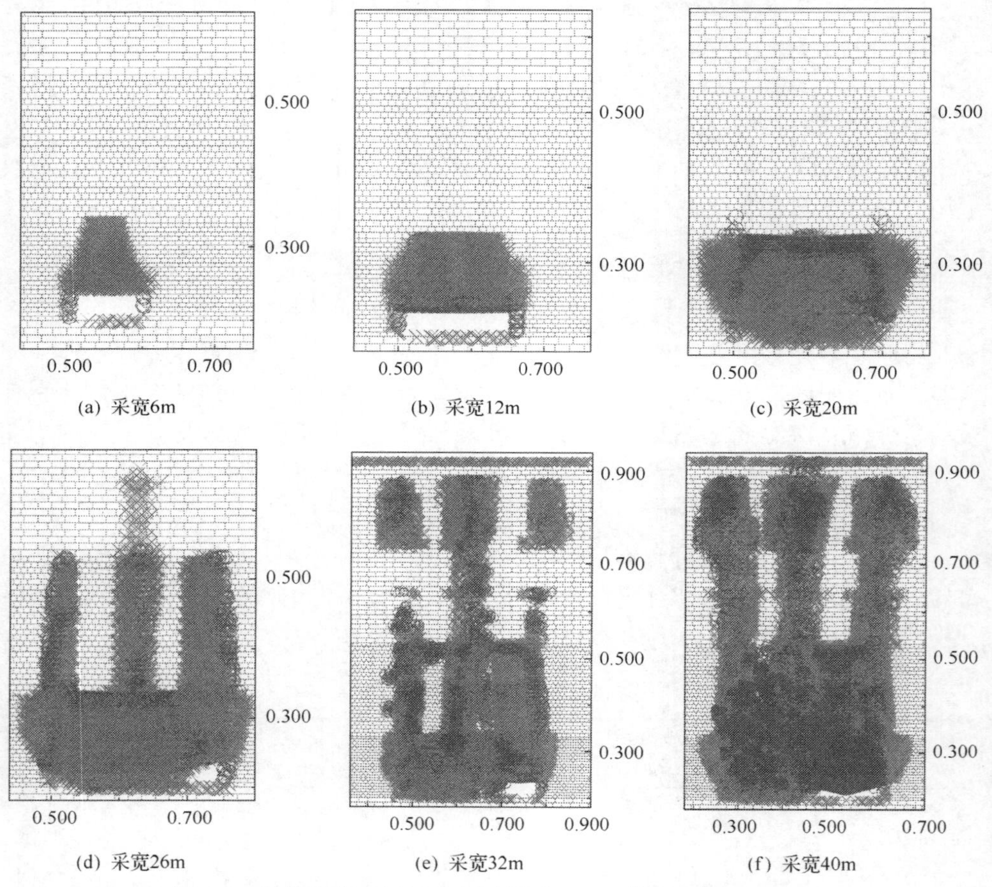

图 6-6　数值模拟破坏区分布图（单位：m；模型比例 1∶100）

围岩拉伸破坏区首先在采空区两帮产生，破坏区深度为 2m 左右[图 6-6 (a)]；随着开采宽度的增加，拉伸区逐渐发育，帮部拉伸区范围变大，顶板出现深度约 2.2m 的破坏区，并与左右两帮增大的拉伸区贯通，采空区中部顶板及两帮上部也开始出现拉伸破坏，最大高度达到 12m[图 6-6 (b)]；当采宽达到 20m 时，顶板出现垮落，拉伸区发育范围大大增加，整个开采顶部拉伸区高度发育并全面贯通，同时在采空区两帮上端开始出现小范围拉伸带(图 6-6(c))；小范围拉伸带在采宽进一步增大的影响下迅速发育，采空区两帮及中部出现自上而下贯通的拉伸带(图 6-6(d))；采宽增至 32m 时，采空区中部裂隙高度达到 54.6m，开采边界上端裂隙带间断发育但并未贯通(图 6-6(e))；当采宽达到 40m 时，拉伸区在采空区边界上部导水裂隙带上下贯通，形成导水通道，采空区中央上部裂隙带高度从 55m 突跳至 60m 并与地面贯通，发裂隙带水平方向发育范围增大(图 6-6(f))。

由图 6-7 可知，非充分采动条件下，只考虑采宽的影响，导水裂隙带的高度整体呈阶梯型变化，一个阶段到下一个阶段都是以突跳方式进入，这是由于采空区上覆岩层呈层状结构，当上覆岩层达到其抗拉极限时，就会发生顶板的突然断裂或者破坏，最终表现为阶段稳定及突跳现象。阶段 1 的采宽小于 10m，导水裂隙带高度为 2.48～2.73m，裂采比小于 1，此时为极不充分采动阶段；阶段 2 的采宽为 10～20m，导水裂隙带高度为 11.38～14.61m，裂采比维持在 3 左右；阶段 3 的采宽为 20～32m，导水裂隙带高度为 30m 左右，裂采比维持在 7.5 左右；阶段 4 的采宽为 32～40m，导水裂隙带高度为 55m 左右，裂采比维持在 13.1 左右；阶段 5 的采宽大于 40m，采至 40m 时导水裂隙带与地表导通，最大裂采比为 14.32。

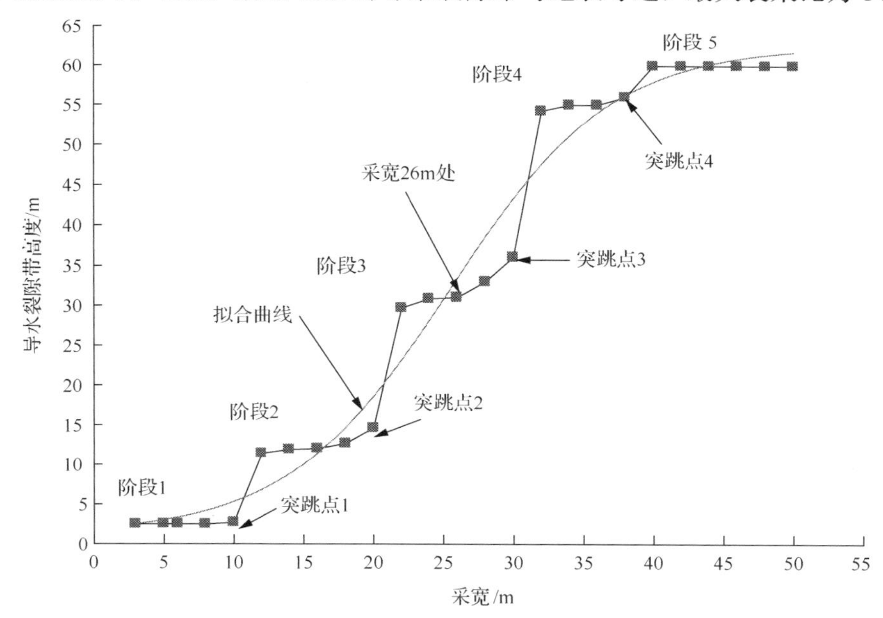

图 6-7　不同采宽“两带”高度预测曲线图

随着采宽的进一步增加，导水裂隙带会逐渐增大，当宽深比 b/H=1.2～1.4 时，煤层开采由非充分采动变为充分采动，裂采比逐渐增大并趋于稳定，同时满足“三下采煤规程”中“两带”计算公式及传统 18～28 倍经验值。采用 Origin 数据分析软件对非充分采动条件下不同采宽的“两带”高度数据拟合可知：

$$y = A_1 + \frac{A_2 - A_1}{1+10^{(\log b_0 - b)p}} = 1.2321 + \frac{61.4409}{1+10^{0.0742(25.436-b)}} \tag{6-8}$$

式中，y 为导水裂隙带高度，m；b 为采宽，m；A_1、A_2、p、b_0 为常数。其中，决定系数 R^2=0.97621。

3. 经验公式计算

井田内 15 煤层为缓倾角，煤层顶板主要为砂质泥岩，属于坚硬顶板，采用《三下采煤规程》坚硬岩层导水裂缝带高度计算公式，其公式为：

$$\begin{aligned} &\text{公式1} \quad H_{li} = \frac{100\Sigma M}{1.2\Sigma M + 2.0} \pm 8.9 = 65.08 \sim 70.42 \\ &\text{公式2} \quad H_{li} = 30\sqrt{\Sigma M} + 10 = 65.72 \sim 75.04\text{m} \end{aligned} \tag{6-9}$$

式中，H_{li} 为导水裂缝带高度(包括冒落带)，m；ΣM 为煤层累计采厚，m，取 3.45～4.70m。

根据计算，井田开采 15 号煤层产生的导水裂缝带高度取最大值 75.04m。由于赵屋煤矿连采一区埋藏较浅(相对高差 60m 左右)，15 号煤层开采产生的导水裂隙带高度部分区域可沟通 3 号煤层采空区、地表，煤层顶板含水层水、大气降水、地表水均可通过导水裂隙带溃入井下，引起矿井突水或引起涌水量增加。

4. 结果分析

综上所述，非充分采动条件下，采用“三下采煤规程”中坚硬岩层导水裂缝带高度公式计算值、数值模拟值、拟合公式计算值与钻孔实测值大小存在差异，具体情况详见表 6-3。

表 6-3　“两带”高度分析对照表

序号	类别		煤层厚度/m	导水裂隙带高度计算(探测)值/m	导水裂隙带高度取值/m	裂采比	备注
1	经验计算	式(6-9)公式 1	4.19	65.08～70.42	75.04	17.91	坚硬岩层垮采比为 18～28
		式(6-9)公式 2		65.72～75.04			
2	数值模拟计算		4.19	30.7～31.8	31.4	7.5	实际取值应在模拟基础上考虑不小于 1 的安全系数
3	拟合公式计算		4.19	33.4	33.4	7.97	
4	现场验证	钻孔 1	4.19	29.8～33.8(31.3)	32.05	7.65	
		钻孔 2		30.8～35.8(32.8)			

由表 6-3 可知，经验计算导水裂隙带高度及裂采比与现场实验数据差别较大，经验计算值是现场实测值的 2.34 倍，而数值模拟及拟合公式与实测值较为接近，误差率分别为 2.03%、4.21%，这反映了在非充分采动条件下，传统经验计算公式已不适合分析计算其“两带”高度，而数值模拟及拟合公式能为工程提供较为可靠的数据参考，但数值模拟计算参数的选取也会造成实测值与计算值存在一定的误差。因此在工程运用中，应结合矿井实测资料及数值模拟的方法对“两带”高度进行探测，确保工程安全可靠。

6.2.3　条带式 Wongawilli 开采煤柱失稳后覆岩两带分析

1. 覆岩“两带”现场踏勘

根据初期探测资料，采用条带式 Wongawilli 回采后两带高度为 32.05m，而根据 15 号煤连采一区井上下对照图，该区井上下相对高差 55～90m，回采结束后两带高度不应贯通地表。15 号煤连采一区回采结束后，通过对连采一区现场踏勘，地表出现沉陷(图 6-8)。

图 6-8　地表情况图

2. 覆岩“两带”相似模拟

1) 模拟模型

本次实验的主要目的在于：相似模拟结合矿井地质条件，研究 15 号煤连采一区工作面采用条带式 Wongawilli 采煤法开采，正常情况下以及煤柱失稳两种情况下覆岩破坏及地表沉陷特征。结合条带式 Wongawilli 开采工艺特点，其采宽为 25m 左右，开采条带长度远远大于采宽，上覆岩层在回采后易在垂直于回采条带方向形成结构，为定性研究条带煤柱失稳对覆岩影响，可采用平面模型对其进行模拟。

根据经验及 15 号煤连采一区工作面的岩层性质，参照《矿山压力的相似模拟实验》中的材料配比，根据现有实验条件，决定在 4m×0.3m×2.2m（长×宽×高）规格的刚模型架上进行实验，模型比例为 1∶100，开挖 500mm，留设 150mm 煤柱，对应现场条带式 Wongawilli 回采两个条带（每个回采条带 25m），留设 15m 煤柱，以模拟现场的实际推采过程，用照相机摄下模拟照片并作相应的素描图。

2）煤柱模拟尺寸的确定

A.H.Wilson 两区约束理论认为屈服区（或塑性区）宽度 Y=0.0049mH。该理论在我国广泛应用，并得到了一些学者的修正完善。李德海等通过建立力学模型，在煤柱内有弱面存在的情况下，增加了煤柱的抗剪强度的校正，剪切强度的安全系数 k_{r}（$k_{\mathrm{r}}>1$）为：

$$k_{\mathrm{r}}=\frac{2C+\sigma_y+\sigma_y\cos 2\beta}{\sigma_y\sin 2\beta} \tag{6-10}$$

式中，β 为煤柱内弱面与 x 轴正向夹角；C 为弱面上粘结力，MPa；σ_y 为弱面 y 向正应力。

综上分析可知，连采一区煤柱屈服宽度为（22.5%～25%）×15=3.38m～3.75m，考虑到 k_{r} 为不小于 1 的安全系数、连采一区老旧巷道的存在造成 15m 的条带煤柱留设不足等因素，塑性区宽度取 5m，弹性核核区为 10m，相似模拟实验中将 150mm 煤柱 1 减小为 100mm 煤柱，模拟井下留设的 15m 煤柱在矿山压力等因素的作用下有效承载宽度变为 10m。

3）模拟结果及分析

由图 6-9（a）可知，煤柱变窄为 100mm，煤柱核区率降低，煤柱开始出现片帮现象；煤柱形成自上而下贯通的裂隙，裂隙发育并逐渐增大，煤柱发生突变失稳，上覆岩层失去支撑（图 6-9（b））；煤柱支撑的上覆岩层在失去支撑在自身重力的作用下，向下移动下沉，并在原采空区上部出现新的垮落区，垮落带和导水裂隙带高度增加（图 6-9（c））；随着时间的推移，原采空区上垮落带逐渐被压实，垮落带裂缝减小，导水裂隙带贯通地表（图 6-9（d））。

条带式 Wongawilli 回采后留下了由刀间煤柱组成的不规则煤柱带、条带煤柱及隔离煤柱组成的煤柱系统。单一煤柱的稳定性直接影响煤柱系统的稳定性，单一煤柱一旦发生失稳，其覆岩将失去支撑，上部应力向周边煤柱转移，诱发相邻煤柱失稳，从而可能导致采空区及地表的大面积突然垮塌甚至引发矿震。刀间煤柱形成的不规则煤柱带只能临时承载支撑顶板，在一段时间后产生渐变或突变失稳，当窄煤柱失稳后，短壁工作面顶板近一步产生一定程度的冒落，其上覆岩层主要由条带煤柱支撑。

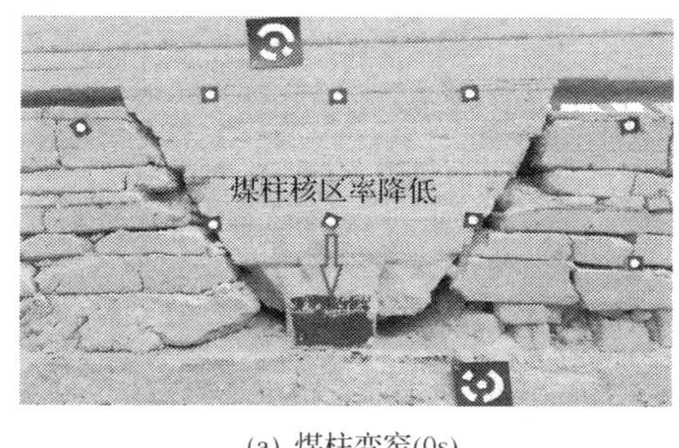

(a) 煤柱变窄(0s)

(b) 煤柱失稳(980s)

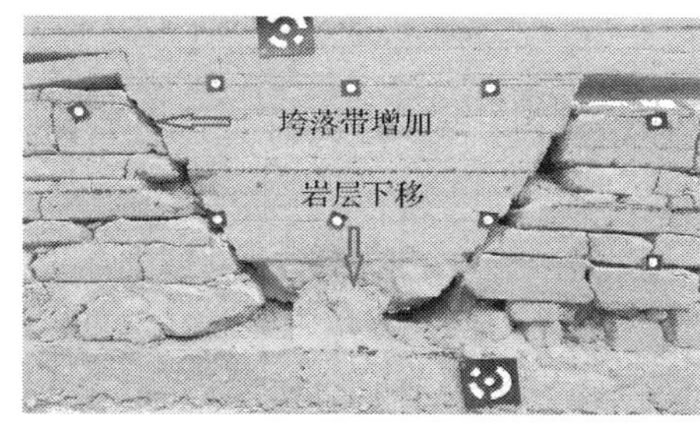

(c) “两带”发育(990s)

(d) “两带”压实(1010s)

图 6-9　煤柱破坏图

如图 6-10 所示，条带式 Wongawilli 回采后留下的条带煤柱系统在受长期侵蚀或者本身存在地质缺陷等情况下，煤柱 1 发生破坏失稳，对上覆岩层失去了支撑作用，原支撑的上覆岩层发生垮落，垮落带高度增加但逐渐被压实，导水裂隙带发育至地表(图 6-10(a))；煤柱 1 失稳破坏上覆岩层的整体性，应力向相邻煤柱 2 转移，若相邻煤柱不能支撑应力转移后的压力，则煤柱 1 失稳诱发相邻煤柱 2 失稳，煤柱 1、2 之间的垮落带、导水裂隙带被进一步压实，缝隙减小，地表塌陷范围增大(图 6-10(b))，单一煤柱失稳诱发相邻煤柱失稳，产生多米诺骨牌效应引发整个煤柱系统失稳，最终导致已开采区域大面积垮塌。

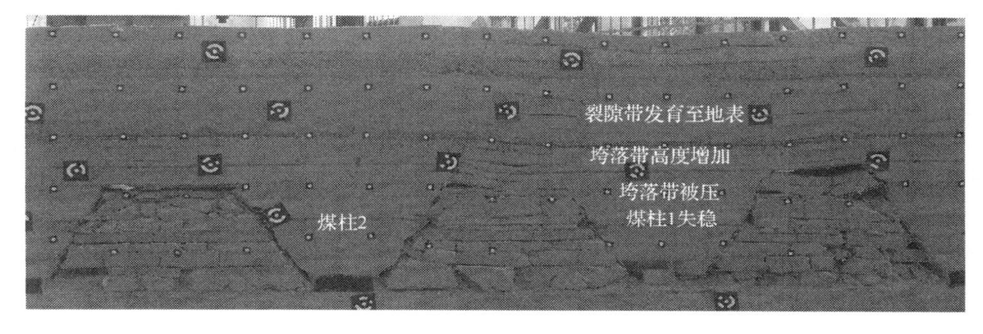

(a) 单一煤柱破坏失稳

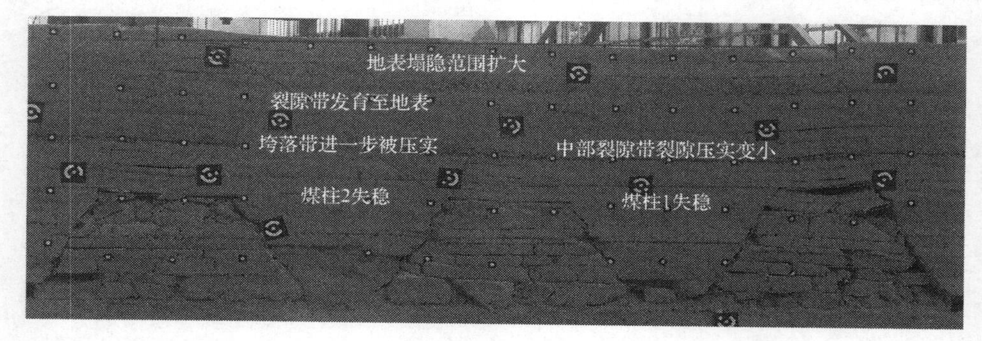

(b) 相邻煤柱破坏失稳

图 6-10　煤柱系统渐进破坏模拟图

实验采用 XJTUDP 三维光学摄影测量系统对模型进行监测，根据模型大小，水平方向布置 17 个测点，竖直方向布置 5 个测点，间排距 150mm×150mm。

由图 6-11 可知，煤柱 1 失稳后，地表开始出现塌陷，塌陷最大值为 27.4mm，塌陷宽度从测点 16 至测点 8，跨度 1200mm；煤柱 2 失稳后，其最大塌陷值 29mm，较煤柱 1 失稳增大仅 1.6mm，但其塌陷范围扩大为测点 16 至测点 5，跨度 1800mm，并逐渐发展为典型充分采动沉陷曲线，这也表明煤柱 1 失稳后，工作面由原非充分采动转变为充分采动。

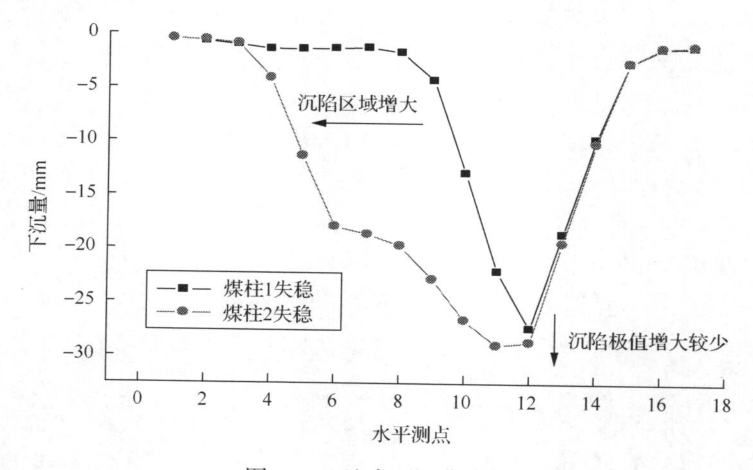

图 6-11　地表下沉曲线图

6.2.4　综合分析

现场发现，煤柱的尖角处容易发生破坏，有关学者采用理论分析及相似模拟等对煤柱尖角效应进行了研究分析。研究表明，强矿压危险区域为不规则煤柱的尖角处，属于应力异常集中区，垂直应力集中系数较大；不规则煤柱及规则煤柱的尖角地带容易发生应力集中，且其承载能力相对较小，煤柱的破坏往往从这里开始，尖角破坏引起应力转移，造成煤柱的未破坏区应力加大甚至破坏，所以煤柱尖角效应加速整个煤柱的破坏。

结合赵屋煤矿连采一区采矿地质条件，连采一区为一孤岛工作面，15号煤连采一区工作面受已有旧巷影响严重，其中支巷3、支巷5、支巷9、支巷10及支巷11均为原有旧巷道，支巷附近存在多条交错老巷，整个连采一区工作面被划分不规则的条带或块段，形成如支巷8与支巷9之间的类三角形条带煤柱(如图6-3所示)，新旧巷道交错贯通，交叉形成的不规则煤柱在其尖角处容易发生破坏失稳，使采空区的跨度增大，开采程度由非充分采动转变为充分采动。随着时间推移，存在损害或者不规则(有尖角)煤柱在矿山压力及地下水浸泡等不良因素的共同作用下剥离，煤柱有效支撑面积减少，核区率降低，可能发生失稳，从而诱发整个煤柱系统失稳，引起地表沉陷。

综上所述，由理论分析、相似模拟及公式计算可知，赵屋15号煤连采一区条带式 Wongawilli 煤柱系统由于单一煤柱失稳诱发相邻煤柱失稳，进而引起整个煤柱系统失稳，造成上覆岩层破坏，两带发育扩大，地表出现塌陷。

6.3 本章小结

本章主要介绍了介绍了条带采煤、Wongawilli 采煤以及条带式 Wongawilli 采煤法煤柱稳定性研究理论，分析了条带式 Wongawilli 采煤法煤柱失稳与覆岩结构变化、地表沉陷的相互关系。研究表明，单一煤柱失会稳诱发相邻煤柱失稳，进而引起整个煤柱系统失稳，造成上覆岩层破坏，两带发育扩大，地表出现塌陷。

第 7 章　条带式 Wongawilli 采煤法设计实例

7.1　矿井概况及地质采矿条件

7.1.1　矿井概况

山西晋城无烟煤矿业集团王台铺矿位于山西省晋城市北东 10km 处，行政区划属晋城市城区北石店乡，井田南北长 8350～13600m，东西宽 1950～5150m，面积 33.7032km^2。井田西部与凤凰山煤矿相邻，南部与古书院矿及七岭煤矿、南石店煤矿接壤，东部与薛庄煤矿、联办泊头煤矿、泊南煤矿、联办泊南煤矿、树脂厂煤矿交界，北部为空白区。

井田内为起伏不平的低山丘陵地形，大部地区被黄土覆盖，中西部出露基岩较多。地形切割剧烈，冲沟发育。地势西北高南东低，最高点在井田的西部，标高 941.2m，最低点为井田南部的河床，标高 748.4m，相对高差 192.8m。

井田内地表河流主要有 2 条，北部有巴公河，南部有刘家川河，由西向东横穿井田，均为季节性河流，属丹河水系，丹河由北而南从井田东界外流过，向南汇入黄河。井田内其他冲沟则基本干涸无水，仅雨季时才有短暂洪水排泄。

7.1.2　矿井地质特征

(1) 含煤地层。井田内含煤地层主要为上石炭统太原组 (C_{3t}) 和下二叠统山西组 (P_{1s})。

①太原组 (C_{3t})。

为井田主要含煤地层之一，由深灰色－灰黑色泥岩、砂质泥岩、砂岩、石灰岩 、煤层组成 。含煤 10 层，自上而下编号为 5、6、7、8－1、8－2、9、11、12、13、15 号，其中可采 2 层(9、15 号)。发育 5－8 层石灰岩，一般 6－7 层，由下而上分别称为 K_2、K_3、K_4、$K_{4上}$、K_5、$K_{5下}$、K_6。大多石灰岩之下均有煤层赋存，是良好的对比标志。本组厚 68.78～91.15m，平均 80.95m。

②山西组 (P_{1s})。

为井田主要含煤地层之一。由灰白色－深灰色砂岩、灰黑色泥岩、砂质泥岩、煤层组成。含煤 4 层，自上而下编号为 1、2、3、4 号，其中 3 号煤为主要可采煤层。本组厚 46.94～77.34m，平均 54.59m。

(2) 矿区构造。本井田虽然褶曲较发育，但均为平缓褶曲，揭露断层均为小断层，综合分析，井田构造复杂程度应属简单类。

(3) 煤质。15 号煤层外观颜色为黑灰色、条痕黑色，似金刚光泽，断口呈贝壳状、参差状，含黄铁矿结核，裂隙中充填有方解石脉。煤岩成分以亮煤、镜煤为主，暗煤和丝炭次之。宏观煤岩类型以光亮型煤为主，次为半亮，半暗型煤，少量为暗淡型煤。比重为 1.56～1.84，平均 1.69。

15 号煤层为特低灰-高灰、特低硫-高硫、特低磷-低磷，中-高热值的无烟煤，经洗选后，灰分有大幅度降低，可降至 7.95%以下，硫分亦有明显降低，浮煤平均硫分可至 0.96%左右。因此，15 号煤经过洗选降低灰分和硫分后，可用作动力用煤或高炉喷吹用煤及工业合成氨用煤。

(4) 水文地质特征。矿井水文地质类型应属中等。

(5) 矿井瓦斯、煤尘及自燃、地温。该矿现采 9 号煤层，15 号煤层也进行了部分巷道掘进。另据本次搜集到井田周边开采 15 号煤层地方小煤矿 2005 年矿井瓦斯等级鉴定资料，各煤矿瓦斯含量均不高，都属低瓦斯矿井。15 号煤层煤尘无煤尘爆炸危险性，自燃倾向性等级为 I 级，为容易自燃煤，最短自燃发火期为 72 天，该矿今后在高硫区开采时应防范煤层发生自燃，地温正常。

7.1.3　煤层地质采矿条件

1) 煤层条件

井田内主要含煤地层为山西组和太原组，总厚 135.54m，含煤 14 层，煤层总厚 12.33m，含煤系数为 9.1%。山西组厚 54.59m，含煤 4 层，编号为 1、2、3、4 号，煤层总厚 6.65m，含煤系数为 12.2%，其中 1、2、4 号煤层均不可采，唯 3 号煤层为主要可采煤层，平均厚 6.30m，可采含煤系数为 11.5%。太原组厚 80.95m，含煤 10 层，编号为 5、6、7、8－1、8－2、9、11、12、13、15 号，煤层总厚 5.68m，含煤系数为 7.0%，其中 9、15 号为主要可采煤层，其余各煤层均不可采，可采煤层总厚 4.03m，可采含煤系数为 5.0%，详情见表 7-1。

表 7-1　可采煤层情况一览表

地层单位		煤号	煤厚/m	间距/m	结构(夹矸数)	厚度变异系数/%	可采性指数	稳定性	可采性	顶板岩性	底板岩性
统	组										
下二叠统	山西组	3	4.23～7.46 6.30	61.50	简单 (0～4)	13	1	稳定	全区可采	泥岩 砂质泥岩	泥岩 砂质泥岩
上石炭统	太原组	9	0.35～2.72 1.52	28.40	简单 (0～3)	40	0.92	较稳定	全区可采	石灰岩	泥岩 砂质泥岩
		15	0.85～5.27 2.51		中等 (0～7)	31	1	稳定	全区可采	石灰岩	泥岩 铝质泥岩

井田范围 3 号煤层已采空，9 号煤层和下组 15 号煤层除建(构)筑物下已基本枯竭。

2) 9 号煤层地质采矿条件

9 号煤层上距 3 号煤层 41.89～62.47m，平均 51.0m，煤厚 0.35～2.72m，平均 1.52m，井田的北东部有一面积近 3km^{2}的不可采区，南部局部遭受风化，煤厚由北向南呈加厚之趋势。含 0～3 层夹矸，其层数北部多于南部，夹矸厚 0.01～0.35m。底板标高＋622.59～＋751.53m，顶板多为灰岩，次为砂质泥岩、泥岩、砂岩等，底板为泥岩或砂质泥岩，属较稳定煤层(见表 7-1)。

9 号煤层Ⅸ5302 工作面位于窑头村西南部，洪村西北部，大张村北部。井下西部、南部为矿界；东部为Ⅸ5102 巷和Ⅸ5101 延伸巷；北部Ⅸ5301 综采工作面尚未回采。该区域煤层厚度 1.58m，煤层为近水平煤层，倾角为 3°，该区域煤层底板标高+674～+662m，地表标高+831～+855m，煤层平均埋藏深度为 175m。

3) 15 号煤层地质采矿条件

15 号煤层位于太原组底部，直伏于 K_2 石灰岩之下，上距 9 号煤层 28m 左右。煤层厚度 0.85～5.27m，平均 2.51m。煤层厚度在大部地段变化不大，一般多在 2.00～3.00m 之间变化。煤层厚度最大处为 417 号孔和扩 8 号孔，厚度分别达 4.62m 和 5.27m，而煤层厚度最薄处则为井田西南角 147 号孔和 156 号孔，厚度分别为 0.85m 和 1.06m。该煤层结构中等，一般含夹矸 1～3 层，有时不含夹矸，个别孔点偶含 7 层夹矸(428 号孔和 208A 孔)，夹矸岩性多为泥岩、炭质泥岩，夹矸厚度大都在 0.10～0.50m 左右，个别点增厚致 3.02m(417 号孔)。15 号煤层直接顶板为 K_2 石灰岩，厚度 8.41～10.26m，层位稳定。煤层底板为灰－深灰色泥岩、铝质泥岩，局部有黑色炭质泥岩伪底。

7.2　地表建(构)筑物及压煤情况

据初步调查，王台铺煤矿地表建(构)筑物主要为村庄、厂房等建筑物，建筑物结构类型复杂，建(构)筑物抗变形能力差别较大，同时还有一些高层建筑物，保护级别要求不同。本项目研究实验开采区域地表无重要建筑物。根据统计资料，王台铺煤地表建(构)筑物及压煤情况分别见表 7-2、表 7-3。由表可知：9 号煤矿“三下”及边角块段储量合计 2715.7 万 t，可采煤量 1975.3 万 t；15 号煤“三下”及边角块段储量合计 5395.1 万 t，可采煤量 3770.7 万 t。二层煤合计“三下”及边角块段储量为 8110.7 万 t，其中目前具备开采条件的储量约为 5746 万 t，压煤量很大。

表 7-2　9 号煤"三下"及边角块段储量统计

序号	"三下"名称	压煤量/万 t	可采煤量/万 t	井下位置
1	南山新村、巴公铁厂、巴公镇、太焦铁路以西	641.4	不可采	二盘区北部
2	排矸井、三沟村	49.3	49.3	Ⅸ2335、Ⅸ2336 采空区以东
3	东王台村	79.4	79.4	九一盘区西南
4	集团公司机修厂、服务公司、南石店	689.1	689.1	九五盘区东部
5	西王台、王台工业广场、家属区、朝天宫、集资电厂、窑头村	650.7	650.7	二盘区南部及九五盘区东北部
6	洪村、孙村	279.4	279.4	九五盘区东部
7	大张村	25.3	不可采	九五盘区南部
8	徐家岭	73.7	不可采	二盘区
9	西元庆、下元庆	227.4	227.4	九三盘区东南
	合计	2715.7	1975.3	

表 7-3　15 号煤"三下"及边角块段储量统计

序号	"三下"名称	压煤量/万 t	可采煤量/万 t	井下位置
1	青钙厂	70.6	不可采	XV3302、XV3303、XV3304 工作面中部
2	巴公镇铁厂	118.3	不可采	三盘区西北部
3	南山新村、养殖厂、后沟村	206.6	不可采	三盘区西南部
4	太洛路、桥沟村、东沟村	163.3	不可采	排矸井以东
5	煤层气管道、排矸井保护煤柱	106.3	106.3	XV2307、XV2308、XV2309 工作面东部
6	西元庆、下元庆、琉璃瓦厂	343.1	343.1	一盘区中部
7	东王台太平公路、太平村	113.5	不可采	一盘区南部
8	丰安村	85.3	不可采	一盘区南部
9	洪村、孙村、南石店、工程处、北石店、集团公司	1648.1	1648.1	四盘区东部
10	西王台、王台工业广场、家属区、朝天宫、集资电厂、窑头村、大张村、长晋线	1556	1556	四盘区主要运输巷两侧
11	徐家岭	117.2	117.2	XV2305 东采空区、XV2306 东采空区以西
12	巴公镇	866.8	不可采	三盘区北部
	合计	5395.1	3770.7	

7.3　建(构)筑物下采煤技术比选

王台铺矿井田内 3 号煤层已结束，9 号和 15 号煤层所剩资源绝大部分被各类建(构)筑物压占。根据上节统计资料可知，15 号煤“三下”及边角块段储量为 5395.1 万 t，可采煤量 3770.7 万 t，这些资源不适合现有的长壁工作面布置，一部分仅靠传统的巷柱式采煤方法进行回采，设备复杂，通风设备多，费用高，所以综合国内外建(构)筑物下采煤的成功经验，结合王台铺煤矿具体条件和实际情况，对几种建筑物下采煤方案进行技术比选，确定适合王台铺煤矿密集建(构)筑物压煤的开采方案并选择合理试采区域进行先期试采。

1) 建筑物下长壁开采

长壁开采具有开采效率高，煤炭采出率高等优点。尤其是在煤炭形势利好的情况下，这一方法具有很大优势。目前很多国有矿井非建(构)筑物下采煤采用该方法，但该方法在王台铺煤矿实施中存在如下问题：一是地表建(构)筑物密集量大，结构类型复杂；二是采用长壁开采无法控制地表沉陷，开采以后地表沉陷至少在 1.5m 以上，建筑物将达到 IV 级损害，即由于王台铺煤矿井田范围内地表建筑物密集，如果采用长壁开采，将有一系列的复杂问题，如处理赔偿问题、拆迁问题、征地问题等。综上所述，对王台铺煤矿来说，采取长壁开采解放“三下”压煤目前不可能实现。

2) 采空区充填开采技术

近年来，充填技术逐渐受到人们的重视。充填开采在煤层开采过程中向工作面后方采空区内充填水砂、矸石或粉煤灰等充填材料以支撑上覆岩层的顶板管理方法，可分为水力充填、风力充填、机械充填、矸石自溜充填、膏体充填、矸石充填等。采用充填是通过研制关键设备和创新技术工艺，开发矸石充填置换煤关键技术；构建井下煤矸分离并处置、开采沉陷控制和“三下”安全高回收率开采相结合的矿区协调发展新的生产模式；实现煤炭生产与矿区资源环境协调发展的绿色开采目标。固体废物膏体充填就是把煤矿附近的煤矸石、粉煤灰、工业炉渣等加工制作成不需要脱水处理的牙膏状浆体，采用充填泵或重力加压，通过管道输送到井下，适时充填采空区形成以膏体充填体为主的上覆岩层支撑体系，有效控制地表沉陷在建筑物允许值范围内，实现村庄不搬迁，安全开采建筑物下压煤，保护矿区生态环境和地下水资源。我国煤炭系统固体废物膏体充填技术目前处于起步与推广阶段，河北峰峰集团、济宁市太平煤矿、焦煤集团朱村矿薄煤层等得到工业性试用。矸石充填是在保证地表建筑物安全的情况下，用矸石充填置换煤炭，提高条带开采的采出率，并将矿井掘进矸石于井下充填处理，不但消除了地面矸石山、减少侵占农田、减少对大气和环境的污染，而且可以利用矸石直接井下充填作为地下结构支撑体，对建(构)筑物下煤柱实施部分回收。

根据我国目前的充填开采经验，结合王台铺煤矿具体条件分析认为，采空区膏体充填开采一般初期投资较大，加上实施过程中的充填材料费用高，预计吨煤增加成本很大，完成一套充填设备在经济和技术上的难度较大，因此目前主要在薄煤层内进行实验。由于系统充填能力有限，存在开采与充填不协调的问题，影响开采效率。同时由于系统改造时间较长而造成采掘接替紧张，影响全矿生产。虽然全采全充法控制覆岩及地表变形效果最好，但充填量大，充填成本很高。王台铺煤矿设计工作面区域的煤层采用全部垮落法管理顶板，必须改造采煤工艺及设备。根据王台铺煤矿目前的实际情况，充填技术、设备、材料等均存在困难，充填系统建立目前时间也不允许。因此，采空区充填开采技术在王台铺煤矿目前实施还存在很大困难。

3) 覆岩离层注浆减沉技术

通过离层注浆的工程实践表明，离层注浆减沉必须满足以下条件见图 7-1。

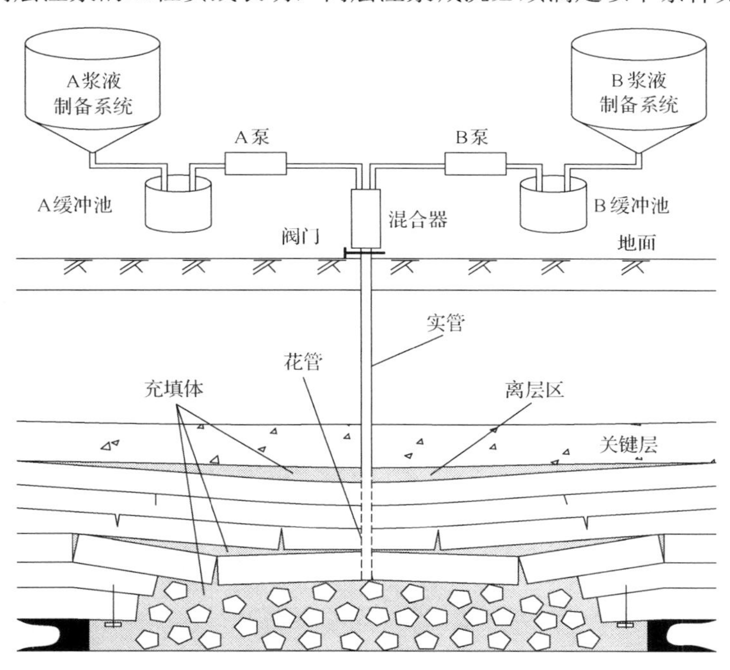

图 7-1　覆岩离层注浆技术示意图

(1) 适宜的地质采矿条件，包括采深条件和离层条件；

(2) 注浆设备的能力，包括注浆的压力与注浆泵的泵量；

(3) 离层位置及时间的正确确定；

(4)适宜的注浆材料。

尽管离层注浆技术已在多个矿区进行了工程实践，也取得了一定的初步成效，理论上对其发育规律也进行了多方面的研究，但离层注浆减沉技术尚存在许多未解决的问题，主要体现在以下三个方面：

(1)缺少实际离层的观测数据。开采沉陷的基础是现场观测数据，而针对离层的观测却难见有报道，主要原因是离层存在于覆岩的岩体内部，观测难度较大，且缺少直观、有效的观测手段，对离层的认识也局限于物理模型实验，而由于煤层地质条件的变异较大，模拟实验难以真正表现现场实际的离层状况。

(2)缺少对离层注浆工艺的技术研究。离层注浆技术借鉴了油田的压裂技术，其理论基于岩体的小变形，完全不同于煤矿开采的大变形。因此，油田压裂技术的关键是压力，而离层注浆的关键是注浆量的大小，它直接关系到减沉的效果。

(3)缺少离层注浆合理设计的依据。离层注浆减沉是综合性技术，注浆设计的合理与否既关系到注浆减沉的最终效果，也关系到注浆是否能顺利进行，如注浆孔位、浆液浓度、合理的开采宽度等，直接关系到离层注浆的工艺流程、离层注浆的减沉效果及注浆工程的经济费用。

很多的工程实践表明，离层注浆减沉效果并不理想，特别是在范围较大的密集建筑物群下采煤不能达到保护地表建筑物的目的，并且离层注浆充填工艺复杂、技术难度大、成本高。结合王台铺煤矿具体的情况，认为该方法在技术上不能采用。

4) 协调开采技术

协调开采方法是通过合理布置工作面及开采顺序，达到抵消部分地表变形、保护地面建筑物、减少地表变形等目的的一种技术措施。协调开采虽然不能减少地表下沉，但可以通过两个或多个工作面的配合，使被保护对象处于下沉盆地的中间区或压缩变形区，只承受动态变形以及最终的均匀下沉，不承受最终的拉伸变形，可以有效减少地表变形对地表建筑物的损害(图 7-2)。该法可用于两个方面：①减小动态移动变形的影响；②减小工作面边界部位的变形量。

对于王台铺煤矿来说，由于地表建筑物分散，面积范围太大，难以实现几个工作面连成的台阶状或长工作面向前推进；也无法将工作面一个接一个连续开采，使煤柱范围内不出现开采边界。即在大部分建筑物下煤柱内，用一个或多个工作面组成的回采线同时推进技术尚不可行。

5) 条带开采技术

条带开采法很早就在国外的煤柱开采中得到应用，波兰于五十年代就开始使用条带开采法，最初在二百多个保安煤柱的开采中，有四分之一采用了条带法开采。条带开采主要具有以下特点：

①地表移动变形小；

②采煤活动对围岩破坏大大削弱；

③回采率低，掘进率高、开采效率低。

综合国内外条带开采技术发展现状，结合王台铺煤矿具体的情况分析认为，条带开采是一种灵活的开采方案，但传统的开采工艺开采效率太低。王台铺煤矿目前采用综合机械化采煤工艺，采用条带开采由于工作面尺寸太小，目前还无法使用综采设备。因此，可以采用连续采煤机高效采煤技术与条带开采相结合的方法，形成条带式 Wongawilli“三下”采煤技术。

6)短壁柱式开采技术

短壁采煤法是柱式体系采煤法的总称，一般以短工作面的采煤为其主要标志。根据不同的矿山地质条件和开采技术条件，每类采煤方法又有多种变化。

结合王台铺煤矿具体的地质采矿条件，综合分析认为这种采煤方案由于通风条件相对较差、工人不熟练该技术工艺等，不适合王台铺煤矿建(构)筑物下压煤开采。

通过以上几种开采方案的分析，结合王台铺煤矿的实际情况，确定条带式 Wongawilli 开采技术为目前解决王台铺煤矿密集村镇压煤问题比较符合实际的开采方案。虽然目前采出率较低，但它能有效控制地表沉陷，保护地表建(构)筑物的安全，同时配合连续采煤机进行开采可以提高开采效率。条带式 Wongawilli 采煤法不仅具有矿井开拓准备工程量小、出煤快、设备投资少、工作面搬迁灵活等优点，而且上覆岩体破坏程度低、地表沉陷量小。尤其是采用连续采矿工艺时，连采机、梭车和锚杆机协调作业时，也具有很高的生产效率。开采实践证明，当采出率为 50%以内时，煤柱能够支撑地表长期稳定并不沉陷。

王台铺煤矿 15 号煤建(构)压煤开采方案是将条带柱式工作面布置与 Wongawilli 采煤工艺相结合，该方案配合连续采机的高产高效，克服了房柱式开采通风条件差的缺点，同时充分发挥条带开采保护地表建筑物的优势，实现了“三下”压煤高效采煤。由于目前王台铺煤矿缺少上述开采经验，采后岩层与地表移动参数和规律也较少，为了确保地表建筑物的安全，首先要选择合适的区域进行试采，并在地表建立观测站进行地表移动观测，然后进行总结分析，为大面积推广积累经验数据。结合实际情况，开采研究的试采区域选择为 15 号煤层朝天宫村西北部、徐家岭村东部的 XV2317 工作面。

7.4 条带式 Wongawilli 采煤设计

7.4.1 工作面地质采矿条件

本次研究试采区域选择在 15 号煤层 XV2317 工作面，位于崔沟村的南部，排矸井的西部，井下西部、北部为崔沟小煤窑巷道(采空区)，南部为 XV2104 巷(未掘)，东部为 XV2102(北)巷(正在掘进)、XV2101 巷(正在掘进)及 XV 号煤围堵小煤窑巷(已掘)。根据 XV2317 工作面所揭露的煤层厚度及周边王补 17 号钻孔资料，可知该设计工作面煤层厚度约为 2.0～3.3m，平均约为 2.7m。地面标高为+837～+868m，煤层底板标高为+629～+640m，煤层埋藏深度约 207～233m，平均埋藏深度约为 220m。该工作面煤层倾角 1°～3°，设计区煤层倾角平均约为 2°。煤层普氏硬度 f 为 2～4。煤层顶底板岩性见表 7-4。

表 7-4　煤层顶底板情况

顶底板	岩石名称	厚度/m	岩性特征
老顶、直接顶	石灰岩	9.82	灰色，块状，上部夹燧石薄层。底部裂隙发育，含大量蜓类，少量腕足化石，底部为泥质灰岩
直接底	泥岩	9.67	浅灰色，顶部为灰黑色，块状。中部含少量黏土质，下部夹团状黄铁矿，底部有 0.15m 的“山西式铁矿”
老底	石灰岩	20.79	灰色，微带白色、块状。裂隙发育，具大量方解石脉，顶部夹团块状黄铁矿

煤层为黑色、块状、亮煤、夹条带状黄铁矿，夹矸为炭质泥岩，工作面局部地段顶板破碎，小型构造发育。

该工作面水文地质条件较简单，其主要充水因素为顶板石灰岩含水层水和周围采空区积水，所以在掘进过程中，应提前备泵，铺设排水管路，及时排除巷道低洼积水。最大涌水量 10m³/h，正常涌水量 1～3m³/h。该工作面的其他地质情况详见表 7-5。

表 7-5　工作面其他地质情况

瓦斯	预计工作面瓦斯绝对涌出量为 0.16～0.76 m³/min，属低瓦斯工作面			
煤层	挥发指数为 6%～8%，小于 10%，火焰长度为零，无煤尘爆炸危险			
二氧化碳	预计工作面二氧化碳绝对涌出量为 0.24～0.80 m³/min			
煤的自燃	自燃煤层(I 级)			
地温/℃	16～18			
地压/MPa	4.65～5.5			
普氏硬度(f)	煤层	夹矸	直接顶	直接底
	2～4	1～2	10～12	1～2
地质构造	工作面局部地段顶板节劈理及小型断层构造发育			

7.4.2　XV2317 工作面开采设计

(1)条带布置参数确定。

工作面整体布置方式采用条带布置，由于条带开采时开采单元面积小，每个单元采空区顶板冒落、断裂发育都不充分，裂隙带上方某个厚而硬的岩层处于悬空稳定状态，自身及其上方至地表的岩土层重量将向四周转移，并由其下与它保持接触的岩体(条带煤柱上方的岩体)和边界煤柱岩体来承担。

多年来，国内外已取得一定有关条带开采的理论成果和实践经验，根据条带开采实践，采用以下三种方法确定采宽：①区间法：保证地面不出现波浪形下沉，条带开采宽度 b 应为最小采深的 1/4～1/10；②压力拱理论认为，上覆岩层的大部分荷载会向采面两侧的实体煤区转换，所以根据条带开采经验：$b \leqslant 0.75 \times 3(H/20+6.1)$；③下沉系数法：$b=0.104H$。XV2317 工作面采深为 168～180m，采用最小采深计算，在考虑地表最小下沉值的前提下，开采宽度尽量大以提高效率、降低掘进率。通过以上三种方法，结合王台铺的地质采矿条件及条带开采的设计原则，综合分析后确定的条带开采宽度 b=25m。

为了保证煤柱的强度和稳定性，冒落条带开采时，保留煤柱的宽高比应大于 5，即保留煤柱宽度 a＞12.5m；同时根据单向应力法，将条带煤柱视为单向应力状态，则采出条带和保留煤柱上方岩层的荷载不能超过煤柱的允许抗压强度，根据面积损失率的计算公式，可得条带煤柱宽度 a＝20.3m；根据我国多年应用 A.H.Wilson 理论计算，取煤柱的安全系数为 K=2.0，综合计算后确定 a=20m。

根据安全系数验算公式，当按照采宽 25m、留宽 20m 的设计尺寸进行回采时，安全系数 K=1.68～1.72，满足安全系数大于 1.5 的要求；煤层平均厚度为 2.5m，煤柱宽度为 20m，可计算得出煤柱的宽高比为 8，满足冒落条带开采煤柱宽高比大于 5 的要求；根据煤柱的核区验算得出煤柱的核区宽度为 13.08m，核区率大于 55%，为可靠的煤柱宽度，由于采用 Wongawilli 采煤法，所留下的条带煤柱两帮均有锚杆支护，所以煤柱的实际核区大于上述计算值，煤柱的稳定性更好。具体参数见表 7-6。

表 7-6　XV2317 工作面开采设计参数

布置类型	采深 H/m	采厚/m	采宽/m	留宽/m	采出率/%	煤柱核区宽度/m
双巷单翼式	207～233	2.7	25	20	40.6	12.46

(2)工作面布置方案。

王台铺煤矿 XV2317 工作面为长壁工作面，该工作面生产系统完善，设计开采方案为条带开采与 Wongawilli 高效采煤工艺相结合，充分发挥条带开采保护地表建筑物以及 Wongawilli 采煤设备运转灵活、工作面移动快的优势，实现建筑物下压煤高效采煤。

工作面巷道布置方式为双巷单翼式，具体参数为：采宽 25m，煤柱留宽 20m，采用连续采煤机掘进支巷和采硐回采，条带面开采时采用双巷(支巷)布置，采用连续采煤机生产，回收煤柱时采用双巷单翼斜切进刀方式，在两支巷内向一侧单翼采硐，即采用双巷单翼斜切进刀采煤方式。支巷宽度 4.6m，高度 2.7m，采硐时每次割两刀，采硐间留 2m 煤皮用于临时支撑顶板。采硐进刀宽度为 3.3m，长度为 8.8m，进刀角度为 45°；根据连采机进刀方式，采硐以及采硐间保护煤柱的尺寸，为保护两条顺槽，在采硐与 644 探巷之间留设宽度为 6.3m 的保护煤柱，在采硐与 XV2317 巷之间留设宽度为 5.8m 的保护煤柱。具体布置方案和参数如图 7-2、图 7-3 所示。

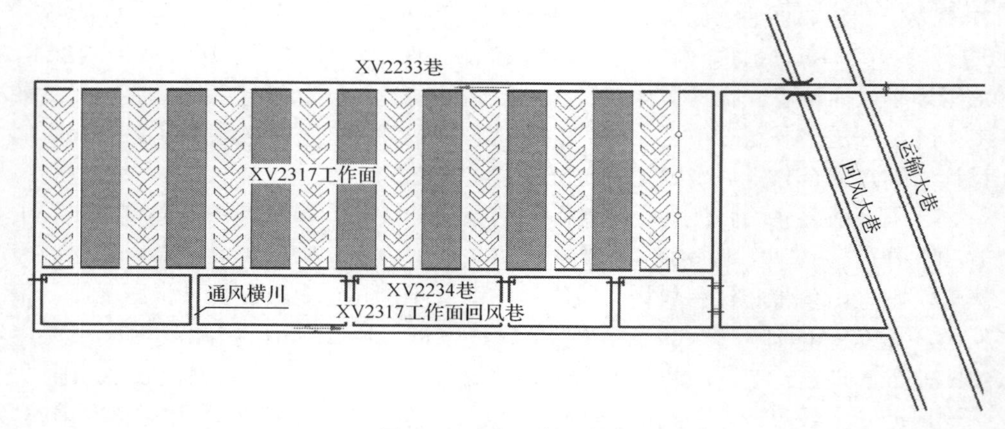

图 7-2　工作面布置方案

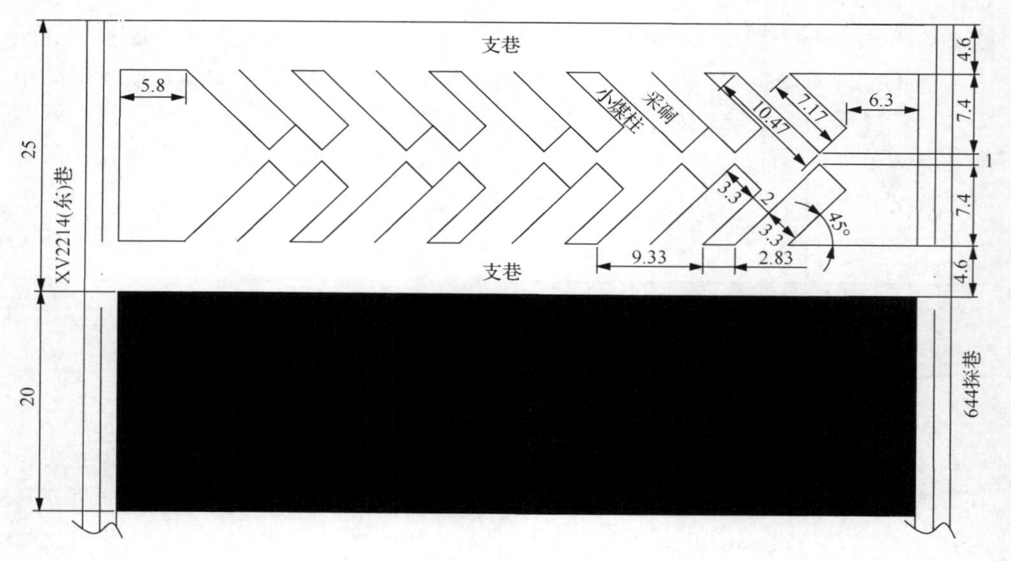

图 7-3　巷道布置参数(单位：m)

7.4.3　工作面设备配备

根据煤层赋存条件及设备适用条件，连续采煤机短壁机械化开采工作面设备配备按工作面运输方式一般分为两种：一种是间断式的运输方式，工作面配置为连续采煤机、锚杆机、梭车、给料破碎机、铲车、履带行走式支架和胶带输送机；另一种为连续式的运输方式，工作面配置为连续采煤机、锚杆机、连续运输系统、铲车、履带式行走支架和胶带输送机。

本工作面配置方式应根据煤层赋存条件及设备适用条件选用，对于“三下”压煤的开采条件来说，间断式运输方式更具有灵活性和适用性。根据王台铺煤矿的设备配备情况，工作面采用间断式运输方式，工艺流程为：连续采煤机-梭车-破碎机-胶带输送机，支护作业采用四臂锚杆钻车。主要设备表如表 7-7 所示。

表 7-7　设备名称及数量

序号	设备名称	规格型号	数量	作用
1	连续采煤机	EML340-1600/3500	1	掘进、采煤工作
2	梭车	SC10	1	运煤
3	四臂锚杆钻车	ZMF20-4	1	支护工作
4	防爆柴油铲运机	WJ-4FBA (B)	1	辅助工作
5	连运一号车	LY2000/980-10	1	转载、破碎

1) EML340 型连续采煤机

连续采煤机装有截割臂和截割滚筒，能自行行走，具有装运功能，适用于短壁开采和长壁综采工作面采准巷道的掘进，并具有掘进与采煤两种功能。在柱式采煤、回收边角煤以及长壁开采的煤巷快速掘进中得到了广泛的应用。其中以滚筒式连续采煤机使用最为广泛。

EML340 型连续采煤机主要适用于顶板较好，允许一定空顶距，矩形全煤巷道的掘进和采煤。

(1) EML340 型连续采煤机适用条件。

①单向抗压强度≤40MPa 的煤岩，单向抗压强度≤100MPa 的夹矸；

②适用坡度≤17°；

③顶板较好，允许一定空顶距，矩形全煤断面巷道。

(2) EML340 型连续采煤机的主要组成及结构。

EML340 型连续采煤机主要由截剖机构、装运机构、行走机构、主机架、稳定靴、集尘系统、液压系统、电气系统、水冷却喷雾系统、润滑系统、驾驶操纵及附件等组成。该机器动力设备有 8 台电动机，装机总容量为 587kW。EML340

型连续采煤机整体布置图见 7-4，主要技术参数见表 7-8。

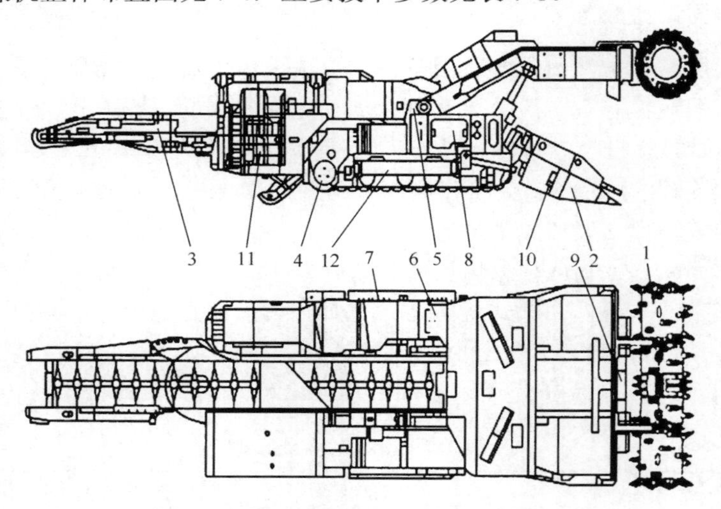

图 7-4 EML340 型连续采煤机整体配置

1-截割结构；2-装载机构；3-输送机；4-行走机构；5-机架；6-集尘系统；7-电气系统；8-液压系统；9-水冷却喷雾系统；10-润滑系统；11-驾驶操纵；12-附件

表 7-8 EML340 型连续采煤机主要技术参数

参数名称	参数值	参数名称	参数值
机长/mm	11310	机总质量/t	65
机宽/mm	3300	总装机功率/kW	597
机高/mm	2050	截割煤的单向抗压强度/MPa	≤40
地隙/mm	305	理论生产能力/(t·min^{-1})	15～27
卧底深度/mm	205	最大采高/mm	4650
按地比压/MPa	0.19	最小采高/mm	2600
适应巷道坡度/(°)	≤17	截割宽度/mm	3300

2）梭车及铲运机

SC10 型梭车适用于煤层倾角≤9°，一般作为连续采煤机后配套运输设备用于短壁工作面，也可作为综采工作面巷道掘进的后配套运输设备使用。SC10 型梭车整机技术性能指标见表 7-9。

表 7-9　SC10 型梭车主要技术参数

参数名称	参数值	参数名称	参数值
额定总功率/kW	182	尺寸(长×宽×高)/mm	8990×2650×1550
行走电机/kW	2×65	平斗容量/m^3	9.4
输送电机/kW	1×30	堆装容量/m^3	10.8
油泵电机/kW	1×22	离地空隙/mm	≥260
侧板/mm	305	地面承受力/MPa	0.49

WJ-4FBA(B)防爆柴油铲运机主要用作搬运物料设备，清理工作面残留的浮煤和杂物，卷收皮带电缆，可以快速换装，实现多功能作业，成为必不可少的辅助设备。

3)四臂锚杆钻车

锚杆支护是一种快速、安全、经济、可靠的巷道支护方式，是目前巷道支护先进技术的代表和发展方向。锚杆钻车是专门用于煤矿井下和其他井巷工程中对巷道顶板和侧帮打孔和安装锚杆的支护类设备，是煤矿短壁开采，多巷掘进中连续采煤机与掘进机必需的配套设备，为配合连续采煤机快速巷道掘进的需要，国内外一些公司相继研制出了包括单臂、两臂、四臂等多种功能齐全、性能可靠的锚杆钻车，在井下开采生产中发挥着重要的作用。此次工作面配备为四臂锚杆钻车，型号为 ZMF20-4，整机参数见表 7-10。

表 7-10　ZMF20-4 型四臂锚杆钻车主要技术参数

参数名称		参数值	参数名称	参数值
巷道适应条件	高度/mm	1850～3700	机总质量/t	38
	宽度/mm	4500～6000	总装机功率/kW	2×55
	最大坡度/(°)	±16	行走速度/(m·min^{-1})	0～20
外形尺寸	长/mm	6700	电网等级/V	1140/660
	宽/mm	3300	除尘方式	干湿两用
	高/mm	1650	干式除尘方式	真空吸尘
行走方式		液压驱动	真空度/mmHg	–50
钻杆驱动方式		马达驱动	噪声/dB	<125

4)连运一号车

连续运输系统主要由 1 台给料破碎机、4 台行走式桥式转载机及 5 台跨骑式桥式转载机 10 个单元组成，另外还包括 4 台中间滑行小车、1 台卸料小车、为卸料小车提供的滑行轨道，以及替代皮带机机尾的刚性结构架，各单元相互之间通过球形滑动轴承和连接销铰接成一体，构成整个连续运输系统。

连运一号车就是连续运输系统的第一个单元部分给料破碎机，具有破碎、转载的功能。整机具体参数见表 7-11。

表 7-11　连运一号破碎机整车参数

连运 1 号车主要技术参数		可拆卸部件最大外形尺寸		
		部件号	名称	外形尺寸(长×宽×高)/mm
输送能力/($t \cdot h^{-1}$)	2000	2LG01	卸料部	4390×1960×970
槽宽/mm	870	2LG0102	卸料架	4020×1250×970
输送电机功率/kW	2×55	2LG08	破碎部	3180×1800×1550
破碎电机功率/kW	110	1LG11	受料部	3610×2450×1210
行走电机功率/kW	2×40	受料部改进后可拆卸件	左挡板组件	2870×1500×815
牵引速度/($m \cdot min^{-1}$)	0～16		右挡板组件	2870×1500×815
比压/MPa	0.14		受料架	3610×1350×1210
行走系统泵最大压力/MPa	23			
升降系统泵工作压力/MPa	19			

7.4.4　支巷断面与支护

支巷断面为矩形断面，宽度 4.6m，高度 2.5m。支巷支护采用锚杆锚索联合支护的支护方式。具体支护平、断面图见图 7-5、图 7-6、图 7-7 及图 7-8。

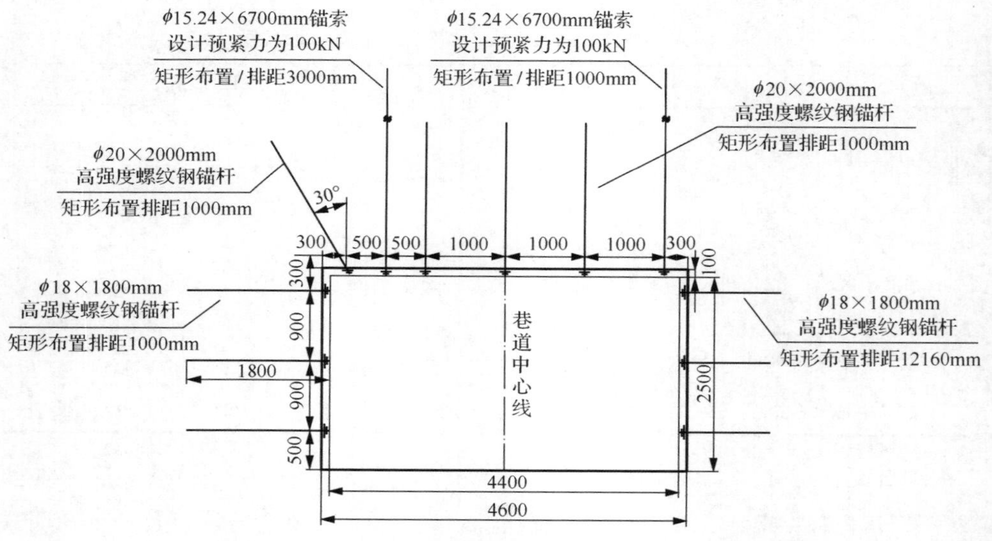

图 7-5　巷道支护断面图(采硐在右侧)(单位:mm)

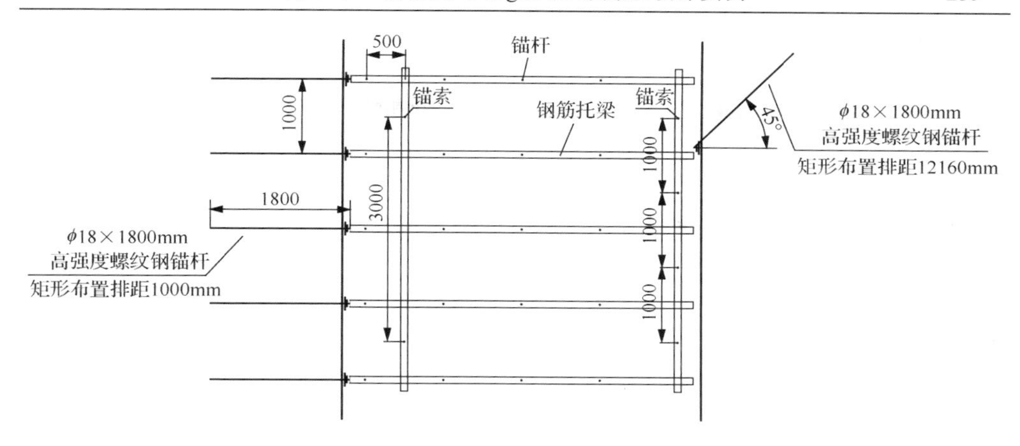

图 7-6　巷道支护平面图(采硐在右侧)(单位：mm)

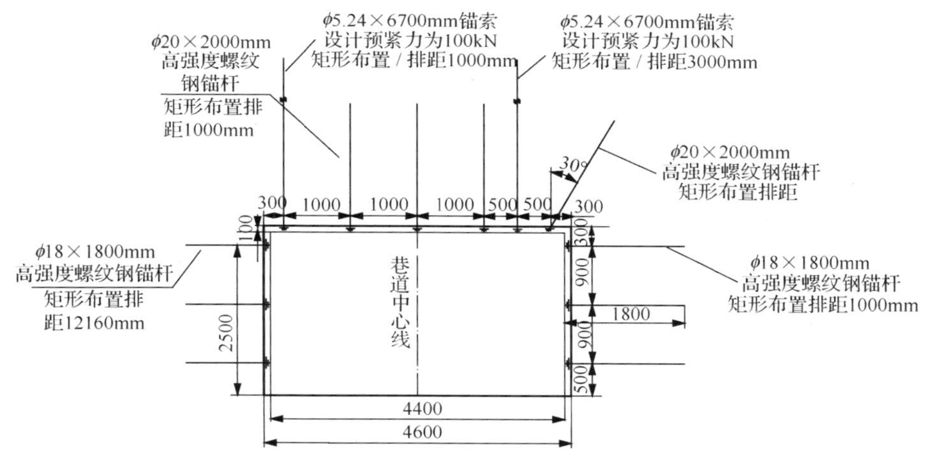

图 7-7　巷道支护断面图(采硐在左侧)(单位：mm)

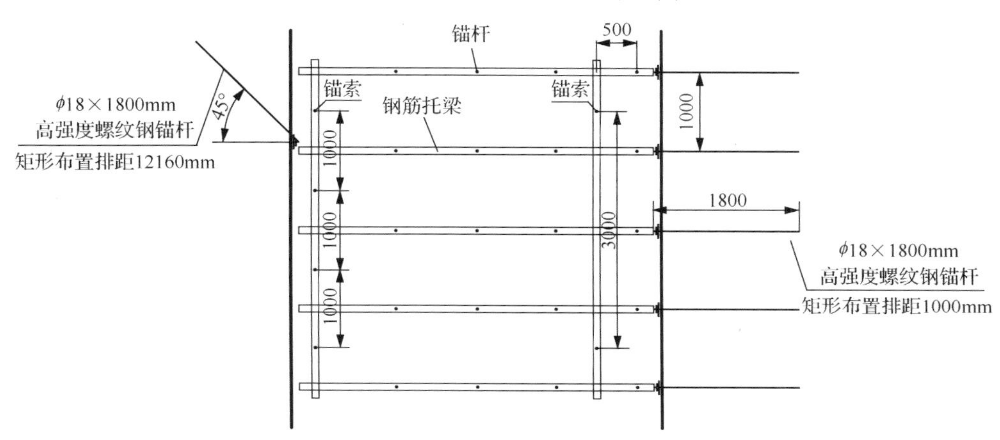

图 7-8　巷道支护平面图(采硐在左侧)(单位：mm)

1) 顶板支护

锚杆形式和规格：杆体直径为 20mm，长度为 2m。

锚固方式：采用两支锚固剂，一支规格为 CK2335 超快锚固剂，另一支为 CK2360 超快锚固剂，钻孔直径为 30mm。

锚杆布置：锚杆排距 1m，每排 4 根锚杆，顶板靠近实体煤一侧的锚杆距帮 300mm，布置方式及角度见图 7-5、图 7-7。

锚索布置：顶板上靠近实体煤一侧的锚索排距 3m，靠近采硐一侧的锚索排距 1m，靠近采硐一侧的锚索距帮 300mm，布置方式见图 7-5、图 7-7。

锚索形式和规格：锚索材料为直径 15.24mm 高强度预应力钢绞线，长度为 6.7m，药卷尺寸采用一支 K2335 快速锚固剂和两支 Z2360 中速锚固剂树脂药卷锚固。

2) 巷帮支护

锚杆形式和规格：杆体直径为 18mm，长度为 1.8m。

锚固方式：采用两支锚固剂，一支规格为 CK2335，另一支为 CK2360，钻孔直径为 28mm。

锚杆布置：在靠近实体煤的一侧，锚杆排距与顶板一致 1m，每排 3 根锚杆，间距 1m，最上边的锚杆距顶板 300mm，最下边的锚杆距底板 500mm；在靠近采硐的一侧，锚杆布置角度与水平线呈 45°，排距为 12.16m(包含两个采硐的宽度)，方式及角度见图 7-6、图 7-8。

3) 顶板管理

在整个生产过程中，顶板管理有重要的两个环节，一个是掘进时支巷的顶板管理，另一个是回采时支巷与采硐口三角区的顶板管理。

支巷掘进时采用上述锚杆、锚索联合支护方式进行。回采时三角区的顶板管理可配备两台行走履带式液压支架，支护在支巷与采硐口的三角悬顶区域，配合连采机生产，在没有行走履带式液压支架的情况下，可选用单体柱加 π 型梁代替，与采硐间煤柱配合保证回采时的顶板管理。在采煤机推进过程中要定时进行矿压监测和顶板离层监测，在完成煤柱回收后要及时按标准对支巷打上密闭。

7.4.5　劳动组织

工作制度实行“388616”作业方式，即 3 个班生产，一个班检修，划分顺序为零点班、八点班、检修班和六点班，其中零点班和八点班工作时间为 8 小时，六点班工作时间为 6 小时，检修班工作时间为 6 小时(分别与六点班和六点班交叉工作 1h 和 3h)，生产班每班 10 人，检修班配备 5 人，生产准备检修班实行动态检修和点检。支巷劳动组织安排与工作面巷道掘进相同。暂确定采煤劳动组织见表 7-12，可根据实际情况进行修改。

表 7-12　采煤劳动组织表

工种	0 点班	8 点班	6 点班	合计
班组长	1	1	1	3
连采机司机	1	1	1	3
梭车司机	1	1	1	3
锚杆机司机	2	2	2	6
锚杆支护工	2	2	2	6
带式输送机司机	1	1	1	3
验收员	1	1	1	3
运料工	1	1	1	3
检修工			5	5
总计				35

该采煤方法包括支巷掘进和采硐回收两部分。配备一套连续采煤机，先掘进支巷，后回收煤柱。支巷掘进和采硐回收的工效计算如下：

支巷掘进时，XV2317 Wongawilli 采煤工作面支巷掘进 96m。一个生产班完成 2 个循环，一个循环 6.08m，8 小时进刀 12.16m，6 小时班进刀 9.12m，支巷日掘进 38.1.44m，平均日产 485t，由于需要人工打两帮的锚杆，所以支巷掘进与采硐相比工效稍低。

回收采硐时，每班割 6 个采硐，在支巷一侧斜切进刀，采深为 8.8m，宽度为连采机切割头宽度 3.3m，高度为 2.7m，平均日产 1464t，直接工效 41.8/工。

实际工效可能会受到工人、司机熟练程度等因素而改变。主要技术指标表见表 7-13。

表 7-13　主要技术指标表

指标	数值	指标	数值
支巷长度/m	78.1.49	掘进日进度(双巷)/m	24
平均采高/m	2.5	掘进日产量/t	994
支巷宽度/m	4.6	回采日循环个数/个	12
采硐长度/m	8.8	回采日产量/t	1275
煤层容重/$(t\cdot m^{-3})$	1.8	掘进工效/(t · 工$^{-1}$)	30.12
可采储量/万 t	2.81	回采工效/(t · 工$^{-1}$)	38.64
采煤机截深/m	1	日出勤人数/人	33
掘进日循环个数/个	12	生产班出勤人数/人	24

7.4.6　生产系统

(1) 运煤系统。

从工作面采出的煤，经区段运输平巷 XV2233 巷，采区运输上山，到采区煤仓，经水平大巷到井底车场，由主井提升至地面。

(2)通风系统。

通风方式采用全负压与局部通风相结合的通风系统，工作面顺槽及回采支巷掘金时，采用局局部通风机通风，当与工作面巷道贯通后，采用全负压系统通风，靠采空区一侧设置挡风帘或密闭等通风构筑物，回采支巷一侧采硐时，为扩散通风，也可设置风障引导风流供风，要及时对采空区进行封闭。

新鲜风流从副井，经井底车场，运输大巷，经轨道上山，区段运输平巷 XV2233 巷进入工作面，清洗工作面后，污浊风流经 XV2317 工作面回风巷，采区回风石门，回风大巷，从风井排出井外。

(3)运料系统。

工作面所需材料，设备由副井下放到井底车场，经运输大巷，轨道上山提升到 XV2317 回风巷，再运到工作面，工作面回收的材料和设备以及掘进运出的矸石经由与运料系统相反的方向运至地面。

7.5 地表移动变形计算及分析

为了分析王台铺煤矿采用条带式 Wongawilli 开采方案开采以后引起的地表移动和变形值，需要进行地表移动和变形计算。地下开采引起的地表移动变形值计算方法主要有典型曲线法、负指数函数法和概率积分法。本论文采用概率积分法对王台铺煤矿 XV2317 工作面进行采后地表移动变形预计。

根据 XV2317 条带式 Wongawilli 采煤工作面开采设计参数和表 5-5 中 XV2317 条带式 Wongawilli 采煤工作面地表移动变形预计参数，对开采后地表任意点的移动和变形值进行了计算，并将预计结果可视化，分别给出地表下沉等值线图、地表水平移动等值线图、地表倾斜等值线图、地表水平变形等值线图，如图 7-9～图 7-15 所示。

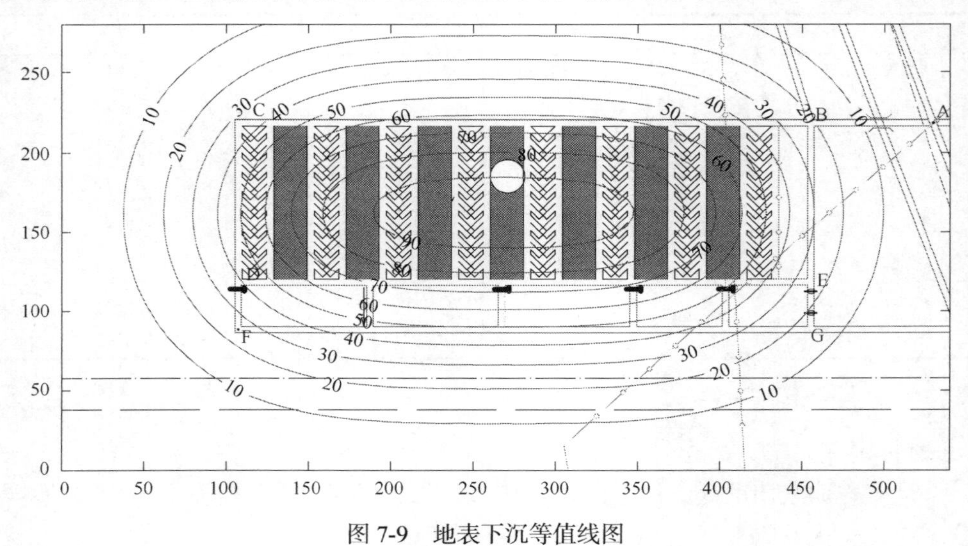

图 7-9 地表下沉等值线图

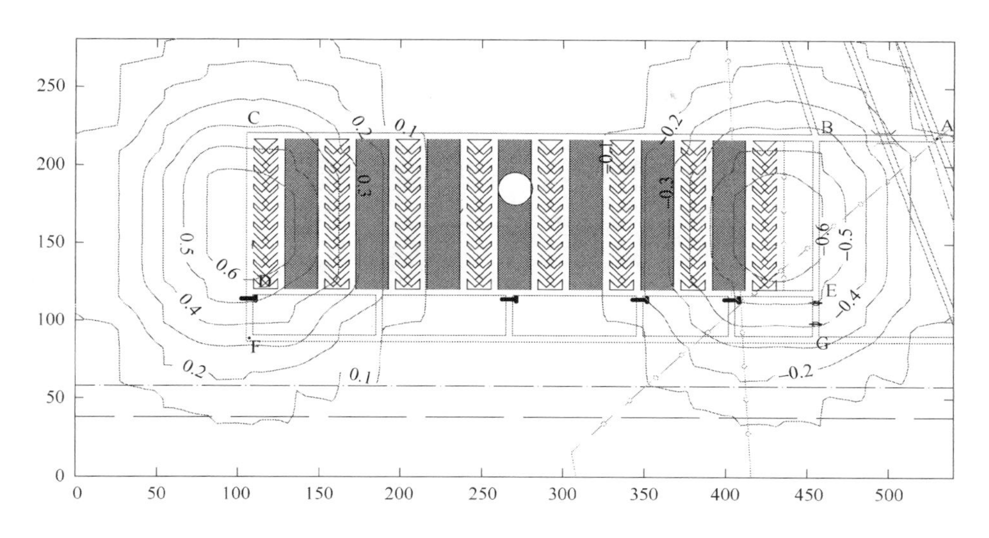

图 7-10　沿走向地表倾斜等值线图

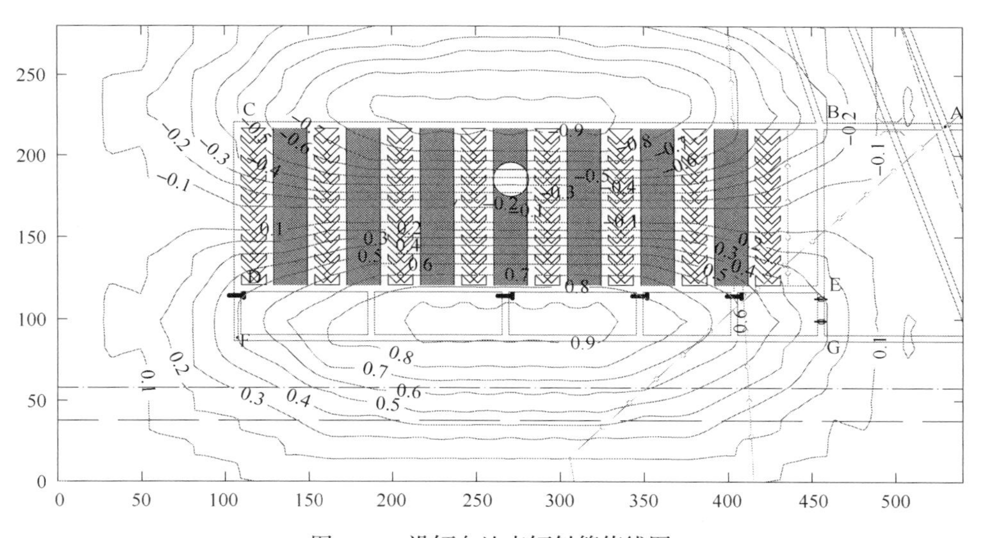

图 7-11　沿倾向地表倾斜等值线图

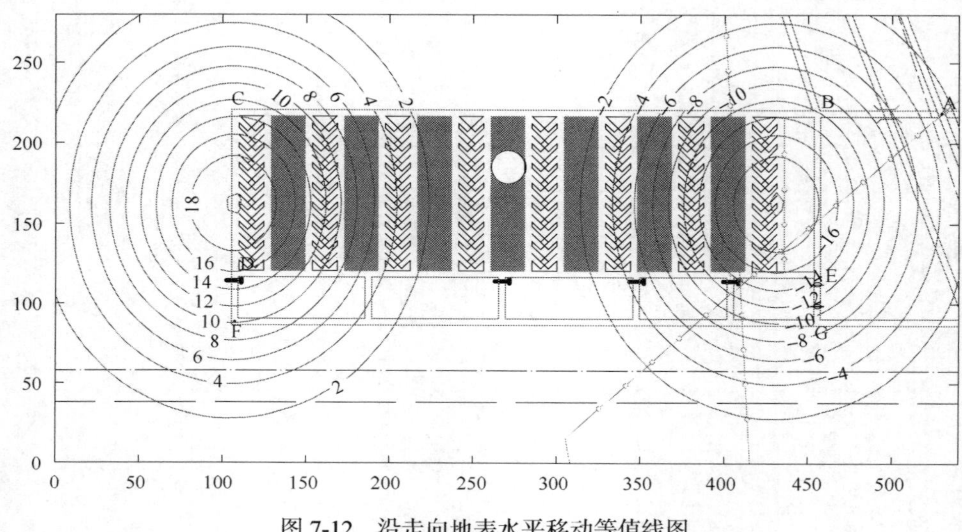

图 7-12　沿走向地表水平移动等值线图

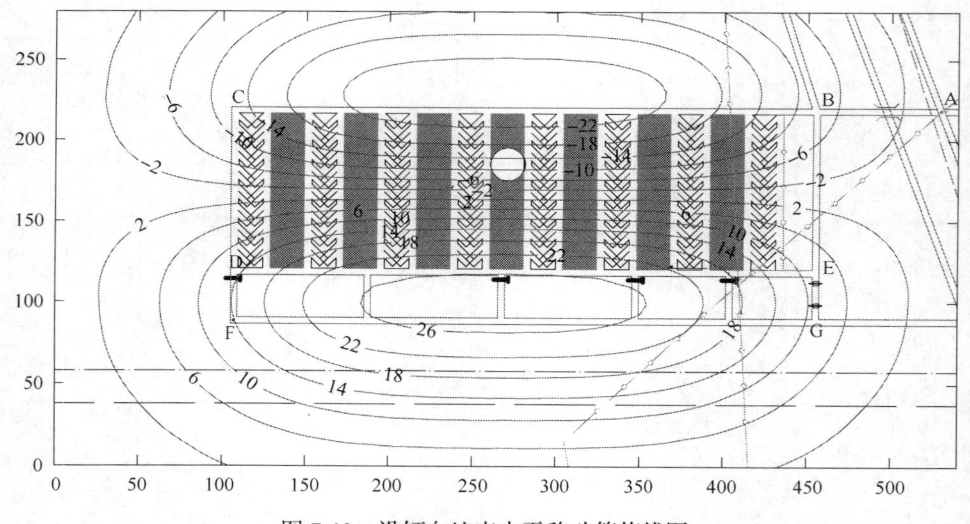

图 7-13　沿倾向地表水平移动等值线图

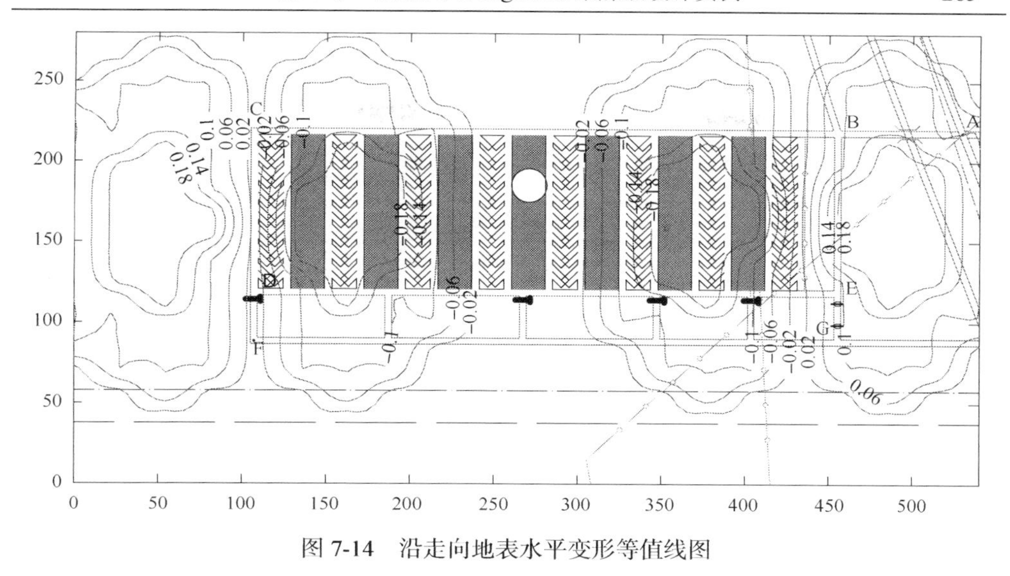

图 7-14　沿走向地表水平变形等值线图

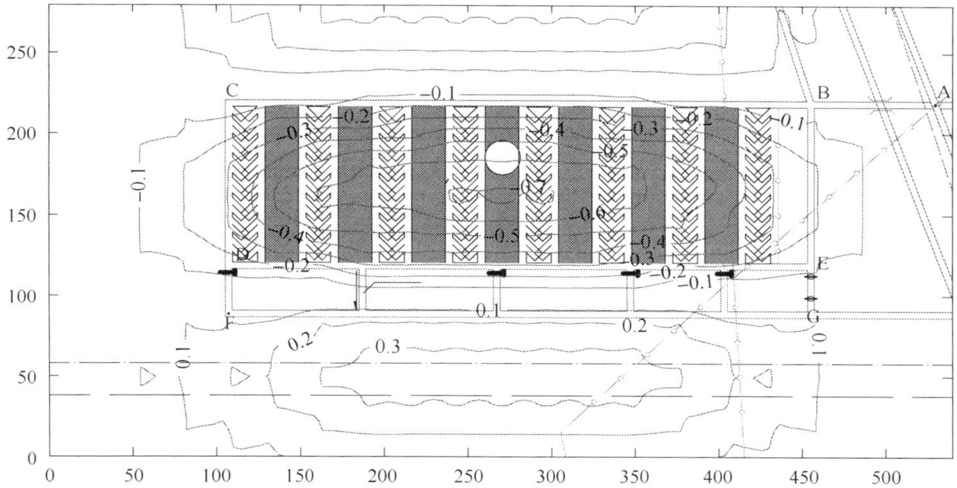

图 7-15　沿倾向地表水平变形等值线图

由以上分析可知，XV2317 工作面利用上述开采方案开采结束后造成的工作面上方地表移动和变形最大值为：地表下沉值 W_{max} 为 95.6mm；地表倾斜值 i_{max} 约 0.9mm/m；水平移动值 U_{max} 为 28.2mm；水平拉伸变形值 ε_{+max} 为+0.3mm/m，水平压缩变形值 ε_{-max} 为−0.7mm/m。

根据《建筑物、水体、铁路及主要井巷煤柱留设与压煤开采规程》的有关规定，对照砖石结构建筑物的损害等级标准(表 5-22)。当地表倾斜值 i_{max} 小于 3mm/m、水平拉伸变形值 ε_{+max} 为 2mm/m、曲率 K_{max} 小于 0.2mm/m 时，地表建筑物的影响程度为Ⅰ级，由于预计地表移动变形值远小于砖石结构建筑物Ⅰ级损害的变形值，因此，上述条带式 Wongawilli 开采引起的地表移动和变形值对地表砖石结构建(构)筑物影响程度在Ⅰ级范围之内。

7.6　地表移动观测设计

7.6.1　设计所用参数分析

根据地表移动观测站设计的基本原理，需要确定以下参数：工作面倾斜长度、工作面走向长度、上山移动角 γ、下山移动角 β、松散层移动角 φ、最大下沉角 θ、走向移动角 δ、工作面平均开采深度 H 等。其参数选取与工作面上覆岩层的岩性及地质采矿条件等有关。根据计算覆岩综合评价系数 P=0.494，工作面上覆岩层岩性综合评定为中硬岩层。根据《建筑物、水体、铁路及主要井巷煤柱留设与压煤开采规程》中的规定，其走向移动角 δ、上山移动角 γ 和下山移动角 β 可通过覆岩岩性确定，见表 7-14。

表 7-14　按覆岩性质区分角值参数

覆岩类型	最大下沉角 θ/(°)	
	α<50°	α>50°
坚硬	θ=90°−(0.7～0.8)α	θ=90°−(0.4～0.2)α
中硬	θ=90°−(0.6～0.7)α	θ=90°−(0.4～0.2)α
软弱	θ=90°−(0.5～0.6)α	θ=90°−(0.4～0.2)α

注：α 为煤层倾角。

根据上述计算分析，观测站设计所用上覆岩层移动参数如下：

最大下沉角：θ=90°−(0.6～0.7)α=90°−0.65×2°=88.7°

走向移动角：δ=73°；

上山移动角：γ=73°；

下山移动角：β=δ−(0.6～0.7)α=73°−0.65×2°=71.7°

7.6.2　观测线位置的确定

本次观测站设计类型为剖面线状普通地表移动观测站，观测的主要目的是研究地表移动规律。根据剖面线状观测站布设形式，当工作面 XV2317 长度满足式(7-1)时，可考虑设置一条倾斜观测线和半条走向观测线。

$$l_3=D_1+D_2+D_3>1.4H_0+50\text{m} \tag{7-1}$$

式中，l_3 为工作面走向长度，约为 330.4m；D_1 为外侧倾斜观测线到开切眼的距离；D_2 为两条倾斜观测线的间距；D_3 为内侧倾斜观测线到终采线的距离。H_0 为平均开采深度，220m；

经计算，$l_3>1.4H_0+50\text{m}$，说明工作面走向较短，为非充分采动。

根据对剖面线状观测站设计方法的规定，地表在走向方向上为非充分采动，将倾斜观测线布置在采空区的中心；参照王台铺煤矿 15 号煤层的地质采矿条件以及《煤矿测量规程》的规定，设计走向观测线半条，倾斜观测线一条，走向观测线和倾斜观测线互相垂直，且均布置在地表移动盆地的主断面上。

1）倾斜观测线的位置

首先判断地表是否达到了充分采动。如果地表在走向方向上为非充分采动，将倾斜观测线布置在采空区的中心。根据王台铺煤矿实际地质采矿条件，其 XV2317 工作面地表移动沿倾向为非充分采动。

2）走向观测线的位置

走向观测线应位于走向主断面上，确定走向主断面的位置应在倾斜主断面上按最大下沉角 θ 来确定。考虑到煤层倾角的影响，观测线应向下山方向平移，由采空区中心向下山方向偏移一段距离 d（图 7-16），即：

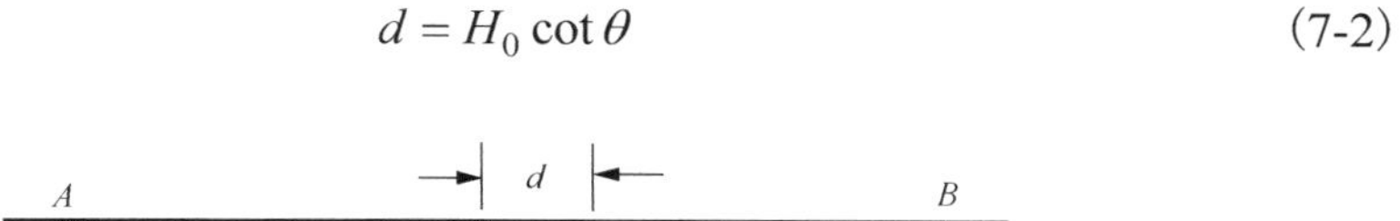

$$d = H_0 \cot\theta \tag{7-2}$$

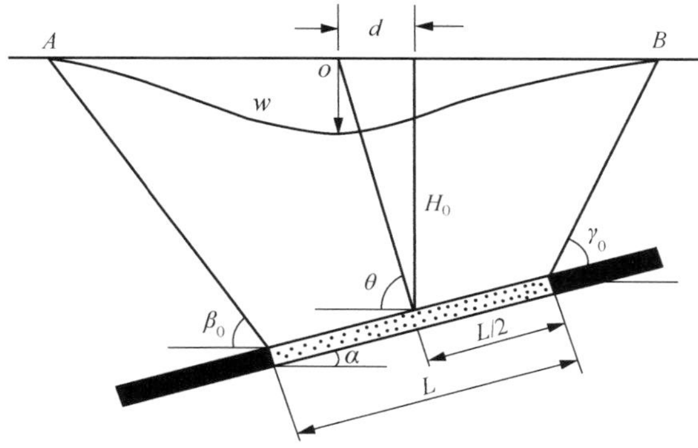

图 7-16　最大下沉点的确定

XV2317 工作面的平均采深 H_0 为 220m，最大下沉角 θ 取 88.7°。经式（7-2）计算可知，走向观测线向下山方向偏移的水平距离 d=5.2m。

7.6.3　观测线长度的确定

1) 倾斜观测线长度的确定

一般情况下，倾斜观测线的长度是在移动盆地的倾斜主断面上确定，自工作面边界以 $\beta-\Delta\beta$ 和 $\gamma-\Delta\gamma$ 划线与基岩和松散层接触面相交，再以该点以角 φ 划线于地表交于两点，倾斜观测线长度 $L_{倾}$ 按式(7-3)计算：

$$L_{倾}=2h\cot\varphi+(H_1-h)\cot(\beta-\Delta\beta)+(H_2+h)\cot(\gamma-\Delta\gamma)+l_1\cos\alpha \tag{7-3}$$

式中，h 为表土层厚度，3.41m；φ 为松散层移动角，45°；l_1 为工作面倾斜长度，96.2m；α 为煤层倾角，平均为 2°；γ 为上山移动角，73°；β 为下山移动角，71.7°；$\Delta\gamma$ 为上山移动角的修正值，根据表 7-15 取 20°；$\Delta\beta$ 为下山移动角的修正值；根据表 7-15 取 19.4°。H_1、H_2 分别为采区下山边界和上山边界的开采深度，根据工作面地质采矿资料可知，H_1 约为 231m，H_2 约为 209m。计算得出倾斜观测线长度 $L_{倾}$ 约为 435m。

表 7-15　移动角修正值

矿层倾角 α/(°)	$\Delta\beta$/(°)	$\Delta\gamma$/(°)	$\Delta\delta$/(°)
0	20	20	20
10	17	20	20
20	15	20	20
30	13	20	20
40	12	20	20
50	11	20	20
60	9	20	20
70	7	20	20
80 及以上	6	20	20

2) 走向观测线长度的确定

走向观测线的长度是在移动盆地的走向主断面上确定，为了保证观测线不受邻近开采的影响，一般情况下，走向观测线一般只设半条。同时，走向观测线应与倾斜观测线垂直相交，并稍微超过一段距离。设置走向观测线位于工作面开切眼上方，然后在倾斜观测线和走向观测线交点处再向外延伸一定距离，加设 1～2 个观测点。由于本次观测站设计两条倾斜观测线，因此，两条倾斜观测线和走向观测线均相交，不再向外延伸。

走向观测线长度 $L_{走}$ 按式(7-4)计算：

$$L_{走} = 2h\cot\varphi + 2(H_0 - h)\cot(\delta - \Delta\delta) + l_3 \tag{7-4}$$

式中，l_3 为工作面走向长度，330.4m；h 为表土层厚度，约为 3.41m；φ 为松散层移动角，45°；H_0 为平均开采深度，220m；δ 为走向移动角，取 73°；$\Delta\delta$ 为走向移动角的修正值，根据表 7-15 移动角修正值取 20°。

经计算，$L_{走}$ 为 676m，$L_{走半}$=338m。

7.6.4　测点数目及其密度

观测线上的测点数目及其密度主要取决于开采深度和设站的目的(表 7-16)。工作测点设置在预计的移动盆地范围内观测线上，布设一般是从移动盆地中央开始向两边的移动边界布置。为了反映地表点的移动情况，工作测点要与表土层牢固地固结在一起，以使测点和地表一起移动；为了保证它和土层密实固结，工作测点应有适当的密度；为了以大致相同的精度求得移动相变形值及其分布规律，一般是等间距布设。控制点应埋设在观测线的两端，每端布置 2 个。若只在一端设置控制点时，控制点不得少于 3 个。控制点与最外端工作测点的距离大于 45m。观测线和测点的设计位置确定以后，将它们绘制到观测站设计平面图上。

表 7-16　测点密度

开采深度/m	测点间距/m	开采深度/m	测点间距/m
＜50	5	200～300	20
50～100	10	300～400	25
100～200	15	＞400	30

XV2317 工作面平均开采深度约为 229m，故测点间距为 20m。

根据实际情况，设计走向观测线一条，长度为 360m，在走向观测线上可布置 19 个测点；倾斜观测线一条，长度均为 440m，故在每条倾向观测线上可布置 22 个测点。因此，本次观测站布置共需埋设 41 个测点。走向观测线上观测点的编号分别为 A_0、A_1、A_2 等；倾向观测线上观测点的编号自上山向下山方向顺序增加，分别为 B_1、B_2、B_3 等，交点为 A_1，具体布设见图 7-17。根据现场实际调查情况，地表为低山丘陵地形(图 7-18)，较适合布置测点。

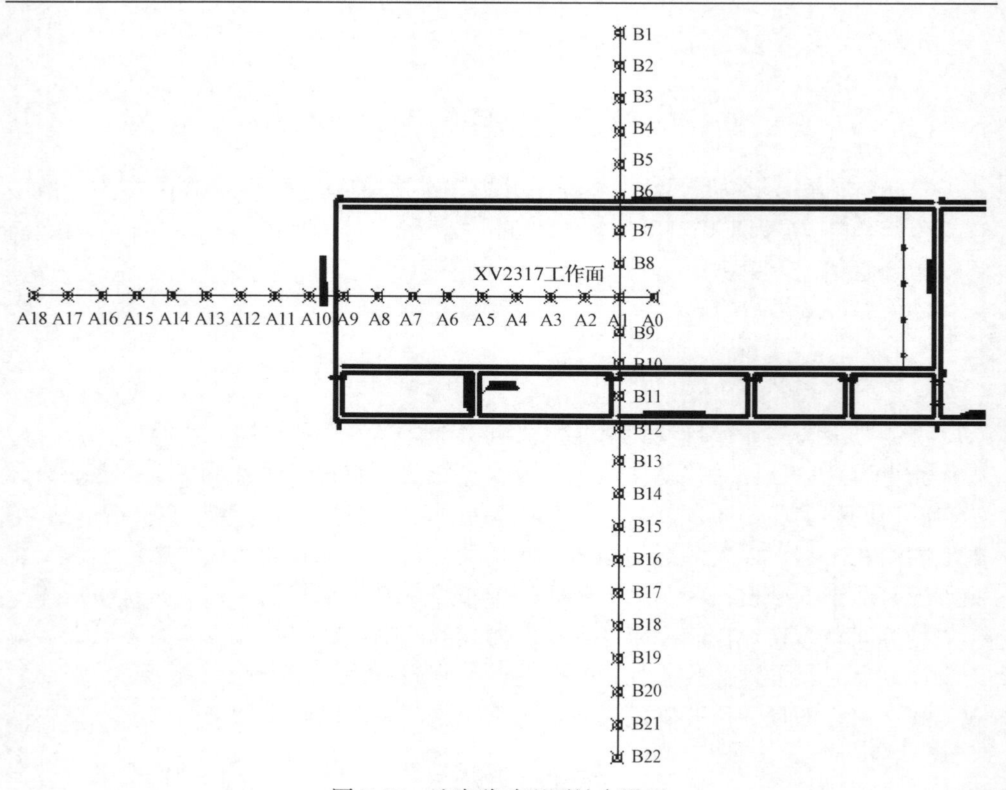

图 7-17　地表移动观测站布设图

图 7-18　XV2317 工作面上方地表情况

7.7　本章小结

本章主要根据现场工程实际，系统分析了条带式 Wongawilli 采煤法的方案比选、巷道布置设计、地表移动变形预计、建(构)筑物变形程度以及地表移动观测等，工程验证了条带式 Wongawilli 采煤法的合理性、可行性和科学性。

参考文献

白二虎. 2015. 条带式 Wongawilli 采煤法覆岩及地表沉陷特征研究[D]. 焦作: 河南理工大学.

白士邦, 刘文郁. 2006. Wongawilli 采煤法在神东矿区的应用[J]. 煤矿开采, 11(1): 21-28.

曹胜根, 曹洋, 姜海军. 2014. 块段式开采区段煤柱突变失稳机理研究[J]. 采矿与安全工程学报, 31(6): 907-913.

柴华彬. 2007. 条带开采中含弱面的煤柱尺寸设计[J]. 辽宁工程技术大学学报, 26(1): 9-10.

车卫贞. 2004. 大柳塔煤矿 2-2 煤 Wongawilli 采煤工艺及工作面顶板管理[J]. 陕西煤炭, 1: 47-49.

陈法兵, 毛德兵, 蓝航, 等. 2012. 不规则煤柱影响下旋采工作面冲击地压防治技术[J]. 煤炭科学技术, 40(2): 8-11.

陈绍杰, 郭惟嘉, 程国强, 等. 2012. 深部条带煤柱蠕变支撑效应研究[J]. 采矿与安全工程学报, 29(1): 48-53.

陈绍杰, 郭惟嘉, 杨永杰, 等. 2008. 基于室内实验的条带煤柱稳定性研究[J]. 岩土力学, 29(10): 2678-2682.

陈绍杰, 郭惟嘉, 周辉, 等. 2011. 条带煤柱膏体充填开采覆岩结构模型及运动规律[J]. 煤炭学报, 36(7): 1081-1086.

陈炎光, 陆士良. 1994. 中国煤矿巷道围岩控制[M]. 徐州: 中国矿业大学出版社.

陈炎光, 钱鸣高. 1994. 中国煤矿采场围岩控制[M]. 徐州: 中国矿业大学出版社.

陈炎光, 徐永圻. 1991. 中国采煤方法[M]. 徐州: 中国矿业大学出版社.

程秀洋. 2004. 大倾角综放面区段煤柱合理参数研究[D], 青岛: 山东科技大学.

崔希民, 缪协兴. 2000. 条带煤柱中的应力分析与沉陷曲线形态研究[J]. 中国矿业大学学报, 29(4): 392-394.

戴华阳, 王金庄. 2003. 非充分开采地表移动预计模型[J]. 煤炭学报, 28(6): 583-597.

方新秋, 窦林名, 柳俊仓, 等. 2006. 大采深条带开采坚硬顶板工作面冲击矿压治理研究[J]. 中国矿业大学学报, 35(5): 602-606.

方新秋, 邹永洺, 程远伟, 等. 2013. 建筑物下深部煤层二次条带开采研究[J]. 采矿与安全工程学报, 30(2): 223-230.

费鸿禄, 徐小荷, 唐春安. 1995. 地下硐室岩爆的突变理论研究[J]. 煤炭学报, 20(1): 29-33.

冯光明, 孙春东, 王成真. 2010. 超高水材料采空区充填方法研究[J]. 煤炭学报, 35(12): 1963-1968.

付春永, 苗小利, 冯西林. 2011. D-InSAR 技术在矿区开采沉陷中的应用[J]. 陕西科技大学学报, 29(3): 113-117.

付武斌, 邓喀中, 张立亚. 2011. 房柱式采空区煤柱稳定性分析[J]. 煤矿安全, 42(3): 136-139.

郭广礼, 汪云甲. 2000. 概率积分法参数的稳健估计模型及其应用研究[J]. 测绘学报, 29(2): 162-165.

郭力群, 蔡奇鹏, 彭兴黔. 2014. 条带煤柱设计的强度准则效应研究[J]. 岩石力学, 33(3): 777-782.

郭力群, 彭兴黔, 蔡奇鹏. 2013. 基于统一强度理论的条带煤柱设计[J]. 煤炭学报, 38(9): 1563-1567.

郭惟嘉, 陈绍杰, 李法柱. 2006. 厚松散层薄基岩条带法开采采留尺度研究[J]. 煤炭学报, 31(6): 747-751.

郭文兵. 2008. 深部大采宽条带开采地表移动的预计[J]. 煤炭学报, 34(4): 368-372.

郭文兵. 2013. 煤矿开采损害与保护[M]. 北京: 煤炭工业出版社.

郭文兵, 邓喀中, 邹友峰. 2004. 我国条带开采的研究现状与主要问题[J]. 煤炭科学技术, 32(8): 6-11.

郭文兵, 邓喀中, 邹友峰. 2004. 走向条带煤柱破坏失稳的尖点模型[J]. 岩石力学与工程学报, 23(12): 1996-2000.

郭文兵, 邓喀中, 邹友峰. 2005. 条带开采地表移动参数研究[J]. 煤炭学报, 30(3): 184-186.

郭文兵, 邓喀中, 邹友峰. 2005. 条带煤柱的突变破坏失稳理论研究[J]. 中国矿业大学学报, 34(1): 77-81.

郭文兵, 邓喀中, 邹友峰. 2005. 条带煤柱破坏失稳的理论研究[J]. 中国矿业大学学报, 34(1): 77-81.

郭文兵, 侯泉林, 邹友峰. 2013. 建(构)筑物下条带式 Wongawilli 采煤技术研究[J]. 煤炭科学技术, 41(4): 8-12.

郭文兵, 邓喀中, 邹友峰. 2005. 条带开采的非线性理论研究及应用[M]. 徐州: 中国矿业大学出版社.
郭永文. 2004. Wongawilli 采煤工作面顶板管理的探索[J]. 煤炭工程, (5): 76-78.
郭增长, 谢和平, 王金庄. 2003. 条带开采保留煤柱宽度和采出宽度与地表变形的关系[J]. 湘潭矿业学院学报, 18(2): 13-17.
郭增长, 谢和平, 王金庄. 2008. 条带开采垮落区注浆充填技术的理论研究[J]. 煤炭学报, 33(11): 1205-1210.
国家煤炭局. 2000. 建筑物、水体、铁路及主要井巷煤柱留设与压煤开采规程[M]. 北京: 煤炭工业出版社.
韩晓东, 冯光明, 王成真等. 2010. 建筑物下压煤采空区充填新方法[J]. 能源技术与管理, (3): 94-95.
郝万东. 2014. 履带行走支架护顶的连续采煤机短壁开采新技术[J]. 煤矿开采, 19(1): 39-41.
郝万东, 王飞. 2008. 无煤柱完全垮落短壁机械化开采技术研究[J]. 煤, 18(4): 4-6.
何国清, 杨伦, 凌赓娣, 等. 2000. 矿山开采沉陷学[M]. 徐州: 中国矿业大学出版社.
何国益. 2009. 矿井瓦斯治理实用技术[M]. 北京: 煤炭工业出版社.
何学秋. 2006. 中国煤矿灾害防治理论与技术[M]. 徐州: 中国矿业大学出版社.
洪武, 徐金海. 2006. 村庄下高效短壁机械化开采实践研究[J]. 采矿与安全工程学报, 23(2): 177-181.
胡炳南. 1995. 条带开采煤柱稳定性分析[J]. 煤炭学报, 20(2): 205-210.
胡炳南, 袁亮. 2004. 条带开采沉陷主控因素分析及设计对策[J]. 煤矿开采, (4): 24-27.
胡振琪, 王家贵, 余学祥, 等. 2008. 应用工程测量学[M]. 北京: 煤炭工业出版社.
胡振琪, 杨帆, 等. 2008. 生态复垦与生态重建[M]. 北京: 中国矿业大学出版社.
黄斌文. 2015. 计算机图像技术在煤岩体动力破坏测量中的应用[J]. 煤炭技术, 34(4): 117-118.
黄晋兵. 2008. Wongawilli 采煤法在晋城矿区王台矿井的应用[J]. 煤矿现代化, (6): 16-17.
黄治云, 张永兴, 董捷. 2013. 岩体拱效应与抗滑桩合理桩间距分析[J]. 铁道学报, 35(3): 83-88.
靳钟铭, 张惠轩, 康天合. 1994. 顶板大面积来压机理研究[J]. 山西煤炭. 6: 14-17.
李白英, 郭维嘉. 2004. 开采损害与环境保护[M]. 徐州: 中国矿业大学出版社.
李宝山, 单永泉. 2003. Wongawilli 采煤法在上湾煤矿的应用[J]. 陕西煤矿开采, (4): 38-40.
李聪江. 2008. 崔家寨矿 Wongawilli 采煤法应用分析[J]. 煤矿开采, 13(3): 27-29.
李德海. 2004. 费尔哈斯模型预测地表移动变形[J]. 煤炭科学技术, (3): 57-59.
李德海, 李东升, 宋长胜. 2003. 条带设计弹性理论的复变函数模型[J]. 辽宁工程技术大学学报, 22(1): 58-60.
李德海, 赵忠明, 李东升. 2004. 条带煤柱强度弹塑性理论公式的修正[J]. 矿冶工程, 24(3): 16-19.
李佃平. 2012. 煤矿边角孤岛工作面诱冲机理及其控制研究[D]. 中国矿业大学.
李东升, 李德海, 宋常胜. 2003. 条带煤柱设计中极限平衡理论的修正应用[J]. 辽宁工程技术大学学报, 22(1): 7-9.
李海清, 向龙, 陈寿根. 2011. 房柱式采空区受力分析及稳定性评价体系的建立[J]. 煤矿安全, 42(3): 138-142.
李会林, 尤舜武. 2004. 线性支架旺采工艺在榆家梁煤矿的应用[J]. 煤炭科学技术, 42(4): 13-15.
李培现, 谭志祥, 邓喀中. 2011. 地表移动概率积分法计算参数的相关因素分析[J]. 煤矿开采, (6): 14-18.
李庆忠. 2003. 综放面小煤柱留巷理论与实验研究[D]. 青岛: 山东科技大学.
李瑞群, 张镇. 2010. Wongawilli 采煤法煤柱-顶板力学结构研究[J]. 煤矿开采, 15(3): 22-26.
栗建平, 李瑞群, 李大勇. 2009. 浅埋煤层 Wongawilli 采煤法矿压显现数值模拟研究[J]. 煤炭工程, (10): 60-62.
梁大海, 张振. 2010. EML340 连续采煤机在 Wongawilli 采煤法中的应用[J]. 煤矿开采, 15(6): 65-67.
凌复华. 1988. 突变理论及其应用[M]. 上海: 上海交通大学出版社.
刘宝琛, 廖国华. 1965. 煤矿地表移动的基本规律[M]. 北京: 中国工业出版社.
刘贵, 张华兴, 徐乃忠. 2008. 深部厚煤层条带开采煤柱的稳定性[J]. 煤炭学报, 33(10): 1086-1091.
刘贵, 刘治国, 张华兴, 等. 2011. 泾河下综放开采隔离煤柱对覆岩破坏控制作用的物理模拟[J]. 岩土力学, 32(S1): 433-437.

刘洪强, 张钦礼, 潘常甲, 等. 2011. 空场法矿柱破坏规律及稳定性分析[J]. 采矿与安全工程学报, 28(1): 139-143.
刘克功, 王家臣, 徐金海. 2005. 短壁机械化开采方法与煤柱稳定性研究[J]. 中国矿业大学学报, 34(1): 24-29.
刘克功, 徐金海, 缪协兴. 2007. 短壁开采技术及其应用[M]. 北京: 煤炭工业出版社.
刘小平. 2014. 基于突变理论的小煤窑采空区失稳判据及应用[J], 煤田地质与勘探, 42(4): 55-58.
鹿志发, 孙建明, 潘金, 等. 2002. 旺格维力(Wongawilli)采煤法在神东矿区的应用[J]. 煤炭科学技术, 30(增刊): 11-18.
鹿志发, 王安, 马茂盛, 等. 2000. 旺格维力采煤技术在大柳塔煤矿的应用[J]. 煤炭科学技术, 28(12): 1-4.
吕玉凯, 蒋聪, 成果, 等. 2014. 不同冲击倾向煤样表面温度场与变形场演化特征[J]. 煤炭学报, 39(2): 273-279.
宁津生, 陈俊勇, 李德仁, 等. 2004. 测绘学概论[M]. 武汉: 武汉大学出版社.
彭海兵, 李瑞群. 2009. Wongawilli 采煤法合理煤柱尺寸研究[J]. 煤炭工程, (1): 5-8.
彭小沾, 崔希民, 王家臣, 等. 2008. 基于 Voronoi 图的不规则煤柱稳定性分析[J]. 煤炭学报, 33(9): 966-970.
齐荣庆. 2015. 单轴压缩下岩石尺寸效应声发射特性数值模拟[J]. 山西建筑, 42(2): 75-77.
钱鸣高, 缪协兴, 许家林. 1996. 岩层控制中的关键层理论研究[J]. 煤炭学报, 21(3): 225-229.
钱鸣高, 缪协兴, 许家林. 2003. 岩层移动的关键层理论[M]. 徐州: 中国矿业大学出版社.
钱鸣高, 缪协兴, 许家林. 2007. 资源与环境协调开采[J]. 煤炭学报, 32(1): 1-7.
钱鸣高, 石平五. 2003. 矿山压力与岩层控制[M]. 徐州: 中国矿业大学出版社.
钱鸣高, 石平五, 许家林. 2010. 矿山压力与岩层控制[M]. 徐州: 中国矿业大学出版社.
钱鸣高, 许家林, 缪协兴. 2003. 煤矿绿色开采技术[J]. 中国矿业大学学报, 32(4): 343-348.
秦世界, 张和生, 李国栋. 2014. 基于 FLAC3D 的煤矿开采沉陷预计及与概率积分法的对比分析[J]. 煤炭工程, 46(6): 96-102.
秦四清, 何怀锋. 1995. 狭窄煤柱冲击地压失稳突变理论分析[J]. 水文地质与工程地质, (5): 17-20.
任满翊. 2004. Wongawilli 采煤法煤柱尺寸的合理确定[J]. 矿山压力与顶板管理, (1): 42-43.
宋选民. 2006. 活井旺采采空区飓风灾害的理论预测与防灾工程设计[J]. 太原理工大学学报, 37(1): 35-37.
宋义敏, 杨小彬. 2013. 煤柱失稳破坏的变形场及能量演化实验研究[J]. 采矿与安全工程学报, 30(6): 822-827.
孙希奎, 李学华. 2008. 利用矸石充填置换开采条带煤柱的新技术[J]. 煤炭学报, 38(3): 259-263.
孙希奎, 王苇. 2011. 高水材料充填置换开采承压水上条带煤柱的理论研究[J]. 煤炭学报, 36(6): 909-913.
谭毅. 2016. 条带式 Wongawilli 采煤法煤柱破坏机理及稳定性研究[D]. 焦作: 河南理工大学.
谭毅, 郭文兵, 赵雁海. 2016. 条带式 Wongawilli 开采煤柱系统突变失稳机理及工程稳定性研究[J]. 煤炭学报, 41(7): 1667-1674.
谭志祥, 邓喀中. 2009. 建筑物下采煤理论与实践[M]. 徐州: 中国矿业大学出版社.
王春华, 刘文武, 代树红, 等. 2006. 截齿截割煤体变形破坏过程的散斑测试研究[J]. 岩土力学, 27(6): 864-868.
王方田, 屠世浩, 李召鑫等. 2012. 浅埋煤层房式开采遗留煤柱突变失稳机理研究[J]. 采矿与安全工程学报, 29(6): 770-775.
王方田. 2012. 浅埋房式采空区下近距离煤层长壁开采覆岩运动规律及控制[D]. 中国矿业大学.
王金安, 赵志宏, 侯志鹰. 2007. 浅埋坚硬覆岩下开采地表塌陷机理研究[J]. 煤炭学报, 32(10): 1051-1056.
王连国, 缪协兴, 王学知, 等. 2006. 条带开采煤柱破坏宽度计算分析[J]. 岩土工程学报, 28(6): 767-769.
王树仁, 张艳博. 2009. 基于纵向数据与突变理论的边坡滑坡预测新方法及其应用[J]. 煤炭学报, 34(5): 640-644.
王新伟. 2006. Wongawilli 采煤法在神东矿区的应用[J]. 煤炭科学技术, 34(8): 36-37.
王旭春, 黄福昌. 2002. A. H. 威尔逊煤柱设计公式探讨及改进[J]. 煤炭学报, 27(6): 604-608.
王旭春, 黄福昌, 张怀新, 等. 2002. A. H. 威尔逊煤柱设计公式探讨及改进[J]. 煤炭学报, 27(6): 604-608.
王轶波, 王飞, 吴伟阳, 等. 2014. 康家滩矿 Wongawilli 采煤工作面瓦斯防治措施[J]. 江苏煤炭, (1): 12-14.

温克珩. 2009. 深井综放面沿空掘巷窄煤柱破坏规律及其控制机理研究[D]. 西安: 西安科技大学.
温庆华. 2005. 连续运输系统在 Wongawilli 采煤法中的应用[J]. 煤矿开采, 10(1): 34-36.
吴家龙. 1996. 弹性力学[M]. 上海: 同济大学出版社.
吴侃, 靳建明, 戴仔强. 2003. 概率积分法预计下沉量的改进[J]. 辽宁工程技术大学学报, 22(1): 19-22.
吴立新, 王金庄, 郭增长. 2000. 煤柱设计与监测基础[M]. 徐州: 中国矿业大学出版社.
谢广祥, 杨科, 刘全明. 2006. 综放面倾向煤柱支承压力分布规律研究[J]. 岩石力学与工程学报, 25(3): 545-549.
谢和平, 段发兵, 周宏伟. 1998. 条带煤柱稳定性理论与分析方法研究进展[J]. 中国矿业, 7(5): 37-41.
谢明荣, 林东才. 1997. 矿压测控技术[M]. 北京: 中国矿业大学出版社.
徐平, 周跃进, 张敏霞, 等. 2015. 厚松散层薄基岩充填开采覆岩裂隙发育分析[J]. 采矿与安全工程学报, 32(4): 617-622.
徐芝纶. 2006. 弹性力学第四版[M]. 北京: 高等教育出版社.
许家林, 钱鸣高. 2001. 岩层控制关键层理论的应用研究与实践[J]. 中国矿业, 10(06): 54-56.
闫少宏, 张华兴. 2008. 我国目前煤矿充填开采技术现状[J]. 煤矿开采, 13(3): 1-3, 10.
杨建武. 2005. 大同矿区应用短壁机械化 Wongawilli 采煤法的探析[J]. 煤矿开采, 10(4): 23-25.
杨敬轩, 鲁岩, 刘长友, 等. 2013. 坚硬厚顶板条件下岩层破断及工作面矿压显现特征分析[J]. 采矿与安全工程学报, 30(2): 211-217.
杨梅忠, 任秀芳, 于远祥. 2007. 概率积分法在煤矿采空区地表变形动态评价中的应用[J]. 西安科技大学学报, 27(1): 39-42.
杨艳国, 王军, 于永江. 2015. 河下多煤层安全开采顺序对导水裂隙带高度的影响[J]. 煤炭学报, 40(增1): 27-32.
杨逾, 刘文生, 缪协兴. 2007. 我国采煤沉陷及其控制研究现状与展望[J]. 中国矿业, 16(7): 43-47.
姚琦, 冯涛, 李石林, 等. 2012. 基于概率积分法的煤矿“三下”开采沉陷预计[J]. 煤矿安全, 43(7): 188-193.
尤明庆, 华安增. 1998. 岩石试样单轴压缩的破坏形式与承载能力的降低[J]. 岩石力学与工程学报, 17(3): 292-296.
余学义, 张恩强. 2010. 开采损害学[M]. 北京: 煤炭工业出版社.
袁得江, 高明仕, 何双龙. 2011. 中厚煤层沿空掘巷窄煤柱稳定性控制技术[J]. 煤矿安全, 42(12): 42-44.
袁亮, 葛世荣, 黄盛初, 等. 2010. 煤矿总工程师技术手册[M]. 北京: 煤炭工业出版社.
袁伟昊, 袁树来, 綦庆保, 等. 2011. 填充采煤方法与技术[M]. 北京: 煤炭工业出版社.
张百胜. 2008. 极近距离煤层开采围岩控制理论及技术研究[D]. 太原理工大学.
张国亭. 2008. 旺采设计掘进出煤同采方式有益探索与应用分析[J]. 科技信息, 33: 776-777.
张华兴, 郭维嘉. 2008. “三下”采煤新技术[M]. 徐州: 中国矿业大学出版社.
张吉雄, 缪协兴, 郭广礼. 2009. 矸石(固体废物)直接充填采煤技术发展现状[J]. 采矿与安全工程学报, 26(4): 395-401.
张吉雄, 缪协兴, 茅献彪, 等. 2007. 建筑物下条带开采煤柱矸石置换开采的研究[J]. 岩石力学与工程学报, 26(1): 2688-2693.
张钦礼, 曹小刚, 王艳利, 等. 2011. 基于尖点突变模型的采场顶板-矿柱稳定性分析[J]. 中国安全科学学报, 21(10): 52-57.
张铁岗. 2007. 煤矿安全技术基础管理[M]. 北京: 煤炭工业出版社.
张绪言. 2010. 大采高回采巷道围岩控制技术研究[D]. 太原: 太原理工大学.
张勇, 潘岳, 王志强. 2008. 突变理论在岩体系统动力失稳中的应用[M]. 北京: 科学出版社.
张悦, 王富宝. 2004. Wongawilli 采煤法在上湾煤矿的应用[J]. 煤矿开采, 9(2): 32-34.
赵冬旭. 2012. 旺格维利采煤技术在王台铺煤矿的应用研究[D]. 焦作: 河南理工大学.
赵尚海, 安国利, 苏纪明. 2002. Wongawilli 采煤法与连续运输工艺在上湾煤矿的应用[J]. 河北煤炭, (6): 21-23.

赵铁锤, 袁亮, 葛世荣. 2010. 煤矿总工程师技术手册[M]. 北京: 煤炭工业出版社.

赵毅鑫, 肖汉, 黄亚琼. 2014. 霍普金森杆冲击加载煤样巴西圆盘劈裂实验研究[J]. 煤炭学报, 39(2): 286-291.

赵跃民. 2004. 煤炭资源综合利用手册[M]. 北京: 科学出版社.

郑百生, 谢文兵, 窦林名, 等. 2006. 不规则煤柱作用下工作面开采的三维数值模拟[J]. 煤炭学报, 31(2): 137-140.

中国有色金属工业协会. GB 50026 工程测量规范[S]. 北京: 中华人民共和国建设部, 2008.

中华人民共和国煤炭工业部. 2000. 建筑物、水体、铁路及主要井巷煤柱留设与压煤开采规程[M]. 北京: 煤炭工业出版社.

周爱平. 2006. Wongawilli 采煤法顶板控制技术[J]. 煤炭科学技术, 34(7): 46-49.

周华强, 侯朝炯, 孙希奎, 等. 2004. 固体废物膏体充填不迁村采煤[J]. 中国矿业大学学报, 33(2): 154-158, 177.

朱涛, 宋敏, 康立勋, 等. 2009. 残留煤柱破坏特征及其对下部煤层开采影响[J]. 煤矿开采, 14(5): 13-16.

朱卫兵, 许家林, 赖文奇, 等. 2007. 覆岩离层分区隔离注浆充填减沉技术的理论研究[J]. 煤炭学报, 32(5): 458-462.

朱卫兵, 许家林, 李兴尚, 等. 2007. 厚表土层薄基岩条件下村庄压煤条带开采实验[J]. 煤炭学报, 36(6): 738-742.

邹友峰, 胡友健, 郭增长. 1996. 采动损害与防护[M]. 徐州: 中国矿业大学出版社.

邹友峰, 柴华彬. 2006. 我国条带煤柱稳定性研究现状及存在问题[J]. 采矿与安全工程学报, 23(2): 141-150.

Ambrožič T, Turk G. 2003. Prediction of subsidence due to underground mining by artificial neural networks[J]. Computers & Geosciences, 29(5): 627-637.

Bahuguna P, Srivastava A, Saxena N. 1991. A critical review of mine subsidence prediction methods [J]. Mining Science and Technology, 13(3): 369-382.

Bigby D, Altounyan P, Cassie J. 2008. Coal mine ground control in Western Europe: Past, present and future [C]. Proceeding of 25th International Conference on Ground Control in Mining, Morgantown, WV, USA.

Bruce H. 2009. Outcomes of the independent inquiry into impacts of underground coal mining on natural features in the Southern coalfield-an overview[C]. Proceedings of the 2009 coal operators' conference, University of Wollongong, NSW, Australia.

Coulthard M. 1999. Applications of numerical modelling in underground mining and construction[J]. Geotechnical and Geological Engineering, 17(3): 373-385.

Guo W B, Zou Y F, Liu Y X. 2009. Current status and future prospects of mining subsidence and ground control technology in China[C]. 9th Underground Coal Operator Conference. Australia.

Holmquist D V, Thomas D B, Simon K. 2003. Subsidence mitigation using void fill grouting[C]. Proceedings of the Third International Conference: Grouting and Ground Treatment, New Orleans, LA, USA.

Kushwaha A, Banerjee G. 2005. Exploitation of developed coal mine pillars by short wall mining-A case example [J]. International Journal of Rock Mechanics and Mining Sciences, 42(1): 127-136.

Kushwaha A, Singh S K, Tewari S, et al. 2010. Empirical approach for designing of support system in mechanized coal pillar mining [J]. International Journal of Rock Mechanics and Mining Sciences, 47(7): 1063-1078.

Lin S, Whittaker B, Reddish D. 1992. Application of asymmetrical influence functions for subsidence prediction of gently inclined seam extractions[J]. International Journal of Rock Mechanics and Mining Sciences & Geomechanics Abstracts, 29(5): 479-490.

Lind G H. 2002. Coal pillar extraction experiences in New South Wales [J]. Journal of The South African Institute of Mining and Metallurgy, 102(4): 207-215.

Litwiniszyn J. 1953. The differential equation defining displacement of a rock mass[J].

Luo Y, Cheng J. 2009. An influence function method based subsidence prediction program for longwall mining operations in inclined coal seams[J]. Mining Science and Technology (china), 19(5): 592-598.

Napier J A L, Malan D F. 1997. A viscoplastic discontinuum model of time-dependent fracture and seismicity effects in brittle rock [J]. International Journal of Rock Mechanics and Mining Science, 34 (7): 1075-1089.

Peng S S. 2015. Topical areas of research needs in ground control- A state of the art review on coal mine ground control[J]. International Journal of Mining Science and Technology, 25 (1): 1-6.

Peng S. 1990. Comments on surface subsidence prediction[J]. Mining Science and Technology, 11 (2): 207-211.

Ren G, Li G, Kulessa M. 2014. Application of a generalised influence function method for subsidence prediction in multi-seam longwall extraction[J]. Geotech Geol Eng, 32 (4): 1123-1131.

Ren G, Li J, Buckeridge J. 2010. Calculation of mining subsidence and ground principal strains using generalised influence function method[J]. Mining Technology, 119 (1): 34-41.

Singh A K, Singh R, Maiti J, et al. 2011. Assessment of mining induced stress development over coal pillars during depillaring [J]. International Journal of Rock Mechanics and Mining Sciences, 48 (5): 805-818.

Singh R P, Yadav R N. 1995. Prediction of subsidence due to coal mining in raniganj coalfield, west bengal, India [J]. Engineering Geology, 39 (1): 103-111.

Singh S N, Singh S K. 2010. Underground coal mining in India: Challenges ahead [J]. Journal of Mines, Metals and Fuels, 58 (1): 312-315.

Stump D E. 1998. Grouting to control coal mine subsidence[C] // Grouts and grouting: A potpourri of projects. ASCE.

Syd S P. 2008. Coal mine ground control (Third Edition) [M]. USA: Wiley.

Tesarik D R, Seymour J B, Yanske T R. 2009. Long-term stability of a backfilled room-and-pillar test section at the Buick Mine, Missouri, USA[J]. International Journal of Rock Mechanics and Mining Sciences, 47 (7): 1182-1196.

Thom R. 1975. Structural stability and morpho genesis[M]. Advanced Book Program: Westview Press.

Wiles T. 2006. Reliability of numerical modelling predictions[J]. International Journal of Rock Mechanics and Mining Sciences, 43 (3): 454-472.

Yang Z L. 2010. Stability of nearly horizontal roof strata in shallow seam longwall mining[J]. International Journal of Rock Mechanics and Mining Sciences, (47): 672-677.

Zhu W, Xu J, Kong X, et al. 2009. Study on pillar stability of Wongawilli mining area in shallow close distance coal seams [J]. Procedia Earth and planetary Science, 1 (1): 235-242.